计算机基础与实训教材系列

Dreamweaver 2020网页制作实例教程 (微课版)

李伦彬　杨蓓　编著

清华大学出版社

北京

内 容 简 介

本书由浅入深、循序渐进地介绍了 Dreamweaver 2020 网页制作软件的操作方法和使用技巧。全书共分 11 章，分别介绍了初识 Dreamweaver 2020，HTML 和 CSS，设计网页文本，使用图像和多媒体文件，定义网页链接，使用 HTML5 构建网页，使用表格，制作表单，使用行为，使用 Div+CSS 布局网页，使用 CSS3 修饰网页等内容。

本书内容丰富、结构清晰、语言简练、图文并茂，具有很强的实用性和可操作性，适合作为高等院校相关专业的教材，也可作为广大初、中级计算机用户的自学参考书。

本书对应的电子课件、实例源文件和习题答案可以到 http://www.tupwk.com.cn/edu 网站下载，也可以通过扫描前言中的二维码下载。读者扫描前言中的教学视频二维码可以观看学习视频。

图书在版编目(CIP)数据

Dreamweaver 2020 网页制作实例教程：微课版 / 李伦彬，杨蓓编著.—北京：清华大学出版社，2021.12
计算机基础与实训教材系列
ISBN 978-7-302-59650-9

Ⅰ. ①D… Ⅱ. ①李… ②杨… Ⅲ. ①网页制作工具—高等学校—教材 Ⅳ. ①TP393.092.2

中国版本图书馆 CIP 数据核字(2021)第 249679 号

责任编辑：胡辰浩
封面设计：高娟妮
版式设计：妙思品位
责任校对：成凤进
责任印制：沈露

出版发行：清华大学出版社
       网　　址：http://www.tup.com.cn，http://www.wqbook.com
       地　　址：北京清华大学学研大厦 A 座　　　　邮　编：100084
       社 总 机：010-62770175　　　　　　　　　　邮　购：010-62786544
       投稿与读者服务：010-62776969，c-service@tup.tsinghua.edu.cn
       质 量 反 馈：010-62772015，zhiliang@tup.tsinghua.edu.cn
印 装 者：小森印刷霸州有限公司
经　　销：全国新华书店
开　　本：190mm×260mm　　　印　张：18.75　　　插　页：2　字　数：506 千字
版　　次：2022 年 2 月第 1 版　　　　　　　　　印　次：2022 年 2 月第 1 次印刷
定　　价：79.00 元

产品编号：083386-01

　　本书是"计算机基础与实训教材系列"丛书中的一种。该书从教学实际需求出发，合理安排知识结构，由浅入深、循序渐进地讲解 Dreamweaver 2020 的基础知识和使用方法。全书共分11 章，主要内容如下。

　　第 1、2 章介绍 Dreamweaver 2020 的基础知识，以及利用软件提供的"代码"视图编辑HTML 代码、使用【CSS 设计器】面板创建 CSS 的方法。

　　第 3~5 章介绍添加文本、插入图像和多媒体文件，以及创建各种超链接的方法。

　　第 6 章介绍使用 HTML5 新增元素构建网页的方法。

　　第 7、8 章介绍使用表格设计网页布局，以及创建表单和各种表单元素的方法。

　　第 9、10 章介绍内置行为和使用 Div+CSS 设计网页整体内容的方法。

　　第 11 章延伸了第 2 章的内容，以实例的形式着重介绍通过"代码"视图编写代码和使用CSS 修饰网页中文本、图像等元素的方法。

　　本书图文并茂、条理清晰、通俗易懂、内容丰富，在讲解每个知识点时都配有相应的实例，方便读者上机实践。同时，为了方便老师教学，本书提供配套素材、教学课件、实例源文件和习题答案，并提供书中实例操作的教学视频，读者使用手机微信和 QQ 中的"扫一扫"功能，扫描下方的二维码，即可观看本书对应的同步教学视频。

本书配套素材和教学课件的下载地址如下。

http://www.tupwk.com.cn/edu

本书同步教学视频的二维码如下。

扫一扫，看视频　　　　　　　　扫码推送配套资源到邮箱

　　本书由黑河学院的李伦彬和郑州大学的杨蓓共同编写，其中李伦彬编写了第 1、2、7、8、10、11 章，杨蓓编写了第 3~6、9 章。

　　由于作者水平有限，本书难免有不足之处，欢迎广大读者批评指正。我们的邮箱是992116@qq.com，电话是 010-62796045。

编　者

2021 年 7 月

推荐课时安排

章　名	重点掌握内容	教学课时
第 1 章　初识 Dreamweaver 2020	Dreamweaver 2020 的工作界面，创建空白网页，设置页面属性，新建与管理本地站点	3 学时
第 2 章　HTML 和 CSS	HTML 常用标记，使用 HTML 编辑器，CSS 的功能、规则和类型，创建与设置 CSS	4 学时
第 3 章　设计网页文本	网页文本的基本操作，在网页中插入水平线，在网页中插入特殊符号和日期，设置文本属性，在网页中设置段落，在网页中设置项目符号和编号	3 学时
第 4 章　使用图像和多媒体文件	添加网页图像，添加网页视频，添加网页音频，添加滚动文字	4 学时
第 5 章　定义网页链接	超链接的类型与路径，应用图像热点链接，创建文本与图像链接，创建浮动框架	4 学时
第 6 章　使用 HTML5 构建网页	HTML5 的文档结构，HTML5 全局属性，HTML5 结构元素，HTML5 事件	4 学时
第 7 章　使用表格	使用 Dreamweaver 在网页中插入表格，合并与拆分单元格，设置表格属性，使用表格布局网页	2 学时
第 8 章　制作表单	基本表单元素，HTML5 input 属性，HTML5 增强输入对象，HTML5 新增控件	3 学时
第 9 章　使用行为	行为的基础知识，在网页中添加行为的方法，常用网页行为的应用方法	3 学时
第 10 章　使用 Div+CSS 布局网页	Div 与盒模型，网页结构标准语言与表现标准语言，常用的 Div+CSS 布局方式	2 学时
第 11 章　使用 CSS3 修饰网页	使用 CSS3 定义网页文本格式，使用 CSS3 定义图像边框和阴影，使用 CSS3 定义网页文本阴影效果，使用 CSS3 定义网页背景图像	3 学时

注：1. 教学课时安排仅供参考，授课教师可根据情况进行调整。

　　2. 建议每章安排与教学课时相同时间的上机练习。

目录

计算机基础与实训教材系列

计算机基础与实训教材系列

第1章

初识Dreamweaver 2020

　　Dreamweaver 2020 是 Adobe 公司开发的集网页制作和网站管理于一体的所见即所得的网页编辑器。在技术发展日新月异的今天，Dreamweaver 集设计和编码功能于一体，无论是网页设计师还是前端工程师，熟练掌握 Dreamweaver 软件的使用方法，都能有效提高工作效率。

　　本章作为全书的开端，将着重介绍 Dreamweaver 2020 的基础知识，以及利用 Dreamweaver 2020 创建空白网页、设置网页的页面属性、新建本地站点的方法，为后面进一步学习网页制作打下坚实的基础。

本章重点

- Dreamweaver 2020 的工作界面
- 设置页面属性
- 创建空白网页
- 新建与管理本地站点

二维码教学视频

【例 1-1】 创建并预览网页
【例 1-2】 创建本地站点
【例 1-3】 在站点中创建文件夹
【例 1-4】 在站点中创建文件
【例 1-5】 制作简单网页

1.1 熟悉 Dreamweaver 2020

Dreamweaver 2020 是一款网页制作与编辑软件。用户可以利用它轻而易举地制作出跨越平台限制和跨越浏览器限制，并且充满动感效果的网页。在正式开始学习利用 Dreamweaver 2020 制作网页之前，本节将首先介绍该软件的工作界面、编码环境、编码工具、辅助工具，以及常用的自定义设置，帮助网页制作的初学者快速熟悉软件的基本功能。

1.1.1 工作界面

在计算机中安装并启动 Dreamweaver 2020 后，将打开如图 1-1 左图所示的启动界面，单击其中的【新建】按钮，在打开的【新建文档】对话框中单击【创建】按钮，如图 1-1 右图所示，即可进入软件的工作界面。

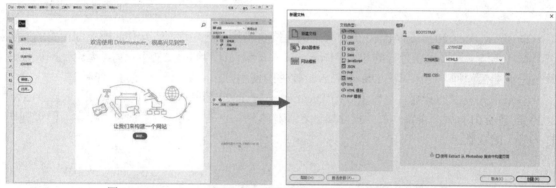

图 1-1　Dreamweaver 2020 启动界面(左图)和【新建文档】对话框(右图)

Dreamweaver 2020 工作界面由菜单栏、浮动面板组、属性面板、工具栏、文档工具栏、状态栏，以及包括设计视图和代码视图的文档窗口组成，如图 1-2 所示。

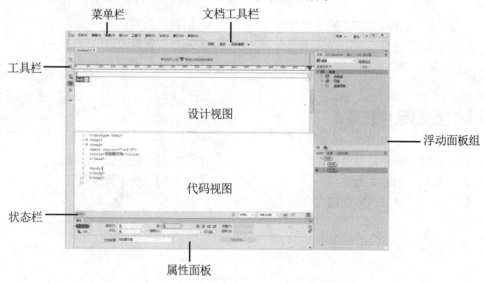

图 1-2　Dreamweaver 2020 的工作界面

1. 菜单栏

菜单栏提供了各种操作的标准菜单命令，它由【文件】【编辑】【查看】【插入】【工具】【查找】【站点】【窗口】和【帮助】9 个菜单组成，如图 1-3 所示。选择任意一个菜单项，都会弹出相应的菜单，使用菜单中的命令基本上能够实现 Dreamweaver 的所有功能。例如，选择【文件】|【新建】命令，可以使用打开的【新建文档】对话框创建一个新的网页文档；选择【文件】|【打开】命令，在打开的对话框中选择一个网页文件后，选择【打开】命令，可以使用 Dreamweaver 将网页文件打开；选择【文件】|【保存】命令或选择【文件】|【另存为】命令，可以保存当前在 Dreamweaver 中打开的网页文件。

2. 文档工具栏

文档工具栏主要用于设置文档窗口在不同的视图模式间进行快速切换，其包含【代码】【拆分】(如图 1-2 所示的拆分视图模式，即上半部分显示设计成实时视图，下半部分显示代码视图)和【实时视图】3 个按钮，单击其右侧的▼按钮，在弹出的列表中还包括【设计】选项，如图 1-3 所示。

文档工具栏

菜单命令列表

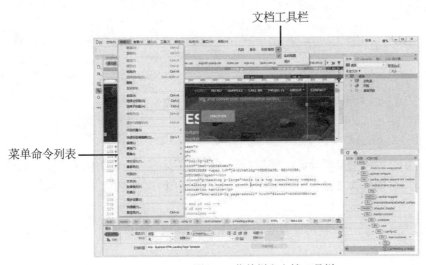

图 1-3　菜单栏和文档工具栏

3. 文档窗口

文档窗口是 Dreamweaver 进行可视化编辑网页的主要区域，可以显示当前文档的所有操作效果，例如插入文本、图像、动画，或者编辑网页代码。通过文档工具栏，用户可以设置文档窗口显示如图 1-2 所示的拆分视图。

> 💡 **提示**
>
> 实时视图使用一个基于 Chromium 的渲染引擎，可以使 Dreamweaver 工作界面中网页的内容看上去与 Web 浏览器中的显示效果相同。在实时视图中选择网页内的某个元素，将显示如图 1-3 所示的快速属性检查器，在其中可以编辑所选元素的属性或设置文本格式。

4. 工具栏

在 Dreamweaver 2020 工作界面左侧的工具栏中，允许用户使用其中的快捷按钮，快速调整

计算机基础与实训教材系列

3

与编辑网页代码。单击工具栏底部的【自定义工具栏】按钮,在打开的对话框中,用户可以设置在工具栏中显示的按钮,如图 1-4 所示。

5. 浮动面板组

浮动面板组位于 Dreamweaver 工作界面的右侧,用于帮助用户监控和修改网页,其中包括插入、文件、CSS 设计器等默认面板。用户可以通过在菜单栏中选择【窗口】菜单中的命令,在浮动面板组中打开设计网页所需的其他面板,例如,选择【窗口】|【资源】命令,可以在浮动面板组中显示【资源】面板,如图 1-4 所示。

自定义工具栏 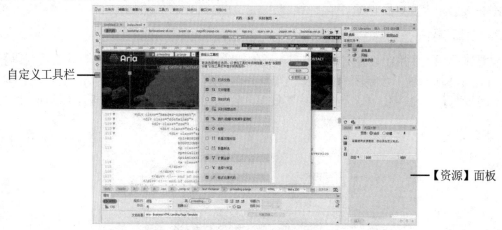 【资源】面板

图 1-4 打开【自定义工具栏】对话框和显示【资源】面板

6. 状态栏

Dreamweaver 的状态栏位于工作界面的底部,其左侧的【标签选择器】用于显示当前网页选定内容的标签结构。右侧包含【错误检查】【窗口大小】和【实时预览】3 个图标,其各自的功能说明如下。

▽ 【错误检查】图标:显示当前网页中是否存在错误,如果网页中不存在错误,则显示 图标,否则显示 图标。

▽ 【窗口大小】图标:用于设置当前网页窗口的预定义尺寸,单击该图标,在弹出的列表中将显示所有预定义窗口尺寸。

▽ 【实时预览】图标:单击该图标,在弹出的列表中,用户可以选择在不同的浏览器或移动设备上实时预览网页效果。

7. 【属性】面板

在菜单栏中选择【窗口】|【属性】命令,可以在 Dreamweaver 2020 工作界面中显示【属性】面板。在【属性】面板中用户可以查看并编辑页面上文本或对象的属性,该面板中显示的属性通常对应文档窗口中选中的元素和状态栏中选中标签的各种属性。例如,当在文档窗口中选中一段文本后,【属性】面板中将显示如图 1-5 所示的【属性】面板,在该面板中用户可以直接以 HTML 代码的形式为对象设置属性。单击【属性】面板左侧的 CSS 按钮,则【属性】面板将会变为如图 1-6 所示的界面,其中各按钮将以定义 CSS 代码的形式来定义对象属性。

图 1-5　HTML 属性

图 1-6　CSS 属性

1.1.2　编码环境

每一种可视化的网页制作软件都提供源代码控制功能,即在软件中可以随时调出源代码进行修改和编辑,Dreamweaver 也不例外。在 Dreamweaver 2020 的【文档】工具栏中单击【代码】按钮,将显示代码视图,如图 1-7 所示,在该视图中以不同的颜色显示 HTML 代码,可以帮助用户处理各种不同的标签。

1. 代码提示

在 Dreamweaver 中选择【编辑】|【首选项】命令,打开【首选项】对话框,在【分类】列表框中选择【代码提示】选项,在显示的选项区域中选中【启用代码提示】复选框,如图 1-8 所示,并单击【应用】按钮即可启用"代码提示"状态。开启 Dreamweaver 的代码提示功能可以提高用户的代码编写速度。

图 1-7　代码视图

图 1-8　【首选项】对话框

HTML 代码提示

在 Dreamweaver 代码视图中编写网页代码时,用户按下键盘上的"<"键开始键入代码后,软件将显示有效的 HTML 代码提示,包括标签提示、属性名称提示和属性值提示 3 种类型。

▽ 标签提示:当在 Dreamweaver 代码视图中键入"<"时,将弹出菜单显示可选标签名称列表。此时,用户只需输入标签名称的开头部分而不必输入标签名称的其余部分,即可从列表中选

择标签以将其输入在"<"之后,如图 1-9 左图所示。

▽ 属性名称提示:在 Dreamweaver 代码视图中输入网页代码时,软件还会显示标签的相应属性。键入标签名称后,按下空格键即可显示标签能够使用的有效属性名称,如图 1-9 中图所示。

▽ 属性值提示:Dreamweaver 的属性值提示可以是静态的,也可以是动态的。大部分属性值提示是静态的。以目标属性值为例,它在本质上是静态的,因此提示也是静态的,如图 1-9 右图所示。

 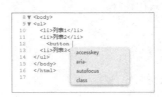 

图 1-9　基本 HTML 标签提示(左图)、属性名称提示(中图)、静态属性值提示(右图)

此外,Dreamweaver 对需要动态代码提示的属性值(如 id、target、src、href 和 class)也显示动态代码提示。例如,如果在 CSS 文件中定义了 id 选择器,当用户在 HTML 文件中输入 id 时,Dreamweaver 会显示所有可用的 id。

CSS 代码提示

Dreamweaver 代码提示功能可用于@规则、属性、伪选择器和伪元素、速记等不同类型的 CSS 输入提示(代码提示也适用于 CSS 属性)。

▽ CSS@规则代码提示:Dreamweaver 可以显示所有@规则的代码提示以及 CSS 规则的说明,如图 1-10 左图所示

▽ CSS 属性代码提示:当在 Dreamweaver 代码视图中输入 CSS 属性、冒号时,将显示代码提示以帮助用户选择一个有效值。例如,在如图 1-10 中图所示的代码中,当输入 font-family: 时,Dreamweaver 将显示有效的字体集。

▽ 伪选择器和伪元素:用户可以添加 CSS 伪选择器至选择器以定义元素的特定状态。例如,当使用":悬停"样式时,用户将鼠标悬停在选择器指定的元素上时,将应用该样式。当输入:时,若鼠标光标在该符号的右侧,Dreamweaver 将显示一系列有效的伪选择器,如图 1-10 右图所示。

  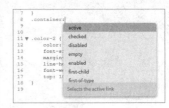

图 1-10　CSS @规则代码提示(左图)、CSS 属性代码提示(中图)、伪选择器代码提示(右图)

CSS 速记提示:速记属性为 CSS 属性,可以帮助用户同时设置几个 CSS 属性值。CSS 速记属性的一些实例具有背景和字体属性。如果用户输入 CSS 速记属性(比如背景),在输入空格之后,Dreamweaver 将显示:①关联命令中的适当属性值;②必须使用的必填值(例如,如果使用字体,则字体大小和字体类型是必填的);③针对该属性的浏览器扩展。

2. 代码格式化

在 Dreamweaver 中选择【编辑】|【首选项】命令，打开【首选项】对话框，在该对话框的【分类】列表框中选择【代码格式】选项，在显示的选项区域中，用户可以自定义代码格式和标签库设置，如图 1-11 所示。

图 1-11　通过【代码格式】选项区域自定义代码格式和标签库

此后，当代码视图中代码输入格式混乱时，单击工具栏中的【格式化源代码】按钮，从弹出的列表中选择【应用源格式】选项(或选择【编辑】|【代码】|【应用源格式】命令)，即可格式化网页代码，如图 1-12 所示。

3. 代码改写

在 Dreamweaver 中选择【编辑】|【首选项】命令，打开【首选项】对话框，在该对话框的【分类】列表框中选择【代码改写】选项，在显示的选项区域中，用户可以指定在打开文档、复制或粘贴表单元素时，或者在使用如【属性】面板设置网页属性值和 URL 时，Dreamweaver 是否修改网页代码，以及如何修改代码，如图 1-13 所示。

图 1-12　格式化代码　　　　　　　　　　图 1-13　设置代码改写

> 💡 提示
>
> 在 Dreamweaver 代码视图中编辑 HTML 代码或脚本时，以上首选项参数不起作用。

1.1.3　编码工具

在 Dreamweaver 中，用户可以使用编码工具编辑并优化网页代码。

1. 快速标签编辑器

在制作网页时，如果用户只需要对一个对象的标签进行简单的修改，那么启用 HTML 代码编辑视图就显得没有必要了。此时，可以参考下面介绍的方法使用快速标签编辑器。

(1) 在【设计】视图中选中一段文本作为编辑标签的目标，然后在【属性】面板中单击【快速标签编辑器】按钮。

(2) 在打开的快速标签编辑器中输入<h1>，按下 Enter 键确认，即可快速编辑文字标题代码，如图 1-14 所示。

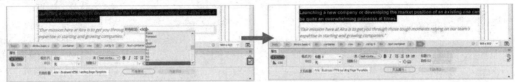

图1-14　使用快速标签编辑器

2. 【代码片断】面板

在制作网页时，选择【窗口】|【代码片断】命令，可以在 Dreamweaver 工作界面右侧显示如图 1-15 所示的【代码片断】面板。

在【代码片断】面板中，用户可以存储 HTML、JavaScript、CFML、ASP、JSP 等代码片断，当需要重复使用这些代码时，可以很方便地调用，或者利用它们创建并存储新的代码片断。

在【代码片断】面板中选中需要插入的代码片断，单击面板下方的【插入】按钮，即可将代码片断插入页面。

在【代码片断】面板中选择需要编辑的代码片断，然后单击该面板下方的【编辑代码片断】按钮，将会打开如图 1-16 所示的【代码片断】对话框，在此可以编辑原有的代码。

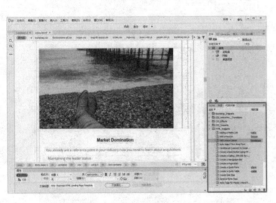

图1-15　【代码片断】面板

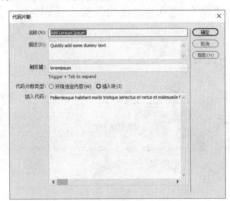

图1-16　【代码片断】对话框

如果用户编写了一段代码，并希望在其他页面能够重复使用，则只需在【代码片断】面板创建属于自己的代码片断，就可以轻松实现代码的重复使用，具体方法如下。

(1) 在【代码片断】面板中单击【新建代码片断文件夹】按钮，创建一个名为 user 的文件夹，然后单击面板下方的【新建代码片断】按钮。

(2) 打开【代码片断】对话框，设置好各项参数后，单击【确定】按钮，即可将用户自己编写的代码片断加入【代码片断】面板中的 user 文件夹。这样就可以在设计任意网页时随时调用该代码片断。

【代码片断】对话框中主要选项的功能说明如下。

【名称】文本框：用于输入代码片断的名称。

【描述】文本框：用于对当前代码片断进行简单的描述。

【触发键】文本框：用于设置代码片断的触发键。

【插入代码】文本框：用于输入代码片断的内容。

3. 优化网页代码

在制作网页的过程中，用户经常需要从其他文本编辑器中复制文本或一些其他格式的文件，而在这些文件中会携带许多垃圾代码和一些 Dreamweaver 不能识别的错误代码。这不仅会增加文档的大小，延长网页载入时间，使网页浏览速度变得很慢，甚至还可能会导致错误。此时，可以通过优化 HTML 源代码，从文档中删除多余的代码，或者修复错误的代码，使 Dreamweaver 可以最大限度地优化网页，提高代码质量。

清理 HTML 代码

在菜单栏中选择【工具】|【清理 HTML】命令，可以打开如图 1-17 所示的【清理 HTML/XHTML】对话框，辅助用户选择网页源代码的优化方案。

【清理 HTML/XHTML】对话框中各选项的功能说明如下。

空标签区块：例如<font color="F0000"> </font>就是一个空标签，选中该复选框后，类似的标签将会被删除。

多余的嵌套标签：例如，在"<i>HTML 语言在</i>快速普及</i>"这段代码中，选中该复选框后，内层<i>与</i>标签将被删除。

不属于 Dreamweaver 的 HTML 注解：选中该复选框后，类似<!--begin body text-->这种类型的注释将被删除，而类似<!--#BeginEditable"main"-->这种注释则不会被删除，因为它是由 Dreamweaver 生成的。

Dreamweaver 特殊标记：与上面一项正好相反，选中该复选框后，只清理 Dreamweaver 生成的注释，这样模板与库页面都将变为普通页面。

指定的标签：在该选项的文本框中输入需要删除的标签，并选中该复选框即可删除。

尽可能合并嵌套的<font>标签：选中该复选框后，Dreamweaver 将可以合并的<font>标签合并，一般可以合并的<font>标签都是控制一段相同的文本。例如，"<fontsize "6" > <fontcolor="#0000FF" >HTML 语言</font></font>"标签就可以合并。

完成时显示动作记录：选中该复选框后，对 HTML 代码的处理结束后将打开一个提示对话框，列出具体的修改项目。

在【清理 HTML/XHTML】对话框中完成 HTML 代码的清理方案设置后，单击【确定】按钮，Dreamweaver 将会花一段时间进行处理。如果选中对话框中的【完成时显示动作记录】复选框，将会打开如图 1-18 所示的清理提示对话框。

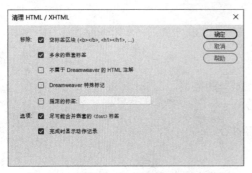

图 1-17　【清理 HTML/XHTML】对话框　　　　图 1-18　显示代码清理提示信息

清理 Word 生成的 HTML 代码

Word 是最常用的文本编辑软件，很多用户经常会将一些 Word 文档中的文本复制到 Dreamweaver 中，并运用到网页上，这样难免会生成一些错误代码、无用的样式代码或其他垃圾代码。此时，在菜单栏中选择【工具】|【清理 Word 生成的 HTML】命令，打开如图 1-19 所示的【清理 Word 生成的 HTML】对话框，可以对网页源代码进行清理。

【清理 Word 生成的 HTML】对话框包含【基本】和【详细】两个选项卡，其中【基本】选项卡用于进行基本参数设置；【详细】选项卡用于对需要清理的 Word 特定标记和 CSS 进行设置，如图 1-20 所示。

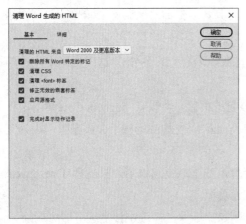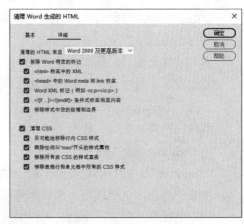

图 1-19　【清理 Word 生成的 HTML】对话框　　　　图 1-20　【详细】选项卡

【清理 Word 生成的 HTML】对话框中比较重要的选项功能说明如下。

▽　清理的 HTML 来自：如果当前 HTML 文档是用 Word 97 或 Word 98 生成的，则在该下拉列表中选择【Word 97/98】选项；如果 HTML 文档是用 Word 2000 或更高版本生成的，则在该下拉列表中选择【Word 2000 及更高版本】选项。

删除所有 Word 特定的标记：选中该复选框后，将清除 Word 生成的所有特定标记。如果需要有保留地清除，可以在【详细】选项卡中进行设置。

▽　清理 CSS：选中该复选框后，将尽可能地清除 Word 生成的 CSS。如果需要有保留地清除，可以在【详细】选项卡中进行设置。

清理<font>标签：选中该复选框后，将清除 HTML 文档中的<font>语句。

修正无效的嵌套标签：选中该复选框后，将修正 Word 生成的一些无效的 HTML 嵌套标签。

应用源格式：选中该复选框后，将按照 Dreamweaver 默认的格式整理当前 HTML 文档的源代码，使文档的源代码结构更清晰，可读性更高。

完成时显示动作记录：选中该复选框后，将在清理代码结束后显示执行了哪些操作。

移除 Word 特定的标记：该选项组包含 5 个选项，用于对移除 Word 特定的标记进行具体设置。

清理 CSS：该选项组包含 4 个选项，用于对清理 CSS 进行具体设置。

在【清理 Word 生成的 HTML】对话框中完成设置后，单击【确定】按钮，Dreamweaver 将开始清理代码，如果选中了【完成时显示动作记录】复选框，将打开结果提示对话框，显示执行的清理项目。

1.1.4　辅助工具

标尺、网格和辅助线是用户在 Dreamweaver 设计视图中排版网页内容的三大辅助工具。

1. 标尺

使用标尺，用户可以查看所编辑网页的宽度和高度，使网页效果能符合浏览器的显示要求。在 Dreamweaver 2020 中，选择【查看】|【设计视图选项】|【标尺】|【显示】命令，即可在设计视图中显示标尺，如图 1-21 所示。

图 1-21　Dreamweaver 工作界面中的标尺

如图 1-21 所示，标尺显示在文档窗口的左边框和上边框中，用户可以将标尺的原点图标 拖动至页面中的任意位置，从而改变标尺的原点位置(若要将它恢复到默认位置，可以选择【查看】|【设计视图选项】|【标尺】|【重设原点】命令)。

2. 网格

网格在文档窗口中显示为一系列的水平线和垂直线。它对于精确地放置网页对象很有用。用户可以让经过绝对定位的页面元素在移动时自动靠齐网格,还可以通过指定网格设置更改网格或控制靠齐功能(无论网格是否可见,都可以使用靠齐功能)。

显示或隐藏网格

在 Dreamweaver 中选择【查看】|【设计视图选项】|【网格设置】|【显示网格】命令,即可在设计视图中显示网格,如图 1-22 所示。

启用或禁用靠齐功能

选择【查看】|【设计视图选项】|【网格设置】|【靠齐到网格】命令,可以启用靠齐功能(再次执行该命令可以禁用靠齐功能)。

更改网格设置

选择【查看】|【设计视图选项】|【网格设置】|【网格设置】命令,将打开如图 1-23 所示的【网格设置】对话框。在该对话框中,用户可以更改网格的颜色、间隔和显示等设置。

▽ 颜色:指定网格线的颜色。

▽ 显示网格:使网格显示在设计视图中。

▽ 靠齐到网格:使页面元素靠齐到网格线。

▽ 间隔:控制网格线的间距。

▽ 显示:指定网格线是显示为线条还是显示为点。

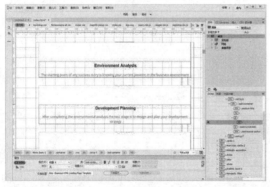

图 1-22 在设计视图中显示网格

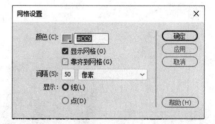

图 1-23 【网格设置】对话框

3. 辅助线

辅助线用于精确定位网页元素,将鼠标指针放置在左边或上边的标尺上,按住鼠标左键并拖动,可以拖出辅助线,如图 1-24 所示。拖出辅助线时,鼠标光标旁边会显示其所在位置距左边或上边的距离。

要删除设计视图中已有的辅助线,只需将鼠标指针放置在辅助线之上,按住鼠标左键将其拖至左边或上面的标尺上即可。

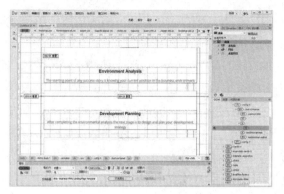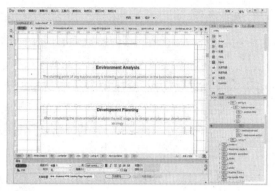

图 1-24　拖出辅助线

1.1.5　自定义设置

使用 Dreamweaver 虽然可以方便地制作和修改网页文件，但根据网页设计的要求不同，需要的页面初始设置也不同。此时，用户可以通过在菜单中选择【编辑】|【首选项】命令，在打开的【首选项】对话框中进行设置。

1. 常规设置

Dreamweaver 的常规设置可以在【首选项】对话框的【常规】选项区域中设置，分为【文档选项】和【编辑选项】两部分，如图 1-25 所示。

文档选项

在如图 1-25 所示的【文档选项】区域中，各个选项的功能说明如下。

【显示开始屏幕】复选框：选中该复选框后，每次启动 Dreamweaver 时将自动弹出开始屏幕。

【启动时重新打开文档】复选框：选中该复选框后，每次启动 Dreamweaver 时都会自动打开最近操作过的文档。

【打开只读文件时警告用户】复选框：选中该复选框后，打开只读文件时，将打开提示对话框。

【启用相关文件】复选框：选中该复选框后，将在 Dreamweaver 文档窗口上方打开源代码栏，显示网页的相关文件。

【搜索动态相关文件】：用于针对动态文件，设置相关文件的显示方式。

【移动文件时更新链接】：移动、删除文件或更改文件名称时，决定文档内的链接处理方式。用户可以选择【总是】【从不】和【提示】3 种方式。

【插入对象时显示对话框】复选框：设置当插入对象时是否显示对话框。例如，在【插入】面板中单击 Table 按钮，在网页中插入表格时，将会打开显示指定列数和表格宽度的 Table 对话框。

编辑选项

在如图 1-25 所示的【编辑选项】区域中，主要选项的功能说明如下。

▽ 【允许双字节内联输入】复选框：选中该复选框后即可在文档窗口中更加方便地输入中文。

▽ 【标题后切换到普通段落】复选框：选中该复选框后，在应用<h1>或<h6>等标签的段落结尾处按 Enter 键，将自动生成应用<p>标签的新段落；取消该复选框的选中状态，则在应用<h1>或<h6>等标签的段落结尾处按下 Enter 键，会继续生成应用<h1>或<h6>等标签的段落。

【允许多个连续的空格】复选框：用于设置 Dreamweaver 是否允许通过空格键来插入多个连续的空格。在 HTML 源文件中，即使输入很多空格，在页面中也只显示插入了一个空格，选中该复选框后，可以插入多个连续的空格。

▽ 【用<strong>和<em>代替<b>和<i>(U)】复选框：设置是否使用<strong>标签来代替<b>标签，是否使用<em>标签来代替<i>标签。制定网页标准的 W3C 组织提倡的是不使用<b>标签和<i>标签。

▽ 【在<p>或<h1>-<h6>标签中放置可编辑区域时发出警告】复选框：选中该复选框后，当<p>或<h1>-<h6>标签中放置的模板文件中包含可编辑区域时，将打开警告提示框。

▽ 【历史步骤最多次数】文本框：用于设置 Dreamweaver 保存历史操作步骤的最多次数。

▽ 【拼写字典】按钮：单击该下拉按钮，在弹出的下拉列表中可以选择 Dreamweaver 自带的拼写字典。

2. 不可见元素的设置

当用户通过浏览器查看 Dreamweaver 中制作的网页时，所有 HTML 标签在一定程度上是不可见的(例如，<comment>标签不会出现在浏览器中)。在设计页面时，用户可能会希望看到某些元素。例如，调整行距时打开换行符
的可见性，可以帮助用户了解页面的布局。

在 Dreamweaver 中打开【首选项】对话框后，在【分类】列表框中选择【不可见元素】选项，在显示的选项区域中允许用户控制 13 种不同代码(或是它们的符号)的可见性，如图 1-26 所示。例如，可以指定命名锚记可见，而换行符不可见。

图 1-25　【常规】选项区域

图 1-26　设置网页的不可见元素

3. 网页字体的设置

将计算机中的西文属性转换为中文一直是一个非常烦琐的问题，在网页制作中也是如此。对于不同的语言文字，应该使用不同的文字编码方式，因为网页编码方式直接决定了浏览器中的文字显示。

在 Dreamweaver 中打开【首选项】对话框后，在【分类】列表框中选择【字体】选项，如图 1-27 所示，用户可以对网页中的字体进行以下设置。

【字体设置】列表框：用于指定在 Dreamweaver 中使用给定编码类型的文档所用的字体集。

【均衡字体】选项：用于设置普通文本(如段落、标题和表格中的文本)的字体，其默认值取决于系统中安装的字体。

【固定字体】选项：用于设置<pre>、<code>和<tt>标签内文本的字体。

【代码视图】选项：用于设置代码视图和代码检查器中所有文本的字体。

4．文件类型/编辑器的设置

在【首选项】对话框的【分类】列表框中选择【文件类型/编辑器】选项，将显示如图 1-28 所示的选项区域。

在【文件类型/编辑器】选项区域中，用户可以针对不同的文件类型，分别指定不同的外部文件编辑器。以图像为例，Dreamweaver 提供了简单的图像编辑功能。如果需要进行复杂的图像编辑，可以在 Dreamweaver 中选择图像后，调出外部图像编辑器进行进一步的修改。在外部图像编辑器中完成修改后，返回 Dreamweaver，图像会自动更新。

图 1-27　设置网页字体的选项区域

图 1-28　设置文件类型/编辑器

计算机基础与实训教材系列

1.2　新建网页文档

在制作网页的过程中，无论使用何种软件，最后都是将所设计的网页转换为 HTML。HTML(目前的最新版本是 HTML5)是用来描述网页的语言。该语言是一种标记语言(即一套标签，HTML 使用标签来描述网页)，而不是编程语言，它是制作网页的基础语言，主要用于描述超文本中内容的显示方式(本书后面的章节将详细介绍)。

使用 Dreamweaver 2020 提供的各种命令和功能，可以自动生成 HTML 代码。这样，用户不必对 HTML5 代码十分了解，就可以创建与编辑网页文档，并实时地预览网页效果。

【例 1-1】 通过 Dreamweaver 2020 制作一个网页，熟悉该软件的基本功能。 📹视频

(1) 启动 Dreamweaver 2020 后，选择【文件】|【新建】命令或按下 Ctrl+N 组合键，打开【新建文档】对话框。

(2) 在【新建文档】对话框的【文档类型】列表框中选择 HTML 选项，在【标题】文本框中输入"一个简单的网页"，然后单击【文档类型】下拉按钮，从弹出的下拉列表中选择 HTML5 选项，如图 1-29 左图所示。

(3) 单击【创建】按钮，即可在 Dreamweaver 的代码视图中自动生成如图 1-29 右图所示的 HTML5 代码。

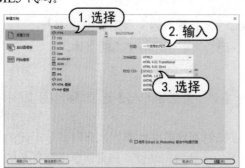

图 1-29　使用 Dreamweaver 2020 创建网页文档

(4) 在 Dreamweaver 设计视图中输入文本，在代码视图中将自动生成代码，选中设计视图中的文本，将自动选中代码视图中相应的文本，默认为文本应用段落格式，如图 1-30 所示。

HTML 代码如下：

```
<p>HTML5 简介</p>
<p>HTML5 的新增功能</p>
<p>HTML5的语法特点</p>
<p>HTML5 文件的基本结构</p>
<p>HTML5 文件的编写方法</p>
```

(5) 单击【属性】面板中的【格式】下拉按钮，从弹出的下拉列表中用户可以为选中的文本设置标题格式(例如，选择【标题 1】格式)。被选中的文本将更改为相应的标签，如图 1-31 所示。

```
<p>HTML5 简介</p>
```

将自动改为：

```
<h1>HTML5 简介</h1>
```

图 1-30　在设计视图中输入文本　　　　图 1-31　为文本设置标题格式

(6) 重复以上操作，在设计视图中选中其他文本，然后在【属性】面板为文本设置不同的标题格式。

(7) 在【文档】工具栏中切换到【实时视图】,可以在 Dreamweaver 文档窗口中预览网页的效果,如图 1-32 所示。

(8) 选择【文件】|【保存】命令,打开【另存为】对话框将制作的网页保存,如图 1-33 所示。双击所保存的网页文件,即可使用浏览器查看网页效果。

图 1-32　切换至实时视图

图 1-33　保存创建的网页文档

1.3　设置页面属性

在 Dreamweaver 2020 中创建网页后,用户可以进一步对网页文件的页面属性进行设置,也就是设置整个网页的外观效果。选择【文件】|【页面属性】命令,打开【页面属性】对话框,从中可以设置页面的外观、链接、标题、标题/编码以及跟踪图像等属性,如图 1-34 所示。下面将介绍其中较重要的几项。

1.3.1　设置外观

图 1-34　【页面属性】对话框

在【页面属性】对话框的【分类】列表框中选择【外观(CSS)】和【外观(HTML)】选项,可以设置网页的 CSS 外观和 HTML 外观。

1. 设置页面字体

在图 1-34 所示的【页面属性】对话框的【页面字体】下拉列表中可以设置文本的字体样式。例如,在这里选择一种字体样式,然后单击【应用】按钮,页面中的字体即可显示为这种字体的样式。

2. 设置字号大小

在【大小】下拉列表中可以设置文本的字号大小,比如选择 36,在右侧的单位下拉列表中选择 px,单击【应用】按钮,页面中的字号大小将显示为 36px 的大小。

3. 设置文本颜色

在【文本颜色】文本框中输入显示文本颜色的十六进制值，或者单击文本框左侧的【选择颜色】按钮，即可在弹出的选择器中为文本选择颜色，如图 1-35 所示。单击【应用】按钮，可以看到页面中文本呈现为选中的颜色。

4. 设置背景颜色

在【背景颜色】文本框中设置背景颜色，例如，设置为浅灰色#E1E1E1，然后单击【应用】按钮，即可看到页面背景呈现所设置的颜色，如图 1-36 所示。

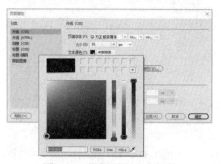

图 1-35　设置页面文本颜色　　　　　图 1-36　设置页面背景颜色

5. 设置背景图像

在【背景图像】文本框中用户可以直接输入网页背景图像的路径(单击该文本框右侧的【浏览】按钮，在打开的【选择图像源文件】对话框中可以选择图像文件作为网页的背景图像)，单击【应用】按钮，即可在文档窗口中看到页面的背景图像效果，如图 1-37 所示。

单击【背景图像】文本框下的【重复】下拉按钮，从弹出的下拉列表中可以选择页面背景图像的重复方式，包括重复(repeat)、横向重复(repeat-x)、纵向重复(repeat-y)和不重复(no-repeat)4个选项，如图 1-38 所示。比如选择横向重复(repeat-x)选项，背景图像将会以水平横向重复的排列方式显示。

图 1-37　设置页面背景图片　　　　　图 1-38　设置背景图像重复排列方式

6. 设置页边界

【左边距】【上边距】【右边距】和【下边距】选项用于设置页面四周边距的大小。

1.3.2 设置链接

在【页面属性】对话框的【分类】列表框中选择【链接(CSS)】选项，用户可以设置网页中链接的属性，包括链接的字体和字号、链接的颜色、已访问链接的颜色、活动链接的颜色、变换图像链接的颜色以及链接的下画线样式等，如图 1-39 所示。

1.3.3 设置标题

在【页面属性】对话框的【分类】列表框中选择【标题(CSS)】选项，用户可以设置页面中标题的属性，包括标题字体、字体样式、字号等，如图 1-40 所示。

图 1-39　设置链接属性

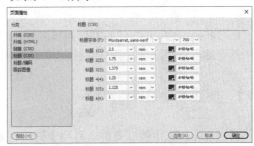

图 1-40　设置标题属性

1.3.4 设置标题/编码

在【页面属性】对话框的【分类】列表框中选择【标题/编码】选项，用户可以设置标题/编码的属性。比如网页的标题、文档类型和网页中文本的编码，如图 1-41 所示。

1.3.5 设置跟踪图像

在【页面属性】对话框的【分类】列表框中选择【跟踪图像】选项，用户可以设置页面跟踪图像的路径和透明度参数，如图 1-42 所示。

图 1-41　设置标题/编码

图 1-42　设置跟踪图像

1. 设置跟踪图像的路径

【跟踪图像】选项用于设置作为网页跟踪图像的文件路径。通过单击【跟踪图像】文本框右侧的【浏览】按钮，用户可以在打开的对话框中选择图像作为页面的跟踪图像。

计算机基础与实训教材系列

跟踪图像是 Dreamweaver 中非常有用的功能。使用该功能时，需要先用平面设计工具设计出页面的平面版式，再以跟踪图像的方式将其导入页面中，这样用户在编辑网页时就可以精确地定位页面元素。

在页面中设置了跟踪图像后，原来的网页背景图像将不会在 Dreamweaver 中显示。但是在浏览器中预览网页时，网页将会显示其设置的背景图像，而不会显示跟踪图像。

2. 设置跟踪图像的透明度

拖动【透明度】滑块，可以调整图像的透明度参数(0~100%)，透明度越高，图像越清晰。

1.4 创建站点

在 Dreamweaver 中开始制作网页之前，需要定义一个新站点，以便于在后续的操作中能更好地利用站点管理网页文件与素材，并尽可能地减少链接与路径方面的设置错误。

1.4.1 创建本地站点

Dreamweaver 中的站点是一种用于管理网站中所有关联文档的工具，通过站点可以实现将文件上传到网络服务器、自动跟踪和维护、管理文件以及共享文件等功能。Dreamweaver 中的站点包括本地站点、远程站点和测试站点 3 类。

▽ 本地站点：用来存放整个网站框架的本地文件夹，是用户的工作目录，一般在制作网页时只需建立本地站点即可。

▽ 远程站点：存储于 Internet 服务器上的站点和相关文档。通常情况下，为了不连接 Internet 而对所建的站点进行测试时，可在本地计算机上创建远程站点，对真实的 Web 服务器进行模拟测试。

▽ 测试站点：Dreamweaver 处理动态页面的文件夹，使用该文件夹生成动态内容并在工作时可连接到数据库，对动态页面进行测试。

在 Dreamweaver 2020 中创建本地站点的具体方法如下。

【例 1-2】 在 Dreamweaver 2020 创建一个名为"Mysite"的本地站点。 视频

(1) 选择【站点】|【新建站点】命令，打开【站点设置对象】对话框，在其中的【站点名称】文本框中输入站点的名称，并在【本地站点文件夹】文本框中设置本地站点文件夹的路径，然后单击【保存】按钮，如图 1-43 所示。

(2) 此时，将在 Dreamweaver 2020 中创建了一个本地站点，在【文件】面板的【本地站点】窗格中将会显示站点的根目录。

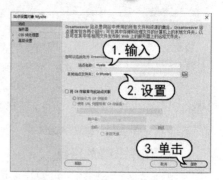

图 1-43 【站点设置对象】对话框

1.4.2 管理站点

在 Dreamweaver 2020 中创建站点后，还可以对本地站点进行管理，包括打开站点、编辑站点、删除站点和复制站点等。

1. 打开站点

成功创建站点后，如果不能一次完成网站的制作，就需要再次打开站点，对站点中的内容进行编辑。在 Dreamweaver 2020 中打开站点的具体操作步骤如下。

(1) 选择【窗口】|【文件】命令，显示【文件】面板，在该面板左侧的站点下拉列表中选择【管理站点】选项，如图 1-44 左图所示。

(2) 打开【管理站点】对话框，单击站点名称列表框中的站点名称，然后单击【完成】按钮即可，如图 1-44 右图所示。

图 1-44　打开站点

2. 编辑站点

创建站点后，可以对站点的属性进行编辑，具体操作步骤如下。

(1) 选择【站点】|【管理站点】命令，打开【管理站点】对话框，选中需要编辑的站点名称，然后单击【编辑目前选定的站点】按钮，如图 1-44 右图所示。

(2) 打开【站点设置对象】对话框，从中按照创建点的方法对站点进行编辑(展开该对话框左侧的列表，可以设置更多站点信息)，如图 1-45 所示。

(3) 编辑完成后，单击【保存】按钮，返回【管理站点】对话框，然后单击【完成】按钮即可完成对站点的编辑操作。

图 1-45　编辑站点

3. 删除站点

当用户不需要使用 Dreamweaver 对本地站点进行操作时，可以将其从站点列表中删除，具体操作步骤如下。

(1) 选择【站点】|【管理站点】命令，打开【管理站点】对话框，选择要删除的本地站点，然后在【管理站点】对话框中单击【删除当前选定的站点】按钮，在弹出的对话框中单击【是】按钮，如图 1-46 所示。

(2) 此时，Dreamweaver 将删除选定的本地站点。删除站点实际上只是删除了 Dreamweaver 同本地站点之间的关系，而实际的本地站点内容(包括文件夹和文件)仍然保存在磁盘相应的位置中，用户可以重新创建指向其位置的新站点，重新对其进行管理。

计算机基础与实训教材系列

4. 复制站点

若用户想创建多个结构相同或类似的站点，可以利用站点的可复制性实现。在 Dreamweaver 中复制站点的具体步骤如下。

(1) 选择【站点】|【管理站点】命令，打开【管理站点】对话框，选中需要的复制的站点后，单击【复制当前选定的站点】按钮 ，如图 1-47 所示，即可复制该站点。

(2) 新复制的站点将显示在【管理站点】对话框的站点列表中，其名称将在原站点名称后添加"复制"字样。

图 1-46　删除站点

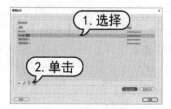

图 1-47　复制站点

(3) 若用户需要更改站点名称，可以在选中复制的站点后，单击【编辑目前选定的站点】按钮 ，在打开的对话框中即可修改站点名称。最后，在【管理站点】对话框中单击【完成】按钮即可。

1.4.3　操作站点文件及文件夹

完成本地站点的创建与编辑后，无论是新建空白文档，还是利用已有的文档创建站点，都需要对站点中的文件与文件夹进行操作，包括创建、删除、移动和复制等操作。在 Dreamweaver 2020 中，对文件和文件夹的操作可利用【文件】面板来完成。

1. 创建文件夹

站点创建成功后，可以在站点下创建文件夹，文件夹的主要作用是存放网页相关的素材与资料，比如网页图片、CSS 等。

【例 1-3】　在"Mysite"站点中创建一个名为"images"的文件夹。 视频

(1) 继续例 1-2 的操作，选择【窗口】|【文件】命令，打开【文件】面板，在准备新建文件夹的位置右击鼠标，在弹出的快捷菜单中选择【新建文件夹】命令，如图 1-48 所示。

(2) 新建的文件夹的名称处于可编辑状态，可以对新建文件夹重命名，将新文件夹命名为"images"，如图 1-49 所示，然后按 Enter 键。

图 1-48　选择【新建文件夹】命令

图 1-49　命名文件夹

(3) 若用户想修改已命名好的文件夹名称，可以在选定文件夹后，单击文件夹名称，使文件夹处于可编辑状态，然后输入新的名称。

2. 创建文件

文件夹创建好后，用户可以通过【文件】面板在本地站点中创建各种网页文件。

【例 1-4】 在"Mysite"站点中创建一个名为"index.html"的网页文件。 视频

(1) 继续例 1-3 的操作，选中站点名称"站点-Mysite"，然后右击鼠标，从弹出的快捷菜单中选择【新建文件】命令，如图 1-50 所示。

(2) 新建文件的名称处于可编辑状态，可以为新建文件重命名，这里输入"index.html"，如图 1-51 所示，然后按 Enter 键完成网页文件的创建。

图 1-50　选择【新建文件】命令

图 1-51　命名文件

3. 移动和复制文件或文件夹

Dreamweaver 站点下的文件或文件夹可以进行移动与复制操作，具体操作方法如下。

(1) 打开【文件】面板后，选中要移动的文件或文件夹，然后将其拖曳到相应的文件夹，即可移动文件或文件夹。

(2) 选中文件或文件夹并右击鼠标，从弹出的快捷菜单中选择【编辑】|【剪切】或【拷贝】命令，如图 1-52 左图所示。

(3) 选中目标文件夹并右击鼠标，从弹出的快捷菜单中选择【编辑】|【粘贴】命令，这样，文件或文件夹将会被移动或复制到相应的文件夹中，如图 1-52 右图所示。

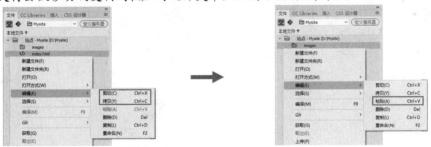

图 1-52　移动或复制文件/文件夹

4. 删除文件或文件夹

对于站点下的文件或文件夹，如果不再需要，就可以将其删除，具体操作方法如下。

(1) 在【文件】面板中选中要删除的文件或文件夹，右击鼠标，在弹出的快捷菜单中选择【编辑】|【删除】命令，或者按 Delete 键。

(2) 打开提示对话框，Dreamweaver 将询问用户是否删除文件或文件夹，单击【是】按钮即可将文件或文件夹从本地站点中删除。与删除站点不同，在【文件】面板中对文件或文件夹的删除操作会将文件或文件夹从磁盘上真正地删除。

计算机基础与实训教材系列

1.5　实例演练

本章的实例演练部分将使用 Dreamweaver 2020 在本地站点 Mysite 中创建一个网页，并运用 HTML、CSS 和 JavaScript 等技术制作一个简单网页。

【例 1-5】 运用 HTML、CSS 和 JavaScript 技术在 Mysite 站点中创建一个简单网页。 🎬 视频

(1) 继续例 1-4 的操作，在【文件】面板中右击站点名称"站点-Mysite"，在弹出的快捷菜单中选择【新建文件夹】命令，创建一个新文件夹，然后输入文本"网页"，如图 1-53 所示。

(2) 右击创建的"网页"文件夹，在弹出的快捷菜单中选择【新建文件】命令，在"网页"文件夹中创建一个名为"index.html"的网页文件，如图 1-54 所示。

图 1-53　创建"网页"文件夹　　　　图 1-54　创建"index.html"文件

(3) 双击【文件】面板中的"index.html"文件，将其在文档窗口中打开。此时代码视图中将自动生成以下代码，如图 1-55 所示。

```
<!doctype html>
<html>
<head>
<meta charset="UTF-8">
<title>无标题文档</title>
</head>


<body>
</body>
</html>
```

图 1-55　Dreamweaver 自动生成代码

(4) 在【代码】视图中以软件自动生成的代码为基础输入以下代码。

其中第 7 行定义段落 p 标签的样式，其字体大小为 20px、颜色为红色、段落缩进 2 个字符；第 8 行定义 3 号标题字 h3 标签，其字体大小为 24px、字体粗细为特粗、颜色为#000099；第 10～21 行是 HTML 的主体，包含标题字、段落、超链接、脚本标签的定义，其中第 11 行、第 15 行定义 h3 标题字，第 12～14 行定义 3 个段落 p 标签，第 16 行定义超链接 a 标签，第 17～19 行定义脚本 script 标签，在其中插入警告信息框 alert()并输出信息"使用 Dreamweaver 制作网页既简单，又直观!"。

```
1   <!doctype html>
2   <html>
3   <head>
4   <meta charset="UTF-8">
5   <title>网页制作技术初步应用</title>
6       <style type="text/css">
7       p{font-size: 20px;color:red;text-indent:2em;}
8       h3{font-size: 24px;font-weight: bolder;color: #000099}
9       </style>
10      <body>
11      <h3>使用 Dreamweaver 制作网页</h3>
12      <p>HTML</p>
13      <p>CSS</p>
14      <p>JavaScript</p>
15      <h3>网页制作学习资源</h3>
16      <a href="http://www.w3school.com.cn/html/">网页制作教程</a>
17      <script type="text/javascript">
18          alert("使用 Dreamweaver 制作网页既简单，又直观！");
19      </script>
20      </body>
21  </html>
```

（5）切换至 Dreamweaver 的【设计】视图，网页效果如图 1-56 所示，按 Ctrl+S 组合键保存网页。

（6）按 F12 键，在浏览器中预览网页，显示效果如图 1-57 所示。

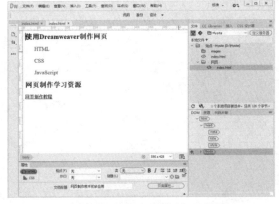

图 1-56 【设计】视图中的网页效果

图 1-57 预览网页效果

计算机基础与实训教材系列

1.6 习题

1. 在 Dreamweaver 的【资源】面板中为什么有的资源在预览区中无法正常显示(比如动画)?

2. 在 Dreamweaver 2020 的【属性】面板中为什么只显示其标题栏?

3. 练习在本地计算机上创建一个本地站点并在其中创建文件与文件夹。

第2章

HTML和CSS

要学习制作网页，熟练掌握 HTML 和 CSS 很有必要。HTML 即超文本标记语言，它是一种标记语言。标记语言是一套标记标签，HTML 使用标记标签来描述网页。同时，使用 HTML 制作网页时，加入 CSS(层叠样式表)，可以对网页中的所有对象进行修饰，使网页效果更加美观。

在 Dreamweaver 2020 中，用户可以利用软件提供的"代码"视图编辑 HTML 代码，使用【CSS设计器】面板创建自己想要的 CSS。

本章重点

- HTML 常用标签
- 使用 HTML 编辑器

- CSS 的功能、规则和类型
- 创建与设置 CSS

二维码教学视频

【例 2-1】 制作简单相册网页
【例 2-2】 附加外部样式表
【例 2-3】 定义类选择器
【例 2-4】 定义 id 选择器

【例 2-5】 定义标签选择器
【例 2-6】 定义通配符选择器
【例 2-7】 定义分组选择器
本章其他视频参见视频二维码列表

2.1 HTML

本书第 1 章 1.2 节曾经介绍过，在网页中所使用的语言是 HTML，即超文本标记语言。随着网页设计语言的发展，HTML 也在不断地升级，目前已升级至 HTML5 标准。但是要快速地掌握新的语言，重点还是要学会升级前的原始语言 HTML，因为无论是现在的 HTML5 标准，还是以后升级的更新版本，其都是根据 HTML 进行完善的。

2.1.1 什么是 HTML

HTML(Hypertext Markup Language)中文译为超文本标记语言，它是一种网页编辑和标记语言。超文本标记语言是标准通用标记语言下的一个应用，也是一种规范，一种标准，它通过标记符号来标记网页中的各个部分。

网页文件本身是一种文本文件，通过在文本文件中添加标记符，则可在浏览器中使用相应译码器对网页内容进行显示，如文字格式、画面安排和图片链接等，浏览器按顺序阅读网页文件，然后根据标记符解释和显示其标记符之间的内容。

2.1.2 常用的 HTML 标签

计算机基础与实训教材系列

本书第 1 章例 1-1 介绍了 Dreamweaver 2020 在创建空白网页文档时默认创建了 HTML 的基本标签。除此之外，一个完整的 HTML 网页中还包括其他多种标签，如下面要介绍的格式标签、文本标签、图像标签、表格标签、表单标签和链接标签。

1. 格式标签

在 HTML 网页中，格式标签主要用于设置网页中各种对象的格式，如设置文本的段落、缩进和列表符等，并且这些格式标签只能存放于<body></body>标签对之间。表 2-1 所示为格式标签中比较常用的标签。

表 2-1　常用的格式标签

标　签	说　明
<p></p>	该标签对用来创建一个段落，在该标签对之间加入的文本，会按照段落格式显示在浏览器中。并且该标签对还可以使用 align(对齐)属性，用来设置该段落文本的对齐方式
 </br>	该标签对的主要作用是将标签对之间的内容以两边缩进的方式显示在浏览器中
<dl></dl>、<dt></dt>和<dd></dd>	这三组标签对的主要作用是创建一个普通的项目列表

(续表)

标　签	说　明
<ol></ol>、<ul></ul>和<li></li>	这三组标签对可组合成两种形式的项目符号列，一种是<ol></ol>标签对之间包含<li></li>标签对，表示为数字项目列表；另一种是<ul></ul>标签对之间包含<li></li>标签对，表示为黑心圆点的项目列表
<div></div>	该标签对用来排版 HTML 段落，也用于格式化表格，此标签对的用法与 <p></p> 标签对非常相似，同样有 align(对齐)属性。并且<div></div>标签对也可以称为容器，可将其他文本标签等放置于该标签对中

2. 文本标签

文本标签用于设置文本输出的基本格式，如字形、字体、下画线、字号及字体颜色等。表 2-2 所示介绍了几种常用的文本标签及使用方法。

表 2-2　常用的文本标签

标　签	说　明
<font></font>	该标签对用来设置文本字号和颜色，设置其字号和颜色的属性为 size 和 color，其具体的使用方法为： <font color=＂属性值(如#000099)＂ size="属性值(如＋4)＂> 文本</font>
<b></b>、<i></i>和<u></u>	这三组标签对主要用于对文本的输出形式进行设置，其中<b>标签用来设置文本以黑体的形式输出；<i>标签用来设置文本以斜体字的形式输出；<u>标签用来设置文本加下画线输出
<h1></h1>…<h6></h6>	HTML 提供了一系列设置文本标题的标签，即<h1>~<h6>共 6 对设置文本标题的标签，各标题已经设置了默认字体和字号，并且是依次从大到小的变化，即<h1>的字号是最大的，依次变小
<tt></tt>、<cite></cite>、<em></em>和<strong></strong>	这 4 组标签对都是用来设置文本的字形的，其中<tt>标签是用来设置输出打印机风格字体的文本；<cite>标签用来设置需要强调的文本，以斜体形式输出；<em>标签用来设置需强调的文本，以斜体加黑的形式输出；<strong>标签以黑体加粗的形式输出强调文本
<pre></pre>	该标签对主要用于对文本进行预处理操作，即该标签对之间的文本通常会保留空格和换行符，而文本本身也会以等宽字体的形式输出

3. 图像标签

在网页中除了文本，还有其他一些对象，其中最常见的是图像对象。在 HTML 中，当然也存在图像标签<img>。此外，使用<hr>标签可以在页面中添加水平线，并对水平线进行设置，下面分别对<img>和<hr>标签进行介绍，如表 2-3 所示。

表 2-3　常用的图像标签

标　签	说　明
<img>	该标签结合标签属性 src 并对该属性进行赋值，可达到链接图片的效果。scr 属性值可以是图像文件的文件名、路径加图像文件名或网址。scr 属性在<img>标签中是必须赋值的，是标签中不可缺少的一部分。除此之外，<img>标签还有 alt、align、border、width 和 height 属性。align 是图像的对齐方式；border 是图像的边框，可以取大于或等于 0 的整数，其默认单位是像素；width 和 height 是图像的宽和高，默认单位也是像素；alt 是当鼠标移动到图像上时显示的文本
<hr>	该标签是在 HTML 文档网页中加入一条水平线，具有 size、color、width 和 noshade 属性。其中 size 用于设置水平线的大小；color 用于设置水平线的颜色；width 用于设置水平线的宽度；noshade 属性不用赋值，而是直接加入标签即可使用，用来加入一条没有阴影的水平线，如果不加入该属性，水平线将有阴影

4. 表格标签

在 HTML 网页中，表格标签<table></table>主要用于布局网页，表格不但可以固定文本或图像的输出，而且还可以快速、方便地设置背景色和前景色。在表格标签中包括行标签对<tr></tr>和单元格标签对<td></td>。表 2-4 所示为常用的表格标签及其说明。

表 2-4　常用的表格标签

标　签	说　明
<table></table>	该标签对用于创建表格，主要包括以下属性：bgcolor 用于设置背景色；border 用于设置边框的宽度，其属性值默认为 0；bordercolor 用于设置表格边框的颜色；bordercolorlight 用于设置边框明亮部分的颜色(必须将 boder 属性值设置为 1 或大于 1)；bordercolordark 用于设置边框昏暗部分的颜色(必须将 boder 属性值设置为 1 或大于 1)；cellspacing 用于设置单元格与单元格之间的距离；cellpadding 用于设置单元格与单元格内容之间的距离；width 用于设置表格的宽度，单位为像素(px)或百分比(%)
<tr></tr>和<td></td>	这两组标签对属于<table>标签中包含的标签对，其中<tr></tr>标签对用于在<table></table>标签对中创建表格的行；<td></td>标签对用于在<tr></tr>标签对中创建单元格，并且在创建时这两组标签对必须存放于<table></table>标签对中，而输入的文本只能存放于<td></td>标签对中

5. 链接标签

在互联网中，不同类型的网站都是通过不同类型的链接进行串联的，否则整个网站也就失去了存在的意义。因此，一个网站中的链接是相当重要的，在 HTML 中也为链接设置了链接标签对<a></a>，在该标签对中存在两个相当重要的属性 href 和 name。表 2-5 分别对链接标签及其属性进行介绍。

表 2-5　常用的链接标签

标　签	说　明
<a href=" "></a>	在链接标签中 href 属性是不可缺少的，用户可在标签对之间加入需要链接的文本或图像等对象，href 的属性值以 URL 形式，即网址、相对路径、mailto:形式(即发送 E-mail 形式)链接到目标对象
<a name=" "></a>	该标签对需要结合<a href=" " ></a>形式，name 属性用来在 HTML 文档中创建一个标签，其属性值也就是标签名

6. 表单标签

用户经常会在网页中浏览到让用户留言、填写注册信息及调查信息表等情况。一般情况下都是使用表单创建，从而获得用户信息，使网页具有交互功能。用户可以直接通过表单及表单标签创建表单及表单内容，表 2-6 分别对表单及相应表单标签进行介绍。

表 2-6　常用的表单标签

标　签	说　明
<form></form>	该标签对用来创建一个表单，用于定义表单的开始和结束位置，在标签对之间的内容都属于表单的内容
<select></select>	该标签对用来创建一个下拉列表或可以有多个选择的列表框。该标签对必须存放于<form></form>标签对之间
<input type=""/>	该标签用来定义一个用户输入区域，用户可以在其中输入信息。该标签必须存放于<form></form>标签对之间，并且 type 的属性值有 8 种，不同的属性值代表着不同的输入区域
<option>	该标签用来指定列表框中的一个选项，它放在<select></select>标签对之间
<textarea></textarea>	该标签对用来创建一个可以输入多行的文本框，其存放于<form></form>标签对之间

2.1.3　使用 HTML 编辑器

HTML 编辑器是指各种能制作网页的编辑软件，如记事本、Dreamweaver 等，这里主要介绍 Dreamweaver 2020 编辑器。

1. Dreamweaver 2020 的 HTML 代码编辑器

在 Dreamweaver 2020 的网页编辑区中有 3 个编辑网页的环境，分别为"代码""拆分"和"设计"视图模式，一般在编辑网页时使用"设计"视图进行可视化编辑。用户可以直接在网页编辑栏中单击不同的视图按钮进行切换。

下面分别对各种视图的作用进行介绍。

▽ "设计"视图：在"设计"视图中设计的网页，用户可以方便、直观地查看到网页在浏览器中显示的效果，因此该视图是最常用的视图。

▽ "代码"视图：主要用来控制并编辑网页代码，使用"代码"视图编辑网页时可以使用更多的网页特效，但不能实时地查看网页效果，如图 2-1 所示。

▽ "拆分"视图：将编辑窗口拆分为两部分，一部分是代码视图，另一部分是设计视图，这样方便用户在编辑代码时查看网页的设计效果，如图 2-2 所示。

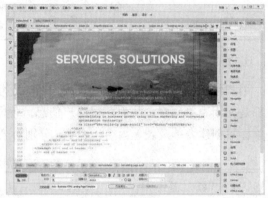

图 2-1 "代码"视图　　　　　　　　　　　图 2-2 "拆分"视图

2. 【代码】视图的编码工具栏

在 Dreamweaver 2020 中，只有"代码"视图和"拆分"视图提供了编码工具栏，并且两个视图中的工具栏是相同的，在对代码进行编辑时，可使用编码工具栏对代码进行管理。下面对图 2-1 所示"代码"视图的编码工具栏中比较重要的选项进行介绍。

▽ 【打开文档】按钮：单击该按钮，可以查看网页文档的路径，如图 2-3 所示。

▽ 【折叠整个标签】按钮：将鼠标光标置于"代码"视图中后，单击该按钮，将折叠光标所处代码的整个标签(按住 Alt 键单击该按钮，可以折叠光标所处代码的外部标签)。

▽ 【折叠所选】按钮：折叠选中的代码。

▽ 【扩展全部】按钮：还原所有折叠的代码。

▽ 【选择父标签】按钮：用于选择放置了鼠标插入点的那一行的内容，以及两侧的开始标签和结束标签。如果反复单击该按钮且标签是对称的，则 Dreamweaver 最终将选择最外部的<html>和</html>标签。

▽ 【选取当前代码片断】按钮：选择放置了插入点的那一行的内容及其两侧的圆括号、大括号或方括号。如果反复单击该按钮且两侧的符号是对称的，则 Dreamweaver 最终将选择文档最外面的大括号、圆括号或方括号。

▽ 【应用注释】按钮：在所选代码两侧添加注释标签或打开新的注释标签。

▽ 【删除注释】按钮：删除所选代码的注释标签。如果所选内容包含嵌套注释，则只会删除外部注释标签。

▽ 【格式化源代码】按钮 ✎：将先前指定的代码格式应用于所选代码。如果未选择代码块，则应用于整个页面。也可以通过单击该按钮，并从弹出的下拉列表中选择【代码格式设置】选项来快速设置代码格式首选参数，或通过选择【编辑标签库】选项来编辑标签库，如图 2-4 所示。

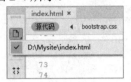

图 2-3　查看网页文档的路径

图 2-4　【格式化源代码】下拉列表

▽ 【缩进代码】按钮 ≝：将选定内容向右缩进。
▽ 【突出代码】按钮 ≝：将选定内容向左移动。
▽ 【显示代码浏览器】按钮 ✳：打开代码浏览器。代码浏览器可以显示与页面上选定内容相关的代码源列表
▽ 【最近的代码片断】按钮 ▣：可以从【代码片断】面板中插入最近使用过的代码片断。
▽ 【移动或转换 CSS】按钮 ▥：可以转换 CSS 行内样式或移动 CSS 规则。

2.1.4　插入 HTML 代码

一个完整的网页由头部和主体两部分组成，其中头部包含许多不可见的信息，如语言编码、版权声明、作者信息、关键字及网页描述等；主体即<body>标签中包含的信息是可见的，如插入的文本、图像、表格及表单等。

下面通过实例介绍在 Dreamweaver 2020 中使用 HTML 代码编辑一个简单的网页。

【例 2-1】　在网页文件中使用 HTML 代码编辑一个简单的相册网页。　📀 视频

(1) 按 Ctrl+N 组合键，打开【新建文档】对话框，新建一个标题为"相册网页"的 HTML 网页，然后按 Ctrl+S 组合键打开【另存为】对话框，将该网页以 photo.html 为名保存，如图 2-5 所示。

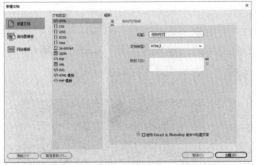

图 2-5　创建并保存网页文档

计算机基础与实训教材系列

(2) 将插入点定位到<body>标签中，按 Enter 键换行。按 Tab 键进行缩进，输入标签对<h1></h1>，并在该标签对之间输入文本"风景相册"，如图 2-6 所示。

(3) 在</h1>标签后进行换行，添加 3 对<tr></tr>标签，在<tr></tr>标签对中分别添加 4 对<td></td>标签，如图 2-7 所示。

图 2-6　输入标题

图 2-7　添加表格标签

(4) 在<td></td>标签对中输入<img src="">时，会弹出【浏览】选项，选择该选项，在打开的对话框中选中一个图像文件，然后单击【确定】按钮，如图 2-8 所示。

图 2-8　插入图片

(5) 输入 width="351" height="235"属性，设置图片的宽度和高度，然后输入 ">" 完善<img>标签的输入。

(6) 重复以上操作，或按 Ctrl+C 组合键复制添加的<img>标签，将插入点定位到其他<td></td>标签对之间，按 Ctrl+V 组合键进行粘贴，然后修改粘贴后的图像文件名称，如图 2-9 所示。

(7) 将制作的网页保存后，切换至"设计"视图，页面效果如图 2-10 所示。

图 2-9　修改图像文件名称

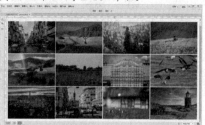

图 2-10　网页设计效果

2.1.5　编辑 HTML 代码

用户除了可以在"代码"视图中直接插入 HTML 代码以外，还可以使用快速标签编辑器编辑 HTML 代码。在快速标签编辑器中存在 3 种编辑状态，分别为插入 HTML、编辑标签和环绕标签。下面将分别介绍如何在这 3 种编辑状态下编辑 HTML 代码。

1. 插入 HTML

在 Dreamweaver 2020 的"设计"视图中，将插入点置于合适的位置，然后按 Ctrl+T 组合键即可快速打开【插入 HTML】编辑器，在该编辑器中用户可以直接通过文本编辑框编辑 HTML 代码，如图 2-11 所示。

图 2-11　通过【插入 HTML】编辑器编辑代码

当用户退出插入 HTML 编辑模式时，输入的 HTML 代码会直接被添加到"代码"视图的代码文档中。如果用户只在快速标签编辑器中输入开始标记，没有输入结束标记，则会在关闭快速标签编辑器的同时自动添加结束标记。

2. 编辑标签

在 Dreamweaver 2020 中，如果要选择完整的开始标记和结束标记之间的内容，可直接在网页编辑区窗口左下角的标签编辑器上选择对应的标签即可，如图 2-12 所示。如果用户需要对其标记的 HTML 代码进行编辑，则可直接按 Ctrl+T 组合键打开"编辑标签"模式，对选择的 HTML 标签的属性进行编辑。

3. 环绕标签

如果用户在网页编辑区域或代码文档中选择了网页内容，则按 Ctrl+T 组合键会默认进入"环绕标签"编辑模式。用户可以在该编辑器中输入标签，关闭编辑器后，输入的标签则会自动环绕在所选择对象的两侧，即标签属性值会作用在所选择对象上，如图 2-13 所示。

用户在使用快速标签编辑器时，在输入标签时会弹出代码提示，如果没有开启该功能，则可通过选择【编辑】|【首选项】命令，打开【首选项】对话框，在【分类】列表框中选择【代码提示】选项，在右侧的选项区域中选中【启用代码提示】复选框，然后单击【确定】按钮即可。

计算机基础与实训教材系列

图 2-12　编辑标签模式

图 2-13　环绕标签模式

2.2　CSS

虽然只有 HTML 代码能制作出网页，但其代码过于复杂，并且不方便网页的后期维护，因此在网页设计中加入了 CSS。CSS 可以对网页中的所有对象进行美化，达到设计者想要的效果，而在后期的维护中只需要对 CSS 进行修改即可。本节将对 CSS 的概念、定义和基本使用方法等进行简要的介绍。

2.2.1　什么是 CSS

CSS 是英文 Cascading Style Sheet(层叠样式表)的缩写。它是一种用于表现 HTML 或 XML 等文件样式的计算机语言。

2.2.2　CSS 的功能

在实际工作中，要管理一个系统的网站，使用 CSS 可以快速格式化整个站点或多个文档中的字体、图像等网页元素的格式，并且 CSS 可以实现多种不能用 HTML 样式实现的功能。

CSS 是用来控制一个网页文档中的某文本区域外观的一组格式属性。使用 CSS 能够简化网页代码，加快下载速度，减少上传的代码量，从而可以避免重复操作。CSS 是对 HTML 语法的一次革新，它位于文档的<head>部分，作用范围由 CLASS 或其他任何符合 CSS 规范的文本来设置。对于其他现有的文档，只要其中的 CSS 符合规范，Dreamweaver 就能识别它们。

在制作网页时采用 CSS 技术，可以有效地对页面的布局、字体、颜色、背景和其他效果实现更加精确的控制。CSS 的主要功能有以下几点。

▽ 几乎在所有的浏览器中都可以使用。

▽ 以前一些只有通过图片转换才能实现的功能，现在用 CSS 就可以轻松实现，从而可以更快地下载页面。

▽ 使页面的字体变得更漂亮、更容易编排，使页面真正赏心悦目。

▽ 可以轻松地控制页面的布局。

▽ 可以将许多网页的样式同时更新，不用再逐页更新。

2.2.3　CSS 的规则

CSS 的主要功能就是将某些样式应用于文档统一类型的元素中，以减少网页设计者在设计页面时的工作量。要通过 CSS 功能设置网页元素的属性，使用正确的 CSS 规则至关重要。

1. 基本规则代码

每条规则都包含两部分：选择器和声明。每条声明实际上是属性和值的组合。每个样式表由一系列规则组成，但规则并不总是出现在样式表里。CSS 最基本的规则代码(例如，声明段落 p 样式)如下。

```
p {text-align:center;}
```

其中，规则左侧的 p 为选择器。选择器是用于选择文档中应用样式的元素。规则的右边 text-align:center;部分是声明，由 CSS 属性 text-align 及其值 center 组成。

声明的格式是固定的，某个属性后跟冒号(:)，然后是其取值。如果使用多个关键字作为一个属性的值，通常用空白符将它们分开。

2. 多个选择器

当需要将同一条规则应用于多个元素时，就需要用到多个选择器(例如，声明段落 p 和二级标题的样式)，代码如下。

```
p,H2{text-align: center;}
```

将多个元素同时放在规则的左边并且用逗号隔开，右边为规则定义的样式，规则将被同时应用于两个选择器。其中的逗号告诉浏览器在这一条规则中包含两个不同的选择器。

2.2.4　CSS 的类型

CSS 指令规则由两部分组成：选择器和声明(大多数情况下为包含多个声明的代码块)。选择器是标识已设置格式元素的术语，如 p、h1、类名称或 id，而声明块则用于定义样式属性。例如，下面的 CSS 规则中，h1 是选择器，大括号({})之间的所有内容都是声明块。

```
h1 {
font-size: 12 pixels;
font-family: Times New Roman;
font-weight:bold;
}
```

每个声明都由属性(如上面规则中的 font-family)和值(如 Times New Roman)两部分组成。在上面的 CSS 规则中，已经创建了<h1>标签样式，即所有链接到此样式的<h1>标签的文本，其大小为 12 像素、字体为 Times New Roman、字体样式为粗体。

在 Dreamweaver 2020 中，选择【窗口】|【CSS 设计器】命令，可以打开如图 2-14 所示的【CSS 设计器】面板。在【CSS 设计器】面板的【选择器】窗格中单击【+】按钮，可以定义选择器的样式类型，并将其运用到特定的对象。

1. 类

在某些局部文本中需要应用其他样式时，可以使用"类"。在将 HTML 标签应用于使用该标签的所有文本中的同时，可以把"类"应用在所需的部分。

类是自定义样式，用来设置独立的格式，用户可以对选定的区域应用自定义样式。图 2-15 所示的 CSS 语句就是【自定义】样式类型，其定义了.large 样式(其声明名为.large 样式的字号为 150%，颜色为蓝色)。

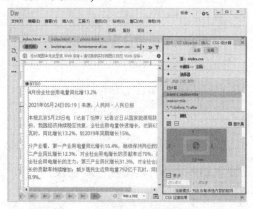

图 2-14　【CSS 设计器】面板

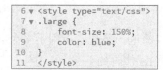

图 2-15　定义.large 样式

在 Dreamweaver 工作窗口中选中一个区域，应用.large 样式，则选中的区域将变为图 2-15 所示代码中定义的样式。

2. 标签

定义特定的标签样式，可以在使用该标签的不同部分应用同样的模式。例如，如果要在网页中取消所有链接的下画线，可以对制作链接的<a>标签定义相应的样式。若要在所有文本中统一字体和字体颜色，可以对制作段落的<p>标签定义相应的样式。标签样式只要定义一次，就可以在今后的网页制作中应用。

HTML 标签用于定义某个 HTML 标签的格式，也就是定义某种类型页面元素的格式，如图 2-16 所示的 CSS 代码。该代码中 p 这个 HTML 标签用于设置段落样式，如果应用了此 CSS 语句，网页中所有的段落文本都将采用代码中的样式。

3. 复合内容

复合内容有助于用户轻松地制作出可应用在链接中的样式。例如，当光标移到链接上方时，出现字体颜色变化或显示/隐藏背景颜色等效果。

复合内容用于定义 HTML 标签的某种类似的格式，CSS "复合内容" 的作用范围比 HTML 标签要小，只是定义 HTML 标签的某种类型。图 2-17 所示的 CSS 语句就是 CSS "复合内容" 类型。该代码中 A 这个 HTML 标签用于设置链接。其中，A:visited 表示链接的已访问类型，如果应用了此 CSS 语句，网页中所有被访问过的链接都将采用语句中设定的格式。

```
6 ▼ <style type="text/css">
7 ▼ p{
8        font-size: 150%;
9        color: blue;
10   }
11 </style>
```

图 2-16　定义段落文本标签

```
6 ▼ <style type="text/css">
7 ▼ A:visited{
8        font-size: 150%;
9        color: blue;
10   }
11 </style>
```

图 2-17　CSS "复合内容" 类型

4. id

id 选择器类似于类选择器，但其前面必须用符号(#)。类和 id 的不同之处在于，类可以分配给任何数量的元素，而 id 只能在某个 HTML 文档中使用一次。另外，id 对给定元素应用何种样式具有比类更高的优先权。以下代码定义了#id 样式。

```
<style type="text/css">
#id {
 font-size: 150%;
 color: blue;
}
</style>
```

2.2.5　创建 CSS

在 Dreamweaver 2020 中，利用 CSS 可以设置非常丰富的样式，如文本样式、图像样式、背景样式以及边框样式等。这些样式决定了页面中的文字、列表、背景、表单、图片和光标等各种元素。下面介绍创建 CSS 的具体操作。

在 Dreamweaver 中，有外部样式表和内部样式表，区别在于应用的范围和存放位置。Dreamweaver 可以判断现有文档中定义的符合 CSS 准则的样式，并且在 "设计" 视图中直接呈现已应用的样式。但要注意的是，有些 CSS 在 Microsoft Internet Explorer、Netscape、Opera、Apple Safari 或其他浏览器中呈现的外观不相同，而有些 CSS 目前不受任何浏览器支持。下面是对这两种样式表的介绍。

▽ 外部 CSS：存储在一个单独的外部 CSS(.css)文件中的若干组 CSS 规则。此文件利用文档头部分的链接或@import 规则链接到网站中的一个或多个页面。

▽ 内部 CSS：内部 CSS 是若干组包括在 HTML 文档头部分的<style>标签中的 CSS 规则。

1. 创建外部样式表

在 Dreamweaver 2020 中按 Shift+F11 组合键(或选择【窗口】|【CSS 设计器】命令)，可打开【CSS 设计器】面板。在【源】窗格中单击【+】按钮，在弹出的列表中选择【创建新的 CSS

文件】选项，如图 2-18 所示，可以创建外部 CSS。具体方法如下。

(1) 打开【创建新的 CSS 文件】对话框后，单击其中的【浏览】按钮，如图 2-19 所示。

图 2-18　【源】窗格　　　　　　　　　　图 2-19　【创建新的 CSS 文件】对话框

(2) 打开【将样式表文件另存为】对话框，在【文件名】文本框中输入样式表文件的名称，单击【保存】按钮。

(3) 返回【创建新的 CSS 文件】对话框，单击【确定】按钮，即可创建一个新的外部 CSS 文件。此时，【CSS 设计器】面板的【源】窗格中将显示所创建的 CSS 样式表。

(4) 完成 CSS 的创建后，在【CSS 设计器】面板的【选择器】窗格中单击【+】按钮，在显示的文本框中输入.large，按 Enter 键，即可定义一个"类"选择器，如图 2-20 所示。

(5) 在【CSS 设计器】面板的【属性】窗格中，取消【显示集】复选框的选中状态，可以为 CSS 设置属性声明(本章将在后面的内容中详细讲解各 CSS 属性值的功能)，如图 2-21 所示。

图 2-20　定义"类"选择器　　　　　　　图 2-21　【属性】窗格

2. 创建内部样式表

要在当前打开的网页中创建一个内部 CSS，需在【CSS 设计器】面板的【源】窗格中单击【+】按钮，在弹出的列表中选择【在页面中定义】选项即可。

完成内部样式表的创建后，在【源】窗格中将自动创建一个名为<style>的源项目，在【选择器】窗格中单击【+】按钮，设置一个选择器，可以在【属性】窗格中设置 CSS 的属性声明。

3. 附加外部样式表

根据样式表的使用范围，可以将样式表分为外部样式表和内部样式表。通过附加外部样式表的方式，可以将一个 CSS 应用到多个网页中。

【例 2-2】 使用 Dreamweaver 2020 在网页中附加外部样式表。 视频

(1) 按 Shift+F11 组合键，打开【CSS 设计器】面板。单击【源】窗格中的【+】按钮，在弹出的列表中选择【附加现有的 CSS 文件】选项。

(2) 打开【使用现有的 CSS 文件】对话框，单击【浏览】按钮，如图 2-22 所示。

(3) 打开【选择样式表文件】对话框，选择一个 CSS 文件，单击【确定】按钮，如图 2-23 所示。返回【使用现有的 CSS 文件】对话框后，单击【确定】按钮。

图 2-22　【使用现有的 CSS 文件】对话框　　　　图 2-23　【选择样式表文件】对话框

此时，【选择样式表文件】对话框中被选中的 CSS 文件将被附加至【CSS 设计器】面板的【源】窗格中。

在网页源代码中，<link>标签会将当前文档和 CSS 文档建立一种联系，用于指定样式表的<link>标签，以及 href 和 type 属性，它们必须都出现在文档的<head>标签中。例如，以下代码链接外部的 style.css，类型为样式表。

```
<link href="styles.css" rel="stylesheet" type="text/css">
```

在【使用现有的 CSS 文件】对话框中，用户可以在【添加为】选项区域中设置附加外部样式表的方式，包括【链接】和【导入】两种。其中，【链接】外部样式表指的是客户端在浏览网页时先将外部的 CSS 文件加载到网页中，然后再进行编译显示，这种情况下显示出来的网页同使用者预期的效果一样；而【导入】外部样式表指的是客户端在浏览网页时先将 HTML 结构呈现出来，再把外部的 CSS 文件加载到网页中，这种情况下显示出来的网页虽然效果与【链接】方式一样，但在网页较慢的环境下，浏览器会先显示没有 CSS 布局的网页。

2.2.6　添加 CSS 选择器

CSS 选择器用于选择需要添加样式的元素。在 CSS 中有很多功能强大的选择器，可以帮助用户灵活地选择页面元素，如表 2-7 所示。

表 2-7　CSS 选择器

选 择 器	示　　例	说　　明
.class	.intro	选择 class="intro" 的所有元素
#id	#firstname	选择 id="firstname" 的所有元素
*	*	选择所有元素
element	p	选择所有<p>元素
element,element	div,p	选择所有<div>元素和所有<p>元素
element element	div p	选择<div>元素内部的所有<p>元素
element>element	div>p	选择父元素为<div>元素的所有<p>元素
element+element	div+p	选择紧接在<div>元素之后的所有<p>元素
[attribute]	[target]	选择带有 target 属性的所有元素
[attribute=value]	[target=_blank]	选择 target="_blank"的所有元素
[attribute~=value]	[title~=flower]	选择 title 属性值中包含单词"flower"的所有元素
[attribute|=value]	[lang|=en]	选择 lang 属性值以"en"开头的所有元素
:link	a:link	选择所有未被访问的链接
:visited	a:visited	选择所有已被访问的链接
:active	a:active	选择活动链接
:hover	a:hover	选择鼠标指针位于其上的链接
:focus	input:focus	选择获得焦点的 input 元素
:first-letter	p:first-letter	选择每个<p>元素的首字母
:first-line	p:first-line	选择每个<p>元素的首行
:first-child	p:first-child	选择属于父元素的第一个子元素的每个<p>元素
:before	p:before	在每个<p>元素的内容之前插入内容
:after	p:after	在每个<p>元素的内容之后插入内容
:lang(language)	p:lang(it)	选择 lang 属性值以"it"开头的每个<p>元素
element1~element2	p~ul	选择前面有<p>元素的每个<ul>元素
[attribute^=value]	a[src^="https"]	选择其 src 属性值以"https"开头的每个<a>元素
[attribute$=value]	a[src$=".pdf"]	选择其 src 属性值以".pdf"结尾的所有<a>元素
[attribute*=value]	a[src*="abc"]	选择其 src 属性值中包含"abc"子串的每个<a>元素
:first-of-type	p:first-of-type	选择属于其父元素的首个<p>元素的每个<p>元素
:last-of-type	p:last-of-type	选择属于其父元素的最后<p>元素的每个<p>元素
:only-of-type	p:only-of-type	选择属于其父元素的唯一<p>元素的每个<p>元素
:only-child	p:only-child	选择属于其父元素的唯一子元素的每个<p>元素
:nth-child(n)	p:nth-child(2)	选择属于其父元素的第二个子元素的每个 <p>元素
:nth-last-child(n)	p:nth-last-child(2)	同上，但是从最后一个子元素开始计数
:nth-of-type(n)	p:nth-of-type(2)	选择属于其父元素的第二个<p>元素的每个<p>元素
:nth-last-of-type(n)	p:nth-last-of-type(2)	同上，但是从最后一个子元素开始计数
:last-child	p:last-child	选择属于其父元素的最后一个子元素的每个<p>元素
:root	:root	选择文档的根元素

(续表)

选 择 器	示 例	说 明
:empty	p:empty	选择没有子元素的每个<p>元素(包括文本节点)
:target	#news:target	选择当前活动的 #news 元素
:enabled	input:enabled	选择每个启用的<input>元素
:disabled	input:disabled	选择每个禁用的<input>元素
:checked	input:checked	选择每个被选中的<input>元素
:not(selector)	:not(p)	选择非<p>元素的每个元素
::selection	::selection	选择被用户选取的元素部分

下面举例介绍在 Dreamweaver 2020 中添加常用选择器的方法。

1. 添加类选择器

在【CSS 设计器】面板的【选择器】窗格中单击【+】按钮，然后在所显示的文本框中输入符号(.)和选择器的名称，即可创建一个类选择器，例如图 2-24 中所创建的.large 类选择器。

类选择器用于选择指定类的所有元素。下面通过一个简单的实例说明其应用。

【例 2-3】 定义一个名为.large 的类选择器，其属性用于改变文本颜色(红色)。 视频

(1) 按 Shift+F11 组合键，打开【CSS 设计器】面板，在【选择器】窗格中单击【+】按钮，添加一个选择器，设置其名称为.large。

(2) 在【属性】窗格中，取消【显示集】复选框的选中状态，单击【文本】按钮，在所显示的属性设置区域中单击 color 按钮。

(3) 打开颜色选择器，单击红色色块，如图 2-25 所示，然后在页面空白处单击。

图 2-24　添加.large 类选择器

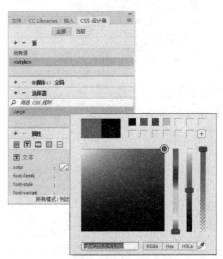

图 2-25　设置颜色

此时，若选中页面中的文本，在 HTML【属性】面板中单击【类】按钮，在弹出的列表中选择 large 选项，即可将选中文本的颜色设置为【红色】。

(4) 在设计视图中输入一段文本，选中该文本后在【属性】面板中单击【类】下拉按钮，从弹出的列表中选择 large 选项。

(5) 按 F12 键预览网页，页面中的文本颜色将变为红色。

2. 添加 id 选择器

在【CSS 设计器】面板的【选择器】窗格中单击【+】按钮，然后在所显示的文本框中输入符号(#)和选择器的名称，即可创建一个 id 选择器(例如，#sidebar 选择器)。

id 选择器用于选择具有指定 id 属性的元素。下面通过一个实例说明其应用。

【例 2-4】 定义名为 "#sidebar" 的 id 选择器，其属性用于设置网页对象大小。 🎬视频

(1) 按 Shift+F11 组合键，打开【CSS 设计器】面板。在【选择器】窗格中单击【+】按钮，添加一个选择器，设置其名称为#sidebar。

(2) 打开【属性】窗格，单击【布局】按钮，在所显示的选项设置区域中将 width 参数的值设置为 200px，将 height 参数的值设置为 100px，如图 2-26 所示。

(3) 单击【文本】按钮，设置 color 属性，为文本选择一种颜色，如图 2-27 所示，然后单击页面空白处。

图 2-26 设置布局

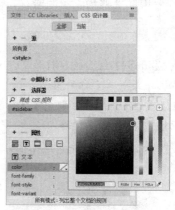

图 2-27 设置文本颜色

(4) 选择【插入】| Div 命令，打开【插入 Div】对话框，在 ID 文本框中输入 sidebar，单击【确定】按钮，如图 2-28 所示。

(5) 此时，将在网页中插入一个宽为 200 像素，高为 100 像素的 Div 标签，如图 2-29 所示。

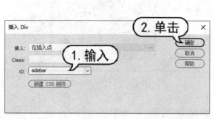

图 2-28 【插入 Div】对话框

图 2-29 插入 Div 标签后的效果

id 选择器和类选择器最主要的区别在于 id 选择器不能重复，只能使用一次，一个 id 只能用于一个标签对象。而类选择器可以重复使用，同一个类选择器可以定义在多个标签对象上，且一个标签可以定义多个类选择器，例如图 2-30 中所添加的 a 标签选择器。

3. 添加标签选择器

在【CSS 设计器】面板的【选择器】窗格中单击【+】按钮，然后在所显示的文本框中输入一个标签，即可创建一个标签选择器。

标签选择器用于选择指定标签名称的所有元素。下面通过一个实例说明其应用。

【例 2-5】定义名为 a 的标签选择器，其属性用于给网页文本链接添加背景颜色。 ▶视频

(1) 在设计视图中输入文本，并为文本设置超链接。按 Shift+F11 组合键，打开【CSS 设计器】面板。在【选择器】窗格中单击【+】按钮，添加一个选择器，设置其名称为 a。

(2) 在【属性】窗格中单击【背景】按钮 ▦，在所显示的选项设置区域中单击 background-color 选项右侧的 ▦ 按钮，打开颜色选择器，选择一个背景颜色。

(3) 按 F12 键在浏览器中查看网页，文本链接将添加图 2-31 所示的背景颜色。

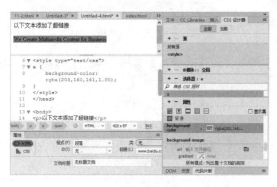

图 2-30　添加 a 标签选择器

图 2-31　为文本链接设置背景颜色

4. 添加通配符选择器

通配符指的是使用字符代替不确定的字符。通配符选择器是指可以对对象使用模糊指定的方式进行选择的选择器。CSS 的通配符选择器可以使用 "*" 作为关键字，其具体使用方法如下。

【例 2-6】定义通配符选择器。 ▶视频

(1) 选择【插入】| Div 命令和【插入】| Image 命令，在网页中分别插入一个 Div 标签并在该标签中插入一个图像。

(2) 按 Shift+F11 组合键，打开【CSS 设计器】面板，在【选择器】窗格中单击【+】按钮，添加一个选择器，设置其名称为 "*"。

(3) 在【属性】窗格中将 width 的值设置为 300px，将 height 的值设置为 250px，此时 Div 标签和其中的图片效果如图 2-32 所示。

在图 2-32 所示的代码视图中，"*"表示所有对象，包含所有不同 id、不同 class 的 HTML 的所有标签。

5. 添加分组选择器

对于 CSS 中具有相同样式的元素，可以使用分组选择器，把所有元素组合在一起。元素之间用逗号分隔，这样只需要定义一组 CSS 声明。

【例 2-7】 定义分组选择器，将页面中所有的 h1~h6 元素及段落的颜色设置为红色。 📷 视频

(1) 在网页中输入文本，并为文本设置如图 2-33 所示的标题和段落标签。

图 2-32 添加通配符选择器   图 2-33 输入标题和段落标签

(2) 按 Shift+F11 组合键，打开【CSS 设计器】面板。在【选择器】窗格中单击【+】按钮，添加一个选择器，设置名称为 "h1,h2,h3,h4,h5,h6,p"。

(3) 在【属性】面板中单击【文本】按钮回，在所显示的选项设置区域中，将 color 文本框中的参数值设置为 red。

(4) 此时，设计视图中所有的 h1~h6 元素及段落文本的颜色将变为红色。

6. 添加后代选择器

后代选择器用于选择指定元素内部的所有子元素。例如，在制作网页时若不需要去掉页面中所有链接的下画线，而只需去掉所有列表链接的下画线，这时就可以使用后代选择器。

【例 2-8】 利用后代选择器取消网页中所有列表链接的下画线。 📷 视频

(1) 按 Shift+F11 组合键，打开【CSS 设计器】面板，在【选择器】窗格中单击【+】按钮，添加一个选择器，设置其名称为 "li a"。

(2) 在【属性】窗格中单击【文本】按钮回，在所显示的选项设置区域中单击 text-decoration 选项右侧的 none 按钮回，如图 2-34 所示。

(3) 此时，页面中所有列表文本上设置的链接将不再显示下画线。

7. 添加伪类选择器

伪类是一种特殊的类，由 CSS 自动支持，属于 CSS 的一种扩展类型和对象，其名称不能由用户自定义，在使用时必须按标准格式使用。下面通过一个实例进行介绍。

【例 2-9】 定义用于将网页中未访问文本链接的颜色设置为红色的伪类选择器。

(1) 按 Shift+F11 组合键，打开【CSS 设计器】面板，在【选择器】窗格中单击【+】按钮，添加一个选择器，设置其名称为 "a:link"。

(2) 在【属性】窗格中单击【文本】按钮，将 color 的参数值设置为 red，如图 2-35 所示。

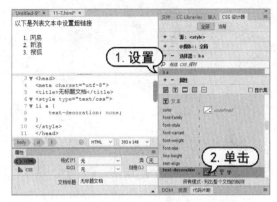

图 2-34 取消文本链接的下画线

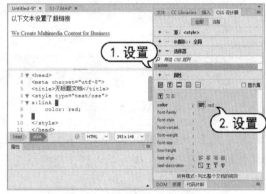

图 2-35 设置文本颜色属性

在图 2-35 所示的代码视图中，:link 就是伪类选择器设定的标准格式，其作用是选择所有未访问的链接。表 2-8 中列出了几个常用的伪类选择器及其说明。

表 2-8 常用的伪类选择器及其说明

选 择 器	说 明
:link	选择所有未访问的链接
:visited	选择所有访问过的链接
:active	选择活动的链接，当单击一个链接时，它就会成为活动链接，该选择器主要用于向活动链接添加特殊样式
:target	选择当前活动的目标元素
:hover	用于当鼠标移入链接时添加的特殊样式(该选择器可用于所有元素，不仅是链接，主要用于定义鼠标滑过的效果)

8. 添加伪元素选择器

CSS 伪元素选择器有许多独特的使用方法，可以实现一些非常有趣的网页效果，常用来添加一些选择器的特殊效果。下面通过一个简单的实例介绍伪元素选择器的使用方法。

【例 2-10】 在网页的所有段落之前添加文本"转载自《实用教程系列》"。 🎬视频

(1) 在网页中输入多段文本，并为其设置段落格式。按 Shift+F11 组合键，打开【CSS 设计器】面板。在【选择器】窗格中单击【+】按钮，添加一个选择器，设置其名称为 "p:before"。

(2) 在【CSS 设计器】面板的【属性】窗格中单击【更多】按钮，在所显示的文本框中输入 content。

(3) 按 Enter 键，在 content 选项右侧的文本框中输入以下文字(如图 2-36 所示)。

"转载自《实用教程系列》"

(4) 按 Ctrl+S 组合键保存网页，按 F12 键预览网页，效果如图 2-37 所示。

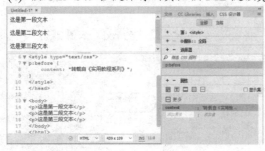

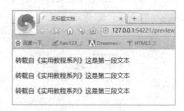

图 2-36　设置段落前添加的文本　　　　　图 2-37　网页效果

除了例 2-10 介绍的应用以外，使用":before"选择器结合其他选择器，还可以实现各种不同的效果。例如，要在列表中将列表前的小圆点去掉，并添加一个自定义的符号，可以采用以下操作。

(1) 在【CSS 设计器】面板的【选择器】窗格中单击【+】按钮，添加一个名为 li 的标签选择器。在【属性】窗格中单击【更多】按钮，在所显示的文本框中输入 list-style，按 Enter 后在该选项右侧的参数栏中选择 none 选项，如图 2-38 左图所示。

(2) 此时，网页中列表文本前的小圆点就被去掉了，如图 2-38 右图所示。

(3) 在【选择器】窗格中单击【+】按钮，添加一个名为 li:before 的选择器。

(4) 在【属性】窗格中单击【更多】按钮，在所显示的文本框中输入 content，并在其右侧的文本框中输入"★"，如图 2-39 左图所示。

(5) 按 F12 键预览网页，页面中列表的效果如图 2-39 右图所示。

图 2-38　设置去掉列表文本前的原点　　　　图 2-39　设置列表符号

表 2-9 所示为常用的伪元素选择器及其说明。

表 2-9　常用的伪元素选择器及其说明

选 择 器	说 明
:before	在指定元素之前插入内容
:after	在指定元素之后插入内容
:first-line	对指定元素的第一行设置样式
:first-letter	选取指定元素的首字母

2.2.7　编辑 CSS 效果

使用【CSS 设计器】的【属性】面板可以为 CSS 设置非常丰富的样式，包括文字样式、背景样式和边框样式等各种常见效果，这些样式决定了页面中的文字、列表、背景、表单、图片和光标等各种元素。

在制作网页时，如果用户需要对页面中具体对象上应用的 CSS 效果进行编辑，可以在 CSS【属性】面板的【目标规则】列表中选中需要编辑的选择器，单击【编辑规则】按钮，打开【CSS 规则定义】对话框进行设置，如图 2-40 所示。

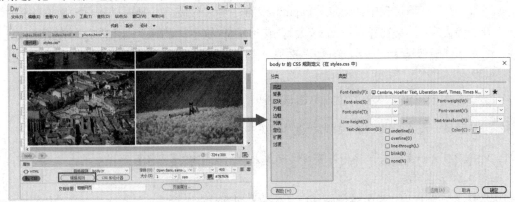

图 2-40　打开【CSS 规则定义】对话框

1. CSS 类型设置

在【CSS 规则定义】对话框的【分类】列表框中选择【类型】选项后，在对话框右侧的选项区域中，可以编辑 CSS 最常用的属性，包括字体、字号、文字样式、文字修饰、字体粗细等，如图 2-40 右图所示。

▽ Font-family：用于为 CSS 设置字体。

▽ Font-size：用于定义文本大小，可以通过选择数字和度量单位来选择特定的大小，也可以选择相对大小。

▽ Font-style：用于设置字体样式，可选择 normal(正常)、italic(斜体)或 oblique(偏斜体)等选项。

▽ Line-height：用于设置文本所在行的高度。通常情况下，浏览器会用单行距离，也就是下一行的上端到上一行的下端只有几磅间隔的形式显示文本框。在 Line-height 下拉列表中可以选择文本的行高，若选择 normal 选项，则由软件自动计算行高和字体大小；如果希望指定行高值，在其中输入需要的数值，然后选择单位即可。

▽ Text-decoration：向文本中添加下画线(underline)、上画线(overline)、删除线(line-through)或闪烁线(blink)。选择该选项区域中相应的复选框，会激活相应的修饰格式。如果不需要使用格式，可以取消相应复选框的选中状态；如果选中none(无)复选框，则不设置任何格式。在默认状态下，普通文本的修饰格式为 none(无)，而链接文本的修饰格式为 underline(下画线)。

▽ Font-weight：对字体应用特定或相对的粗体量。在该文本框中输入相应的数值，可以指定字体的绝对粗细程度。若使用 bolder 和 lighter 值可以得到比父元素字体更粗或更细的字体。

▽ Font-variant：用于设置文本的小写、大写字母变形。在该下拉列表中，可以选择所需字体的某种变形。这个属性的默认值是 normal，表示字体的常规版本。也可以指定 small-caps 来选择字体的形式，在这个形式中，小写字母都会被替换为大写字母(但在文档窗口中不能直接显示，必须按 F12 键，才能在浏览器中看到效果)。

▽ Text-transform：将所选内容中的每个单词的首字母设置为大写，或将文本设置为全部大写或小写。在该选项中如果选择 capitalize(首字母大写)选项，则可以将每个单词的首字母设置为大写；如果选择 uppercase(大写)或 lowercase(小写)选项，则可以分别将所有被选择的文本都设置为大写或小写；如果选择 none(无)选项，则会保持选中字符本身带有的大小写格式。

▽ Color：用于设置文本的颜色，单击该按钮，可以打开颜色选择器。

【例 2-11】 通过编辑 CSS 类型，设置网页中滚动文本的字体格式和效果。 📹 视频

(1) 打开网页素材文档后，将指针置入滚动文本中，在 CSS【属性】面板中单击【编辑规则】按钮，如图 2-41 左图所示。

(2) 打开【CSS 规则定义】对话框，在【分类】列表框中选择【类型】选项，在对话框右侧的选项区域中单击 Font-family 按钮，在弹出的列表中选择一种字体。

(3) 在 Font-size 文本框中输入 15，单击该文本框右侧的按钮，在弹出的列表中选择 px 选项。

(4) 单击 Font-style 按钮，在弹出的列表中选择 oblique 选项，设置滚动文本为偏斜体。

(5) 单击 Font-variant 按钮，在弹出的列表中选择 small-caps 选项，将滚动文本中的小写字母替换为大写字母。

(6) 在 Text-decoration 选项区域中选中 none 复选框，设置滚动文本无特殊修饰，然后单击【确定】按钮，如图 2-41 右图所示。

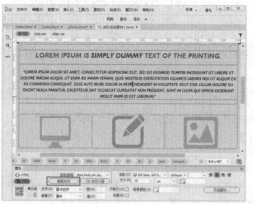

图 2-41　编辑滚动文本上的 CSS

(7) 按 F12 键在浏览器中预览网页，可以看到修改后的滚动文本效果。

在编辑 CSS 的文本字体后，在源代码中需要使用一个不同的<font>标签。CSS3 标准提供

了多种字体属性，使用它们可以修改受影响标签内所包含文本的外观，CSS 的类型属性及其说明如表 2-10 所示。

表 2-10　CSS 的类型属性及其说明

类 型 属 性	说　　明
Font-family	设置字体
Font-size	设置字号
Font-style	设置文字样式
Line-height	设置文字行高
Font-weight	设置文字粗细
Font-variant	设置英文字母大小写的转换
Text-transform	控制英文大小写
Color	设置文字颜色
Text-decoration	设置文字修饰

2. CSS 背景设置

在【CSS 规则定义】对话框中选择【背景】选项后，将显示如图 2-42 右图所示的【背景】选项区域，在该选项区域中用户不仅能够设定 CSS 对网页中的任何元素应用背景属性，还可以设置背景图像的位置。

▽ Background-color：用于设置元素的背景颜色。

▽ Background-image：用于设置元素的背景图像。单击该选项右侧的【浏览】按钮可以打开【选择图像源文件】对话框。

▽ Background-repeat：确定是否以及如何重复背景图像。该选项一般用于图片面积小于页面元素面积的情况，其共有 no-repeat、repeat、repeat-x 和 repeat-y 这 4 个选项。

▽ Background-attachment：确定背景图像是固定在其原始位置还是随内容一起滚动。其中包括 fixed 和 scroll 两个选项。

▽ Background-position(X)和 Background-position(Y)：指定背景图像相对于元素的初始位置。可以选择 left、right、center 或 top、bottom、center 选项，也可以直接输入数值。如果前面的 Background-attachment 选项设置为 fixed，则元素的位置相对于文档窗口，而不是元素本身。

下面通过一个实例来介绍设置 CSS 背景效果的具体方法。

☞【例 2-12】通过编辑 CSS 样式类型，设置网页背景。 🔘 视频

(1) 打开网页后，按 Shift+F11 组合键，显示【CSS 设计器】面板。

(2) 在【CSS 设计器】面板的【选择器】窗格中单击【+】按钮，创建一个名称为 body 的标签选择器。

（3）单击状态栏上的<body>标签，按 Ctrl+F3 组合键打开【属性】面板，在 HTML【属性】面板中单击【编辑规则】按钮，如图 2-42 左图所示。

（4）打开【CSS 规则定义】对话框，在【分类】列表框中选择【背景】选项，在对话框右侧的选项区域中单击 Background-image 选项右侧的【浏览】按钮，如图 2-42 右图所示。

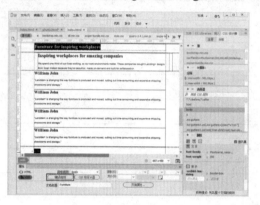 

图 2-42　定义<body>标签的 CSS 规则

（5）打开【选择图像源文件】对话框，选择一个背景图像素材文件，单击【确定】按钮，如图 2-43 所示。

（6）返回【CSS 规则定义】对话框，单击 Background-repeat 下拉按钮，在弹出的列表中选择 no-repeat 选项，设置背景图像在网页中不重复显示。

（7）单击 Background-position(X)下拉按钮，在弹出的列表中选择 center 选项，设置背景图像在网页中水平居中显示。

（8）单击 Background-position(Y)下拉按钮，在弹出的列表中选择 top 选项，设置背景图像在网页中垂直靠顶端显示。

（9）在 Background-color 文本框中输入 rgba(138,135,135,1)，设置网页中不显示背景图像的背景区域的颜色。单击【确定】按钮，网页背景图像的效果如图 2-44 所示。

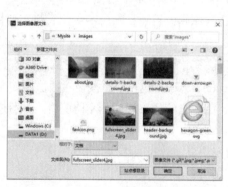 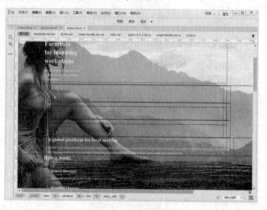

图 2-43　选择背景图像文件　　　　　　　　图 2-44　网页背景效果

文档中的每个元素都有前景色和背景色。有些情况下，背景不是颜色，而是一幅色彩丰富的图像。Background 样式属性可以控制这些图像。CSS 的背景属性及其说明如表 2-11 所示。

表 2-11　CSS 的背景属性及其说明

背 景 属 性	说　　　　明
Background-color	设置元素的背景颜色
Background-image	设置元素的背景图像
Background-repeat	设置一个指定背景图像的重复方式
Background-attachment	设置背景图像是否固定显示
Background-position(X)/(Y)	设置水平和垂直方向上的位置

3. CSS 区块设置

在【CSS 规则定义】对话框中选择【区块】选项，将显示【区块】选项区域，如图 2-45 右图所示。在该选项区域中，用户可以定义标签和属性的间距及对齐设置。

▽ Word-spacing：用于设置字词的间距。如果要设置特定的值，可在下拉列表中选择【值】选项后输入数值。

▽ Letter-spacing：用于设置增加或减小字母或字符的间距。该选项可以在字符之间添加额外的间距。用户可以输入一个值，然后在 Letter-spacing 选项右侧的下拉列表中选择数值的单位(是否可以通过负值来缩小字符间距要根据浏览器的情况而定。另外，字母间距的优先级高于单词间距)。

▽ Vertical-align：用于指定应用此属性的元素的垂直对齐方式。

▽ Text-align：用于设置文本在元素内的对齐方式，包括 left、right、center 和 justify 等几个选项。

▽ Text-indent：用于指定第一行文本缩进的程度(允许负值)。

▽ White-space：用于确定如何处理元素中的空白部分。其中有 3 个属性值，选择 normal 选项，按照正常方法处理空白，可以使多个空白合并成一个；选择 pre 选项，则保留应用样式元素中空白的原始状态，不允许多个空白合并成一个；选择 nowrap 选项，则长文本不自动换行。

▽ Display：用于指定是否以及如何显示元素(若选择 none 选项，它将禁用指定元素的 CSS 显示)。

下面通过一个实例来介绍设置 CSS 区块效果的具体方法。

【例 2-13】 通过定义 CSS 区块设置，调整网页中文本的排列方式。 🎬视频

(1) 打开网页文档后，选中页面中如图 2-45 左图所示的标题文本。

(2) 在 CSS【属性】面板中单击【编辑规则】按钮，打开【CSS 规则定义】对话框，在【分类】列表框中选中【区块】选项。

(3) 在对话框右侧的选项区域中的 Letter-spacing 文本框中输入数值 5，然后单击该文本框右侧的按钮，在弹出的列表中选择 px 选项，设置所选中文本的字母间距为 5 像素。

(4) 单击 Text-align 下拉按钮，在弹出的列表中选择 center 选项，设置选中文本在 Div 标签中水平居中对齐。单击【确定】按钮后，页面中的文本效果如图 2-45 右图所示。

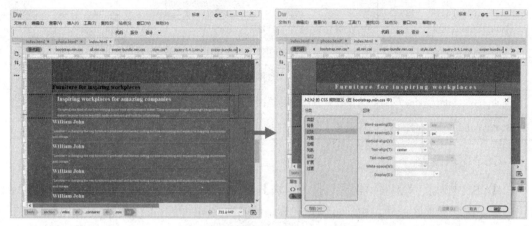

图 2-45　设置标题文本的排列方式

CSS 样式表可以对字体属性和文本属性加以区分，字体属性控制文本的大小、样式和外观，文本属性控制文本对齐和呈现给用户的方式。CSS 的区块属性及说明如表 2-12 所示。

表 2-12　CSS 的区块属性及说明

属　　性	说　　明
Word-spacing	定义一个附加在单词之间的距离
Letter-spacing	定义一个附加在字母之间的距离
Text-align	设置文本的水平对齐方式
Text-indent	设置文字的首行缩进
Vertical-align	设置水平和垂直方向上的位置
White-space	设置对空白的处理方式
Display	设置如何显示元素

4. CSS 方框设置

在【CSS 规则定义】对话框中选择【方框】选项，将显示【方框】选项区域，如图 2-46 所示。在该选项区域中，用户可以设置用于控制元素在页面上放置方式的标签和属性。

▽ Width 和 Height：用于设置元素的宽度和高度。选择 Auto 选项表示由浏览器自行控制，也可以直接输入一个值，并在右侧的下拉列表中选择值的单位。只有当该样式应用到图像或分层上时，才可以直接从文档窗口中看到所设置的效果。

▽ Float：用于在网页中设置各种页面元素(如文本、Div、表格等)应围绕元素的哪边进行浮动。利用该选项可以将网页元素移到页面范围之外，如果选择 left 选项，则将元素放置到网页左侧空白处；如果选择 right 选项，则将元素放置到网页右侧空白处。

▽ Clear：在该下拉列表中可以定义允许分层。如果选择 left 选项，则表示不允许分层出现在应用该样式的元素左侧；如果选择 right 选项，则表明不允许分层出现在应用该样式的元素右侧。

▽ Padding：用于指定元素内容与元素边框之间的距离，取消【全部相同】复选框的选中状态，可以设置元素各条边的填充。

▽ Margin：该选项区域用于指定一个元素的边框与另一个元素之间的距离。取消【全部相同】复选框的选中状态，可以设置元素各条边的边距。

在网页源代码中，CSS 的方框属性及其说明如表 2-13 所示。

表 2-13　CSS 的方框属性及其说明

属　　性	说　　明
Width	设定对象的宽度
Height	设定对象的高度
Float	设置文字环绕在一个元素的四周
Clear	指定在某一元素的某一条边上是否允许有环绕的文字或对象
Padding-Left、Padding-Right、Padding-Top 和 Padding-Bottom	分别设置边框外侧的左、右、上、下的空白区域大小
Margin-Left、Margin-Right、Margin-Top 和 Margin-Bottom	分别设置在边框与内容之间的左、右、上、下的空间距离

5. CSS 边框设置

在【CSS 规则定义】对话框中选择【边框】选项后，将显示【边框】选项区域，如图 2-47 所示。在该选项区域中，用户可以设置网页元素周围的边框属性，如宽度、颜色和样式等。

图 2-46　【方框】选项区域

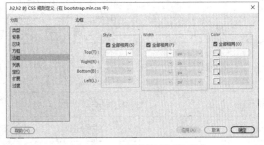

图 2-47　【边框】选项区域

▽ Style：用于设置边框的样式外观，有多个选项，每个选项代表一种边框样式。

▽ Width：可以定义应用该样式元素的边框宽度。在 Top、Right、Bottom 和 Left 这 4 个下拉列表中，可以分别设置边框上每条边的宽度。用户可以选择相应的宽度选项，如细、中、粗或直接输入数值。

▽ Color：可以分别设置上、下、左、右边框的颜色，或选中【全部相同】复选框，则为所有边线设置相同的颜色。

边框属性用于设置元素边框的宽度、样式和颜色等。CSS 的边框属性及其说明如表 2-14 所示。

表 2-14 CSS 的边框属性及其说明

属 性	说 明	属 性	说 明
border-color	边框颜色	border	设置文本的水平对齐方式
border-style	边框样式	width	边框宽度
border-top-color	上边框颜色	border-left-color	左边框颜色
border-right-color	右边框颜色	border-bottom-color	下边框颜色
border-top-style	上边框样式	border-left-style	左边框样式
border-right-style	右边框样式	border-bottom-style	下边框样式
border-top-width	上边框宽度	border-left-width	左边框宽度
border-right-width	右边框宽度	border-bottom-width	下边框宽度
border	组合设置边框属性	border-top	组合设置上边框属性
border-left	组合设置左边框属性	border-right	组合设置右边框属性
border-bottom	组合设置下边框属性		

边框属性只能设置 4 种边框，为了给出一个元素的 4 种边框的不同值，网页制作者必须使用一个或更多属性，如上边框、右边框、下边框、左边框、边框颜色、边框宽度、边框样式、上边框宽度、右边框宽度、下边框宽度或左边框宽度等。

其中，border-style 属性根据 CSS3 模型，可以为 HTML 元素边框应用许多修饰，包括 none、dotted、dashed、solid、double、groove、ridge、inset 和 outset。对这些属性的说明如表 2-15 所示。

表 2-15 border-style 属性说明

属 性	说 明	属 性	说 明
none	无边框	dotted	边框由点组成
dashed	边框由短线组成	solid	边框是实线
double	边框是双实线	groove	边框带有立体感的沟槽
ridge	边框成脊形	inset	边框内嵌一个立体边框
outset	边框外嵌一个立体边框		

6. CSS 列表设置

在【CSS 规则定义】对话框的【分类】列表框中选择【列表】选项，在对话框右侧将显示相应的选项区域，如图 2-48 所示。其中，各选项的功能说明如下。

▽ List-style-type：该属性决定了有序和无序列表项如何显示在能识别样式的浏览器中。可在每行的前面加上项目符号或编号，用于区分不同的文本行。

▽　List-style-image：用于设置以图片作为无序列表的项目符号。用户可以在其中输入图片的 URL 地址，也可以通过单击【浏览】按钮，从磁盘中选择图片文件。

▽　List-style-Position：用于设置列表项的换行位置。有两种方法可以用来定位与一个列表项有关的记号，即在与项目有关的块外面或里面。List-style-Position 属性接受 inside 或 outside 两个值。

CSS 中有关列表的属性丰富了列表的外观，CSS 的列表属性及说明如下。

▽　List-style-type：设置引导列表项的符号类型。

▽　List-style-image：设置列表样式为图像。

▽　List-style-Position：决定列表项缩进的程度。

7. CSS 定位设置

在【CSS 规则定义】对话框的【分类】列表框中选择【定位】选项，在所显示的选项区域中可以定义定位样式，如图 2-49 所示。

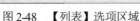

图 2-48　【列表】选项区域

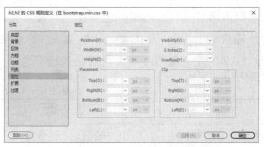

图 2-49　【定位】选项区域

Position 下拉列表用于设置浏览器放置 APDiv 的方式，包含以下 4 项参数。

▽　static：应用常规的 HTML 布局和定位规则，并由浏览器决定元素的框的左边缘和上边缘。

▽　relative：使元素相对于其他包含的流移动，可以在某种情况下使 top、bottom、left 和 right 属性都用于计算框相对于其在流中正常位置所处的位置。随后的元素都不会受到这种位置改变的影响，并且放在流中的方式就像没有移动过该元素一样。

▽　absolute：可以从包含流中去除元素，并且随后的元素可以相应地向前移动，然后使用 top、bottom、left 和 right 属性，相对于包含块计算出元素的位置。这种定位允许将元素放在其包含元素的固定位置，但会随着包含元素的移动而移动。

▽　fixed：将元素相对于其显示的页面或窗口进行定位。像 absolute 定位一样，从包含流中去除元素时，其他的元素也会相应发生移动。

Visibility 下拉列表用于设置层的初始化显示位置，包含以下 3 个选项。

▽　Inherit：继承分层父级元素的可见性属性。

▽　Visible：无论分层的父级元素是否可见，都显示层内容。

▽　Hidden：无论分层的父级元素是否可见，都隐藏层内容。

Width 和 Height 这两个文本框用于设置元素本身的大小。

Z-Index 下拉列表用于定义层的顺序，即层重叠的顺序。用户可以选择 Auto 选项，或输入相应的层索引值。索引值可以为正数或负数。较高值所在的层会位于较低值所在层的上端。

Overflow 下拉列表用于定义层中的内容超出了层的边界后发生的情况，包含以下选项。

▽ Visible：当层中的内容超出层范围时，层会自动向下或向右扩展大小，以容纳分层内容
   使之可见。

▽ Hidden：当层中的内容超出层范围时，层的大小不变，也不会出现滚动条，超出分层边
   界的内容不显示。

▽ Scroll：无论层中的内容是否超出层范围，层上总会出现滚动条，这样即使分层内容超出
   分层范围，也可以利用滚动条进行浏览。

▽ Auto：当层中的内容超出分层范围时，层的大小不变，但是会出现滚动条，以便通过滚
   动条的滚动显示所有分层内容。

Placement 选项区域用于设置层的位置和大小。在 Top、Right、Bottom 和 Left 这 4 个文本框中，可以分别输入相应的值，在右侧的下拉列表中，可以选择相应的数值单位，默认的单位是 px(像素)。

Clip 选项区域用于定义可视层局部区域的位置和大小。如果指定了层的碎片区域，则可以通过脚本语言(如 JavaScript)进行操作。在 Top、Right、Bottom 和 Left 这 4 个文本框中，可以分别输入相应的值，在右侧的下拉列表中，可以选择相应的数值单位。

CSS 的定位属性及其说明如表 2-16 所示。

表 2-16　CSS 的定位属性及其说明

属　　性	说　　明	属　　性	说　　明
Width	用于设置对象的宽度	Height	用于设置对象的高度
Overflow	当层内的内容超出层所能容纳的范围时的处理方式	Z-index	决定层的可见性设置
Position	用于设置对象的位置	Visibility	针对层的可见性设置

8. CSS 扩展设置

在【CSS 规则定义】对话框的【分类】列表框中选择【扩展】选项，可以在所显示的选项区域中定义扩展样式，如图 2-50 所示。

▽ 分页：通过样式为网页添加分页符号，允许用户指定在某元素前或后进行分页。分页是
   指打印网页中的内容时在某指定的位置停止，然后将接下来的内容继续打在下一页纸上。

▽ Cursor：改变光标形状，光标放置于此设置修饰的区域上时，形状会发生改变。

▽ Filter：使用 CSS 语言实现的滤镜效果，在其下拉列表中有多种滤镜可供选择。

CSS 的扩展属性及其说明如下。

▽ Cursor：设定光标。

▽ Page-break-before/after：控制分页。

▽ Filter：设置滤镜。

其中，对 Cursor 属性值的说明如表 2-17 所示。

表 2-17　Cursor 属性值及其说明

属　　性	说　　明	属　　性	说　　明
hand	显示为 "手" 形	crosshair	显示为交叉十字
text	显示为文本选择符号	wait	显示为 Windows 沙漏形状
default	显示为默认的光标形状	help	显示为带问号的光标
e-resize	显示为指向东方向的箭头	n-resize	显示为指向北方向的箭头
nw-resize	显示为指向西北方向的箭头	w-resize	显示为指向西方向的箭头
sw-resize	显示为指向西南方向的箭头	s-resize	显示为指向南方向的箭头
se-resize	显示为指向东南方向的箭头	ne-resize	显示指向东北方向的箭头

9. CSS 过渡设置

在【CSS 规则定义】对话框的【分类】列表框中选择【过渡】选项，可以在所显示的选项区域中定义过渡样式，如图 2-51 所示。

图 2-50　【扩展】选项区域　　　　　　图 2-51　【过渡】选项区域

▽　所有可动画属性：如果需要为过渡的所有 CSS 属性指定相同的持续时间、延迟和计时功能，可以选中该复选框。

▽　属性：向过渡效果添加 CSS 属性。

▽　持续时间：以秒(s)或毫秒(ms)为单位输入过渡效果的持续时间。

▽　延迟：设置过渡效果开始之前的时间，以秒或毫秒为单位。

▽　计时功能：从可用选项中选择过渡效果样式。

CSS 的过渡属性及其说明如下。

▽　transition-property：指定某种属性进行渐变效果。

▽　transition-duration：指定渐变效果的时长，单位为秒。

▽　transition-timing-function：描述渐变效果的变化过程。

▽　transition-delay：指定渐变效果的延迟时间，单位为秒。

▽　transition：组合设置渐变属性。

其中，transition-property 可以指定元素中属性发生改变时的过渡效果，其属性值及说明如表 2-18 所示。

表 2-18 transition-property 属性值及其说明

属　　性	说　　明	属　　性	说　　明
none	没有属性发生改变	ident	指定元素的某一个属性值
all	所有属性发生改变		

transition-timing-function 可以控制变化过程，其属性值及说明如表 2-19 所示。

表 2-19 transition-timing-function 属性值及其说明

属　　性	说　　明	属　　性	说　　明
ease	逐渐变慢	ese-in	由慢到快
ease-out	由快到慢	cubic-bezier	自定义 cubic 贝塞尔曲线
linear	匀速线性过渡	east-in-out	由慢到快再到慢

2.3　实例演练

本章介绍了在 Dreamweaver 2020 中使用 HTML 创建网页并应用 CSS 样式表修饰网页的相关知识，下面的实例演练将练习使用 HTML+CSS 制作一个鼠标经过图片显示放大图片的特殊网页效果。

【例 2-14】利用链接外部样式表控制 20 幅图片的样式，实现图片放大效果。 📹视频

(1) 启动 Dreamweaver 2020，创建一个空白网页，然后将网页保存为 ImageGallery.html 文件，并在代码视图中输入以下代码。

```
<!doctype html>
<html lang="en">
<head>
    <meta charset="utf-8">
    <title>ImageGallery</title>
    <link type="text/css" rel="stylesheet" href='hoverbox.css' />
</head>
<body>
    <div id="" class="">
    <h1>鼠标经过图片显示大图(Image Gallery)</h1>
    <ul class="hoverbox">
    <li><a href="#">
    <img src="photo01.jpg" alt="description" class="preview" />
    <img src="photo01.jpg" alt="description" /></a>
    </li>
    <li><a href="#">
```

```
<img src="photo02.jpg" alt="description" class="preview" />
<img src="photo02.jpg" alt="description" /></a>
</li>
<li><a href="#">
<img src="photo03.jpg" alt="description" class="preview" />
<img src="photo03.jpg" alt="description" /></a>
</li>
<li><a href="#">
<img src="photo04.jpg" alt="description" class="preview" />
<img src="photo04.jpg" alt="description" /></a>
</li>
<li><a href="#">
<img src="photo05.jpg" alt="description" class="preview" />
<img src="photo05.jpg" alt="description" /></a>
</li>
<li><a href="#">
<img src="photo06.jpg" alt="description" class="preview" />
<img src="photo06.jpg" alt="description" /></a>
</li>
<li><a href="#">
<img src="photo07.jpg" alt="description" class="preview" />
<img src="photo07.jpg" alt="description" /></a>
</li>
<li><a href="#">
<img src="photo08.jpg" alt="description" class="preview" />
<img src="photo08.jpg" alt="description" /></a>
</li>
<li><a href="#">
<img src="photo09.jpg" alt="description" class="preview" />
<img src="photo09.jpg" alt="description" /></a>
</li>
<li><a href="#">
<img src="photo10.jpg" alt="description" class="preview" />
<img src="photo10.jpg" alt="description" /></a>
</li>
</ul>
</div>
</body>
</html>
```

(2) 按下 Ctrl+N 组合键，打开【新建文档】对话框，在【文档类型】列表中选择 CSS 选项，然后单击【创建】按钮,如图 2-52 所示。

    (3) 创建一个 CSS 文件后,按下 Ctrl+S 组合键,打开【另存为】对话框,单击其中的【站点根目录】按钮,在【文件名】文本框中输入 "hoverbox.css",然后单击【保存】按钮,如图 2-53 所示。

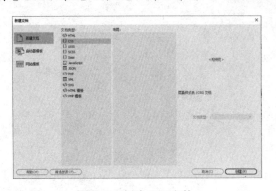

图 2-52　创建 CSS 文件

图 2-53　保存 CSS 文件

    (4) 在代码视图中输入以下代码,创建外部样式表文件。

```
@charset "utf-8";
/* CSS Document */
*{                                        /* 全局声明 */
    border: 0;
    margin: 0;
    padding: 0;
}
/* =Basic HTML, Non-essential
------------------------------------------------------------------*/
a{      text-decoration:none;}
div {                                     /* 定义图层的演示*/
    width:720px;
    height:500px;
    margin:0 auto;
    padding:30px;
    text-align:center                     /* 定义内容居中显示 */
}
body{                                     /* 定义主体样式 */
    position:relative;                    /* 位置属性为相对的 */
    text-align:center
}
h1{                                       /* 定义 h1 的样式 */
    background:inherit;                   /* 定义背景属性取值为继承 */
    border-bottom: 1px dashed #097;
    color:#000099;
```

```
    font:17px Georgia,serif;
    margin:0 0 10px;
    padding:0 0 35px;
    text-align:center;
}
/* =Hoverbox Code
-------------------------------------------------------------------*/
.hoverbox{cursor: default;list-style: none}          /*  去掉列表项前的符号  */
.hoverbox a{cursor: default}
.hoverbox a.preview{display:none;}                   /*  大图初始加载为不显示  */
.hoverbox a:hover .preview{                          /*  派生选择器声明  */
display:block;                                       /*  以块方式显示  */
position:absolute;                                   /*  以绝对方式显示，图可以层叠  */
top:-33px;                                           /*  相对当前位置偏移量  */
left:-45px;                                          /*  相对当前位置偏移量  */
z-index:1;                                           /*  表示在上层(原小图在底层) */
}
.hoverbox img{                                       /*  定义图像样式  */
background:#fff;
border-color: #aaa #ccc #ddd #bbb;
border-style:solid;
border-width:1px;
color:inherit;
padding:2px;
vertical-align:top;
width:100px;
height:75px;
}
.hoverbox li{                                        /*  定义列表项样式  */
background:#eee;                                     /*  #eee 等同于#eeeeee，以下格式相同  */
border-color:#ddd #bbb #aaa #ccc;
border-style:solid;
border-width:1px;
color:inherit;
float:left;
display:inline;
margin:3px;
padding:5px;
position:relative;                                   /*  位置为相对的方式  */
}
```

```
.hoverbox.preview{                          /* 定义大图样式 */
 border-color:#000;
 width:200px;
 height:150px;
 }
ul {padding:40px;margin:0 auto;}            /* 定义 ul 样式 */
```

(5) 保存所创建的 CSS 文件,选择 ImageGallery.html 文件,按下 F12 键预览网页,效果如图 2-54 所示。

(6) 将鼠标指针放置在页面中的图片上,图片将自动放大,如图 2-55 所示。

图 2-54　网页预览效果

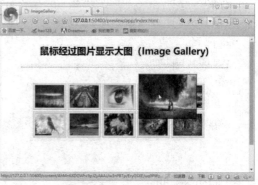

图 2-55　图片自动放大效果

2.4　习题

1. 简述什么是 HTML,常用的 HTML 标签有哪些?
2. 练习在 Dreamweaver 2020 中编写 HTML 代码以制作一个简单的日程表。
3. 练习使用 CSS 样式表美化第 2 题制作的网页。

第3章

设计网页文本

在网页中，文字是将各种信息传达给浏览者的最主要和最有效途径，无论设计者制作网页的目的是什么，文本都是网页不可缺少的组成元素。使用 Dreamweaver 2020 制作网页时，用户可以利用软件提供的菜单命令、面板和工具栏选项等，通过设置网页中文本的字体、字号、颜色、字符间距与行间距等属性，设计网页中不同文本的效果，并插入日期、水平线和特殊字符，从而创建整洁且效果丰富的网页。

本章重点

- 网页文本的基本操作
- 设置文本的字体、大小、颜色和样式
- 在网页中插入水平线、特殊符号和日期
- 在网页中设置段落、项目符号和编号列表

二维码教学视频

【例 3-1】 在网页中添加字体

【例 3-2】 在网页中插入水平线

【例 3-3】 在网页中插入日期和时间

【例 3-4】 制作带拼音标注的文本效果

3.1　在网页中添加文本

　　网页作为一种信息载体，其中包含的对象多种多样，而最主要的元素就是文本。文本作为承载信息的主要元素，无论网页所呈现的效果如何绚丽，它的添加和应用始终对整个网页起着非常关键的作用。

3.1.1　添加文本

　　在 Dreamweaver 中可以直接输入文本内容，也可以从其他软件(如 Word、PDF、记事本)复制文本到当前文档的目标位置。其中，在网页中输入文本的方法非常简单，用户只需在文档中要输入文本的位置定位插入点，然后直接输入文本到目标位置即可，如图 3-1 所示。

图 3-1　在文档中直接输入文本

3.1.2　文本的基本操作

　　在 Dreamweaver 2020 中对文本的基本操作与其他文字处理软件(如 Word)类似，主要包括插入、删除、移动、查找和替换等，下面将逐一介绍。

1. 打开素材文档并插入文本

(1) 打开如图 3-1 所示的素材网页文档后，将插入点定位在网页第 1 行中的文本 "4 月份" 前。

(2) 输入文本内容 "2021 年"，即可在插入点插入文本。

2. 删除网页文档中的多余文本

选中网页中需要删除的文本，按下 Delete 键即可将其删除。

3. 剪切与复制文本

(1) 打开如图 3-1 所示的素材网页文档后，选中第 2 行中的文本 "2021 年 05 月 24 日 05:19 | 来源：人民网－人民日报"。

(2) 选择【编辑】|【剪切】命令，或按下 Ctrl+X 组合键即可将文本剪切到剪贴板。

(3) 选择【编辑】|【拷贝】命令，或按下 Ctrl+C 组合键即可将文本复制。

4. 粘贴文本

(1) 执行 "剪切" 命令或 "复制" 命令后，将插入点定位到网页中合适的位置。

(2) 选择【编辑】|【粘贴】命令，或按下 Ctrl+V 组合键，即可粘贴文本。

5. 选择性粘贴文本

(1) 执行 "剪切" 命令或 "复制" 命令后，将插入点定位到网页中合适的位置。

(2) 选择【编辑】|【粘贴】命令，或按下 Ctrl+Shift+V 键，将打开如图 3-2 所示的【选择性粘贴】对话框，在该对话框的【粘贴为】选项区域中可以选择将文本粘贴为"仅文本""带结构的文本""带结构的文本以及基本格式"或"带结构的文本以及全部格式"的形式。

6. 查找与替换文本

(1) 选择【查找】|【在文件中查找和替换】命令，将打开如图 3-3 所示的【查找和替换】对话框，在该对话框的【查找】文本框中输入要查找的文本，然后单击【查找下一个】按钮▶，可以在文档中自上而下逐个查找满足条件的文本，单击【查找全部】按钮，则可以一次性查找网页中所有满足查找条件的文本。

(2) 在【查找和替换】文本框的【查找】文本框中输入要查找的文本后，在【替换】文本框中输入要替换的文本，然后单击【替换】按钮，可以在文档中自上而下逐个查找并替换指定的文本，单击【替换全部】按钮，则可以一次性替换所有文本。

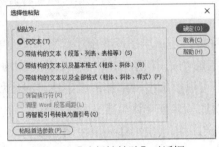

图 3-2　【选择性粘贴】对话框

图 3-3　【查找和替换】对话框

3.1.3　设置文本的字体和大小

在 Dreamweaver 2020 中设置被选中文本的字体和大小，是通过【属性】面板"CSS"分类下的【字体】和【大小】下拉列表来完成的。

1. 添加字体

在 Dreamweaver 2020 中，软件默认只提供自带的字体，并不会显示 Windows 系统中安装的字体。用户可以通过编辑字体的方法，将系统中的字体添加到 Dreamweaver 2020 中，以便制作网页时使用。

【例 3-1】　在 Dreamweaver 2020 中添加字体。　🎬 视频

(1) 打开如图 3-1 所示的素材网页后，在【属性】面板中单击 CSS 按钮，切换至 CSS【属性】面板，然后在【字体】下拉列表中选择【管理字体】选项，如图 3-4 所示。

(2) 打开【管理字体】对话框，选择【自定义字体堆栈】选项卡，在【可用字体】列表中选择需要添加的字体，单击 按钮，将其添加到【选择的字体】列表框中，如图 3-5 所示。

计算机基础与实训教材系列

图3-4　在CSS属性面板中管理字体

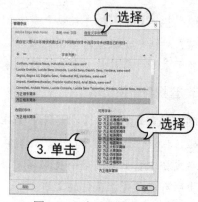

图3-5　添加可用字体

(3) 单击【完成】按钮,将在【属性】面板的【字体】下拉列表中添加刚才设置的字体。在制作网页时,选中页面中的文本,然后在【字体】下拉列表中选择添加的字体,即可将其应用于页面文本。

如果需要在 Dreamweaver 2020 中连续添加多个新字体,则必须在每次添加新字体前,单击【管理字体】对话框的【自定义字体堆栈】选项卡左侧的"+"按钮,先添加一个新字体项,再向该字体项中添加新字体。同时,每一个新字体项中可以添加多种字体形成字体堆栈。如果用户在【管理字体】对话框的【可用字体】列表中添加了多个字体至【选择的字体】列表中,则可以把多个字体添加在【字体】下拉列表中,当用户将这些字体应用在同一段文本上时,如果在查看网页时浏览器不支持其中的第一个字体,则会尝试下一个字体。

2. 设置字体和大小

在 Dreamweaver 2020 中添加字体后,则可以在网页文档中选择文本,然后在 CSS【属性】面板的【字体】下拉列表中为文本应用添加的字体。同样,字体大小的设置也可以在【属性】面板中进行,单击【大小】下拉按钮,在弹出的下拉列表中选择文本的大小,单击【大小】下拉按钮右侧的下拉按钮,则可以设置字体大小的单位,如图 3-6 所示。

图3-6　设置网页文本的字体大小

3.1.4　设置文本颜色

在 Dreamweaver 2020 中,设置文本颜色与设置文本字体和大小的操作基本相同,都可以在【属性】面板的"CSS"分类中进行设置,其具体方法是:选择需要设置颜色的文本,在【属性】面板中单击 CSS 按钮,然后单击【文本颜色】按钮□,在弹出的颜色选择器中选择一种合适的颜色色块即可,如图 3-7 所示。

如果图 3-7 所示的选择器中的颜色无法满足网页制作的需求,可以通过单击【系统颜色拾取器】按钮 ，拾取 Dreamweaver 软件工作界面中的颜色；单击 RGBa、Hex、HSLa 等按钮，可以在不同的颜色模式中切换；单击颜色选择器右上角的 "+" 按钮，可以添加多种颜色，方便用户在制作网页时切换使用，如图 3-8 所示。

图 3-7　设置文本颜色

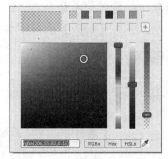

图 3-8　设置多种预定义颜色

3.1.5　设置文本样式

在 CSS【属性】面板中单击【字体】下拉列表右侧的第 1 个下拉按钮，在弹出的下拉列表中可以设置文本字体的倾斜效果；单击【字体】下拉列表右侧的第 2 个下拉按钮，在弹出的下拉列表中可以设置文本字体的加粗效果，如图 3-9 所示。

在【属性】面板中单击 HTML 按钮，切换至 HTML【属性】面板，可以通过直接单击【粗体】按钮 B、【斜体】按钮 I 将文本样式设置为 Dreamweaver 预定义的粗体和斜体效果。

图 3-9　设置文本斜体和粗体效果

3.1.6　设置文本对齐方式

在 CSS【属性】面板中有针对文本对齐方式进行设置的按钮，分别是【左对齐】按钮≡、【居中对齐】按钮≡、【右对齐】按钮≡、【两端对齐】按钮≡，它们都用于设置文本相对于页面或其他元素(如表格)的水平对齐方式。

【左对齐】按钮≡：单击该按钮，可以使选择的文本相对于页面或父容器向左对齐。

【居中对齐】按钮≡：单击该按钮，可以使选择的文本相对于页面或父容器居中对齐。

【右对齐】按钮≡：单击该按钮，可以使选择的文本相对于页面或父容器右对齐。

【两端对齐】按钮≡：单击该按钮，可以使选择的文本相对于页面或父容器两端对齐。

3.1.7　插入和设置水平线

水平线主要用于分隔文本段落和进行页面修饰。在网页中插入水平线可以通过以下两种方法实现。

▽　方法一：通过菜单命令，选择【插入】| HTML |【水平线】命令。

▽　方法二：在【插入】面板中单击【水平线】选项。

【例 3-2】使用 Dreamweaver 2020 在网页中插入水平线。　视频

(1) 继续例 3-1 的操作，将鼠标指针置于页面中需要插入水平线的位置，然后选择【窗口】|【插入】命令，显示【插入】面板。

(2) 单击【插入】面板中的【水平线】按钮，即可在页面中插入一条如图 3-10 所示的水平线。

在网页中插入水平线后，【属性】面板将变为图 3-10 所示的"水平线"【属性】面板，用户可以在该面板中对水平线的属性进行设置，包括水平线的高、宽和对齐方式等。

▽　ID 文本框：该文本框位于"水平线"【属性】面板的最左侧，用于为水平线设定唯一的 ID 编号标识符。

▽　【宽】和【高】文本框：分别用于为水平线指定宽度和高度参数，其中宽度可以通过【单位】下拉列表指定宽度单位。

▽　【对齐】下拉列表：用于指定水平线在页面中的对齐方式。

▽　【阴影】复选框：用于设置水平线是否显示阴影效果。

▽　【Class(类)】下拉列表：用于为水平线指定一种 CSS "类"样式，用来修饰其外观显示效果，如图 3-11 所示。

图 3-10　在页面中插入水平线　　　　　图 3-11　设置水平线的属性

3.1.8　插入特殊符号、日期和时间

Dreamweaver 2020 提供了特殊符号、日期和时间等元素的插入功能，大大简化了网页设计者在添加网页内容时的操作。下面将分别对各种特殊符号、日期和时间的插入方法进行介绍。

1. 插入特殊符号

"特殊符号"是指无法通过键盘直接输入的一类符号，比如版权符号©、注册商标®、商

标符号™等。在 Dreamweaver 中插入特殊符号的方法有以下两种。

方法一：选择【插入】|HTML|【字符】命令，在弹出的菜单中选择具体的符号。

方法二：在【插入】面板中单击【字符】下拉按钮，从弹出的下拉列表中选择一种符号，如图 3-12 所示。

如果在图 3-12 所示的【字符】下拉列表中选择【其他字符】选项，将打开如图 3-13 所示的【插入其他字符】对话框，可以在其中选择更多的特殊符号。

图 3-12 插入特殊符号

图 3-13 【插入其他字符】对话框

2. 插入日期和时间

在 Dreamweaver 2020 中，将插入点定位至页面中合适的位置后，选择【插入】|HTML|【日期】命令，或者在【插入】面板中单击【日期】选项，然后在打开的【插入日期】对话框中设置日期和时间格式，并单击【确定】按钮即可。

【例 3-3】 使用 Dreamweaver 2020 在网页中插入日期和时间。 视频

(1) 打开素材网页后，将鼠标指针置于页面中合适的位置，然后单击【插入】面板中的【日期】选项，打开【插入日期】对话框，设置星期、日期和时间格式后，选中【储存时自动更新】复选框，设置在每次打开网页时自动更新当前的日期和时间，如图 3-14 所示。

(2) 在对话框中单击【确定】按钮，网页中将插入如图 3-15 所示的日期和时间。

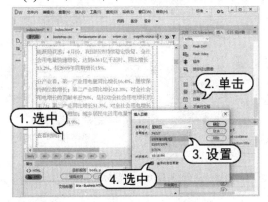
图 3-14 插入日期和时间

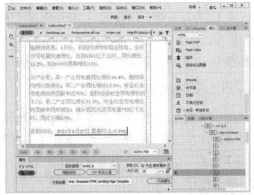
图 3-15 页面中插入可自动更新的日期和时间

在完成上例的操作后，如果需要重新修改页面中插入的日期和时间格式，可以在选中日期和时间对象后，在"日期"【属性】面板中单击【编辑日期格式】按钮，重新打开【插入日期】对话框进行设置。

3.2   在网页中设置段落

在设计网页的过程中，除了在网页中添加文本以及进行相应的属性设置以外，对文本进行段落设置也是非常有必要的。在文本中对段落和标题进行设置，会让网页浏览者在浏览网页时觉得文本内容更加清晰、有条理，从而使网页能够正确、高效地传递其想要让人了解的信息。

3.2.1   为文本设置段落

网页中的段落是通过为一段文本添加段落标记(即增加段落标签<p>)实现的，有了段落标记就可以构成完整的段落结构。在网页文档中为文本设置段落，可以采用以下两种方法。

▽ 方法一：将插入点定位到需要设置段落格式的文本位置，选择【插入】|【段落】命令即可。

▽ 方法二：选中需要设置段落格式的文本后，在【属性】面板左侧单击 HTML 按钮，切换到 HTML 分类【属性】面板中，在【格式】下拉列表中选择【段落】选项。

3.2.2   将文本设置为标题

在 HTML 语言规范中定义了 6 种大小标题的文本样式，默认情况下从大到小分别是 h1~h6。在 Dreamweaver 中要将一段文本设置为标题，用户可以采用以下两种方法之一。

1. 通过【属性】面板设置标题文本

选中需要设置标题的文本或将插入点定位到需要设置标题文本所在的行，在【属性】面板左侧单击 HTML 按钮，切换到 HTML 分类【属性】面板中，在【格式】下拉列表中选择需要设置的标题号(标题1~标题6)即可，如图3-16所示。

2. 通过菜单命令设置标题文本

选中需要设置标题的文本或将插入点定位到需要设置标题的文本所在的行，选择【插入】|【标题】命令，在弹出的子菜单中选择需要设置的标题号即可。

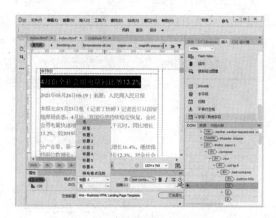

图 3-16   设置标题文本

3.2.3　设置空格和段落缩进

在网页文档中，空格和缩进也是网页设计中文本格式操作的重要组成部分，在 Dreamweaver 2020 中实现文本的空格插入和段落缩进的调整与其他文本处理软件也有所不同，下面将分别进行介绍。

1. 设置插入空格

Dreamweaver 2020 不支持通过按 Space(空格)键在同一位置插入多个空格。因此，想要在同一位置连续插入多个空格必须使用 Shift+Ctrl+Space 组合键或通过插入"不换行空格"符号 ⬆️实现，这实际上是在目标位置插入多个 " " 符号代码。并且空格也被归为特殊符号一类，因此可使用插入特殊符号的方法插入空格，这里就不再阐述其操作方法。

2. 设置段落缩进

与其他文字处理软件不同，Dreamweaver 2020 中的缩进是左右两端缩进的，并且每一级缩进的距离是固定的，要想实现类似 Word 中的段落文本缩进效果，需要通过其他方法来实现。Dreamweaver 2020 中的段落缩进包括增加段落缩进和减少段落缩进两种，下面将分别进行介绍。

　　增加段落缩进：在网页文档中选择需要设置段落缩进的文本，在【属性】面板的左侧单击 HTML 按钮，切换到 HTML 分类【属性】面板中，单击【内缩区块】按钮 ≝，即可增加所选文本的段落缩进。

▽　减少段落缩进：在网页中选择需要设置段落缩进的文本，在 HTML 分类【属性】面板中单击【删除内缩区块】按钮 ≝，即可减少所选文本的段落缩进。

此外，调整缩进还可以通过快捷键来实现，增加段落缩进的快捷键为 Ctrl+Alt+]，减少段落缩进的快捷键为 Ctrl+Alt+[。

3.2.4　编辑文本列表

列表常用于为文档设置自动编号、项目符号等格式信息。列表分为以下两类。

　　项目列表：这类列表的项目符号是相同的，并且各列表项之间是平行的关系。

　　编号列表：这类列表的项目符号是按顺序排列的数字编号，并且各列表项之间是顺序排列的关系。

此外，列表项可以多层嵌套，使用列表可以实现复杂的结构层次效果。下面将对以上两类列表的设置与编辑方法进行介绍。

1. 项目列表

在 Dreamweaver 中创建项目列表的方法很简单，只需将插入点定位到需创建项目列表的位置，在【属性】面板中单击【项目列表】按钮 ≔或选择【编辑】|【列表】|【项目列表】命令，即可在插入点的位置显示项目符号，然后依次输入项目列表文本，并按 Enter 键进行换行，

即可创建出并列的项目列表文本，如图 3-17 所示。

在网页中创建项目列表后，还可以通过选择【编辑】|【列表】|【属性】命令，打开【列表属性】对话框，对项目列表的列表类型、样式等进行设置，如图 3-18 所示。

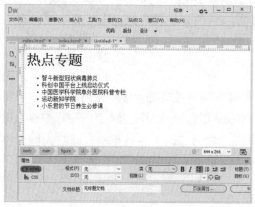

图 3-17 添加项目列表

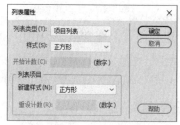

图 3-18 设置项目列表属性

在【列表属性】对话框中主要选项的功能说明如下。

▽ 【列表类型】下拉按钮：单击该下拉按钮后，在弹出的下拉列表中为用户提供了 4 种选项，分别为【项目列表】【编号列表】【目录列表】和【菜单列表】，通过选择不同的选项，可改变列表的类型。其中，【目录列表】和【菜单列表】只能在较低的版本中起作用。如果选择【项目列表】选项，则【样式】和【新建样式】下拉按钮可用，而选择【编号列表】选项，则列表类型将被转换为有序列表，此时该对话框中所有的选项都可使用。

▽ 【样式】下拉按钮：单击该下拉按钮后，在弹出的下拉列表中，样式会根据【列表类型】下拉列表中选择的选项而改变。如果选择【项目列表】选项，则该下拉列表中将包括 3 种样式，分别为【默认(圆点)】【项目符号】和【正方形】；如果选择【编号列表】选项，则包括 6 种选项，分别为【默认】【数字(1,2,3,…)】【小写罗马字母(ⅰ,ⅱ,…)】【大写罗马字母(Ⅰ,Ⅱ, …)】【小写字母(a,b,c,…)】和【大写字母(A,B,C,…)】。

▽ 【开始计数】文本框：主要用于编号列表项目，在文本框中输入任意一个数字，确定编号列表是从几开始的。

▽ 【新建样式】下拉按钮：单击该下拉按钮后，弹出的下拉列表中的选项与【样式】下拉列表中的选项相同。如果在该下拉列表中选择一个列表样式，则在该页面中创建列表时，将会自动地运用该样式，而不会使用默认的列表样式。

▽ 【重设计数】文本框：该文本框的作用与【开始计数】文本框的使用方法相同。如果在【重设计数】文本框中设置一个值，则在页面中创建的编号列表，将会从设置的数字开始有序地进行排列。

在网页中除了可以使用【列表属性】对话框设置列表样式以外，还可以通过 CSS 样式对相关列表的相关属性进行设置。

2. 编号列表

利用 Dreamweaver 2020 在网页中创建编号列表可以使页面中的文本更加清晰、有条理。在默认设置中,编号列表前的项目符号是以数字进行有序排列的。在网页文档中创建编号列表的方法与创建项目列表的方法基本类似,都可以通过【属性】面板和菜单栏命令进行创建。下面将分别进行介绍。

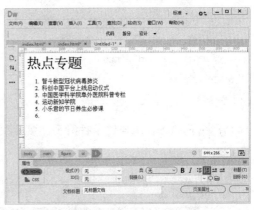

通过【属性】面板创建编号列表:将插入点定位在页面中需要创建编号列表的位置,在【属性】面板中单击【编号列表】按钮,则会在插入点的位置出现数字编号,此时输入文本,按 Enter 键,然后依次输入文本即可,如图 3-19 所示。

通过菜单栏命令创建编号列表:将插入点定位到需要创建编号列表的位置,选择【编辑】|【列表】|【有序列表】命令,则会在插入点的位置出现数字编号,此时输入文本,按下 Enter 键,依次输入文本即可。

图 3-19 添加编号列表

3.3 实例演练

本章介绍了设计网页文本的基本操作,下面的实例演练将通过实例操作指导用户使用 Dreamweaver 2020 在网页中制作带拼音标注的文本。

【例 3-4】 应用拼音/音标注释与块引用标签,制作带拼音标注的文本效果。 🎬视频

(1) 启动 Dreamweaver 2020 后,按下 Ctrl+N 组合键创建空白网页,然后在"设计"视图中输入如图 3-20 所示的两段文本。

(2) 选中第一段文本,按下 Ctrl+F3 组合键显示【属性】面板,然后设置【格式】为"标题 5",如图 3-21 所示。

图 3-20 输入网页文本

图 3-21 设置文本标题格式

计算机基础与实训教材系列

(3) 选中第二段文本，在【属性】面板中单击 CSS，切换至 CSS【属性】面板，将文本的【大小】设置为 26px，【字体】设置为【方正粗宋简体】，如图 3-22 所示。

(4) 切换至"代码"视图，添加<ruby></ruby>标签如下。

```
<p style="font-size: 26px; font-family: '方正粗宋简体';">
<ruby>
    中<rp>(</rp><rt>zhōng</rt><rp>)</rp>
    国<rp>(</rp><rt>guó</rt><rp>)</rp>
    力<rp>(</rp><rt>lì</rt><rp>)</rp>
    量<rp>(</rp><rt>liàng</rt><rp>)</rp>
</ruby>
</p>
```

(5) 按下 Ctrl+S 组合键保存网页，然后按下 F12 键预览网页，效果如图 3-23 所示。

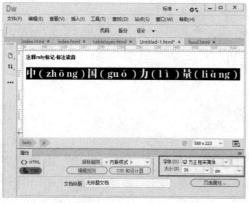

图 3-22　设置文本大小和字体

图 3-23　网页效果

3.4　习题

1. 在网页文本中插入空格有哪些方法？
2. 如何快速设置文本段落缩进？
3. 除了使用【列表属性】对话框以外，还有什么方法可以设置列表？
4. 在网页中如何实现列表的嵌套？

第4章

使用图像和多媒体文件

图像和多媒体文件都是网页中最主要也是最常用的元素。其中，图像在网页中往往具有画龙点睛的作用，能够装饰网页，表达网页设计者个人的情调和风格。而多媒体文件则可以使网页呈现出包含动画、视频和声音等效果，给浏览者带来更丰富的视觉、听觉体验。

本章将主要以实例的形式介绍使用 Dreamweaver 2020 在网页中插入图像，添加滚动文字，设置音频、视频及 Flash 文件的方法。

本章重点

- 添加网页图像
- 添加网页音频
- 添加网页视频
- 添加滚动文字

二维码教学视频

【例 4-1】 创建鼠标经过图像
【例 4-2】 添加网页背景图像
【例 4-3】 添加网页背景音乐
【例 4-4】 设置网页音乐循环播放
【例 4-5】 设置网页音乐自动播放
【例 4-6】 在网页中添加视频
【例 4-7】 设置视频自动播放
本章其他视频参见视频二维码列表

4.1 网页图像概述

图像是网页中最基本的元素之一，制作精美的图像可以大大增强网页的视觉效果。图像所蕴含的信息量对于网页而言显得更加重要。网页设计中，在网页中插入图像通常用于为网页添加图形界面或者制作具有视觉感染力的页面内容(如照片、背景等)。

4.1.1 网页支持的图像格式

在保持较高画质的同时尽量缩小图像文件的大小是图像文件应用在网页中的基本要求。符合这种条件的图像文件格式有 GIF、JPG/JPEG、PNG 等，如表 4-1 所示。

表 4-1   网页中常用的图像格式

格　式	说　明
GIF	相比 JPG/JPEG 或 PNG 格式，GIF 文件虽然相对较小，但这种格式的图片文件最多只能显示 256 种颜色。因此，很少用在照片等需要很多颜色的图像中，多用在菜单或图标等简单的图像中
JPG/JPEG	JPG/JPEG 格式的图片比 GIF 格式使用更多的颜色，因此适合于照片图像。这种格式适合保存用数码相机拍摄的照片、扫描的照片或是使用多种颜色的图片
PNG	JPG/JPEG 格式的图片在保存时由于压缩会损失一些图像信息，但用 PNG 格式保存的文件与原图像的质量几乎相同

注意：网页中图像的使用会受到网络传输速度的限制，为了减少下载时间，页面中的图像文件大小最好不要超过 100KB。

4.1.2 网页图像的路径

HTML 文档支持文字、图片、声音、视频等多媒体格式，在这些格式中，除了文本是写在 HTML 中的，其他都是嵌入式的，HTML 文档只记录这些文件的路径。这些多媒体信息能否正确显示，其路径至关重要。

路径的作用是定位一个文件的位置。文件的路径可以有两种表述方法，以当前文档为参照物表示文件的位置，即相对路径。以根目录为参照物表示文件的位置，即绝对路径。

为了方便介绍绝对路径和相对路径，下面以图 4-1 所示的站点目录结构为例。

图 4-1   站点的目录结构

1. 绝对路径

以图 4-1 为例，在 D 盘的 webs 目录下的 images 下有一个 tp.jpg 图像，那么它的路径就是 D:\webs\images\tp.jpg，像这种完整地描述文件位置的路径就是绝对路径。如果将图片文件 tp.jpg 插入网页 index.html 中，绝对路径的表示方式为：D:\webs\images\tp.jpg。

如果使用了绝对路径 D:\webs\images\ tp.jpg 进行图片链接，那么网页在本地计算机中将正常显示，因为在 D:\webs\images 文件夹中确实存在 tp.jpg 图片文件。但如果将文档上传到网站服务器，就不会正常显示了。因为服务器给用户划分的图片存放空间可能在其自身的其他文件夹中，也可能在 E 盘的文件夹中。为了保证图片的正常显示，必须从 webs 文件夹开始，将图片文件和保存图片文件的文件夹放到服务器或其他计算机的 D 盘根目录中。

通过上面的介绍读者会发现，如果链接的资源在本站点内，使用绝对路径对位置的要求非常严格。因此，链接站内的资源不建议采用绝对路径。但如果链接其他站点的资源，则必须使用绝对路径。

2. 相对路径

所谓相对路径，顾名思义就是以当前位置为参考点，自己相对于目标的位置。例如，在 index.html 中链接图片文件 tp.jpg 就可以使用相对路径。index.html 和 tp.jpg 图片的路径根据图 4-1 所示的目录结构图可以定位为：从 index.html 位置出发，它和 images 属于同级，路径是通的，因此可以定位到 images，images 的下级就是 tp.jpg。使用相对路径表示图片的方式为：images/tp.jpg。

使用相对路径，不论将这些文件放到哪里，只要 tp.jpg 和 index.html 文件的相对关系没有变，就不会出错。

在相对路径中，".."表示上一级目录，"../.."表示上级的上级目录，以此类推。例如，将 tp.jpg 图片插入 a1.html 文件中，使用相对路径的表示方式为：../images/tp.jpg。

通过上面内容的介绍读者会发现，路径分隔符使用了"/"和"\"两种，其中"\"表示本地分隔符，"/"表示网络分隔符。因为网站制作好后肯定是在网络上运行的，因此要求使用"/"作为路径分隔符。

有的读者可能会有这样的疑惑：一个网站有许多链接，怎么能保证它们的链接都正确，如果修改了图片或网页的存储路径，是不是会造成代码的混乱？此时，如果使用 Dreamweaver 的站点管理功能，不但可以将绝对路径自动转换为相对路径，而且在站点中改动文件路径时，与这些文件相关联的路径也会自动更改。

4.2　在网页中插入图像

图像是网页中重要的元素之一。本节将介绍在 Dreamweaver 2020 中插入图像、设置属性、编辑图像的方法。

4.2.1　插入并设置图像

在 Dreamweaver 2020 中，用户可以在网页文档中插入图像，并通过图像【属性】面板设置

计算机基础与实训教材系列

图像的属性，如高度、宽度、ID、链接等。

1. 插入图像

在 Dreamweaver 中插入图像的方法有两种，一种是通过执行【插入】| Image 命令，另一种是通过在【插入】面板中单击 Image 按钮。下面将分别进行介绍。

▽ 通过菜单命令插入图像：将插入点定位到目标位置，然后选择【插入】| Image 命令，或按下 Ctrl+Alt+I 组合键。

通过【插入】面板插入图像：将插入点定位到目标位置，选择【窗口】|【插入】命令，显示【插入】面板，然后单击该面板中的 Image 按钮。

无论采用以上哪种方法，都会打开【选择图像源文件】对话框，在该对话框中选择一个图像文件，然后单击【确定】按钮，即可将图像插入网页中，如图 4-2 所示。

图 4-2　在网页中插入图像

2. 设置图像属性

在网页中插入图像后，Dreamweaver 2020 将自动打开如图 4-3 所示的图像【属性】面板，用户可以在其中对当前选中的图像属性进行设置。

图 4-3　图像【属性】面板

图像【属性】面板中主要选项的功能说明如下。

▽ ID 文本框：用于为图像对象设置 ID 编号。

▽ Src(源文件)文本框：用于设置图像文件的 URL 地址，如果使用网络图片，直接复制该网络图片的完整 URL 地址到该文本框中即可。

【指向文件】按钮⊕：当有多个文档被打开，且这些文档对应的窗口都处于层叠或平铺状态时，在其中某一个文档中选中图像，然后按住该按钮不放，拖动到其他文档对象上可以快速为对象设置图像"源文件"。

▽ 【浏览文件】按钮🗀：单击该按钮可以打开【选择图像源文件】对话框，在其中可以选择图像源文件。

【链接】文本框：在该文本框中可以输入图像的链接 URL 地址，如单击图像时链接的网页文件、图像等。

【替换】文本框：用于设置图像文件的替换文本内容，它是在鼠标指向该图像时的提示信息，如果图像载入失败，该信息将替代图像显示。

【类】下拉按钮：在 Dreamweaver 2020 中，该下拉按钮位于 Src 文本框的右侧，单击该下拉按钮，在弹出的下拉列表中可以选择定义好的 CSS 样式或者重命名和附加样式表。

图像编辑按钮 ：包括【编辑】按钮 、【编辑图像设置】按钮 、【从源文件更新】按钮 、【裁剪】按钮 、【重新取样】按钮 、【亮度和对比度】按钮 和【锐化】按钮 ，这些按钮用于对图像的效果进行编辑。

【宽】和【高】文本框：用于设置图像的宽度和高度，默认情况下其单位为 px(像素)。

【地图】文本框和热点工具按钮 ：【地图】文本框用于创建热点集，热点工具按钮则用于创建和选择热点区域。

【目标】下拉按钮：单击该下拉按钮，在弹出的下拉列表中可以选择图像链接文件显示的目标位置。

【原始】文本框：用于设置图像的原始文件，设置后会在该文本框中显示原始文件的 URL 地址。

4.2.2　插入并设置图像占位符

图像占位符可以理解为替换图像文件的对象，当用户插入网页的并不是具体的图像文件或真实的图像 URL 地址时，可以先设置一个占位符来占取一定页面空间，以便下一步使用。

1. 添加图像占位符

在 Dreamweaver 2020 中没有专门设置插入图像占位符的相关命令，要在页面中添加一个图像占位符，可以将插入点置于页面中合适的位置后，插入一个图像文件，通过在图像【属性】面板中设置其宽度和高度，然后删除 Src 文本框中的内容并按下 Enter 键即可，如图 4-4 所示。

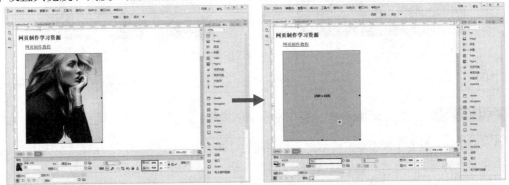

图 4-4　创建图像占位符

2. 设置图像占位符

在页面中添加图像占位符后，可根据具体的网页设计需求对其进行相应的属性设置。选中页面中的图像占位符，将显示如图 4-5 所示的占位符【属性】面板。

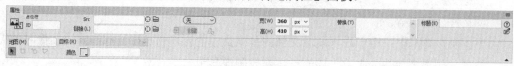

图 4-5　占位符【属性】面板

占位符【属性】面板中主要选项的功能说明如下。

▽ ID 文本框：该文本框的作用与图像【属性】面板中的 ID 文本框的作用相同。

▽ Src(源文件)文本框：用于设置网页打开时，所浏览到的原始图像文件。在该文本框中会显示图像文件的 URL 地址。

【链接】文本框：与图像【属性】面板中的【链接】文本框的作用相同。

▽ 【替换】文本框：用于设置占位符替换文本，当浏览网页时，若没有显示占位符则将以替换文本进行显示。

▽ 【颜色】文本框：用于显示设置的图像占位符背景颜色的属性值，单击该文本框左侧的□按钮，将弹出颜色选择器。

▽ 【宽】和【高】文本框：用于设置图像占位符的宽度和高度，其单位默认为 px(像素)。

4.2.3　插入鼠标经过图像

浏览网页时经常会看到当光标移到某个图像上方后，原图像变换为另一个图像，如图 4-6 所示，而当光标离开后又返回原图像的效果。根据光标移动来切换图像的这种效果称为鼠标经过图像效果，而应用这种效果的图像称为鼠标经过图像。在很多网页中为了进一步强调菜单或图像，经常使用鼠标经过图像效果。

图 4-6　鼠标经过图像效果

下面将通过一个实例，介绍使用 Dreamweaver 在网页中创建鼠标经过图像的具体方法。

【例 4-1】　使用 Dreamweaver 2020 在网页中创建效果如图 4-6 所示的鼠标经过图像。🎬视频

(1) 将鼠标指针置于网页中需要创建鼠标经过图像的位置。按下 Ctrl+F2 组合键显示【插入】面板，单击其中的【鼠标经过图像】按钮，如图 4-7 所示。

(2) 打开【插入鼠标经过图像】对话框，单击【原始图像】文本框右侧的【浏览】按钮，如图 4-8 所示。

(3) 打开【原始图像】对话框，选择一张图像作为网页打开时显示的图像，如图 4-9 所示。

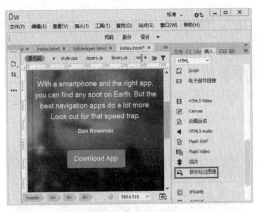

图 4-7　【插入】面板　　　　　　　　　　图 4-8　【插入鼠标经过图像】对话框

(4) 单击【确定】按钮，返回【插入鼠标经过图像】对话框，单击【鼠标经过图像】文本框右侧的【浏览】按钮。

(5) 打开【鼠标经过图像】对话框，选择一张图像，作为当鼠标指针移到图像上方时显示的替换图像，如图 4-10 所示，单击【确定】按钮。

P3.jpg

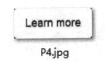

P4.jpg

图 4-9　原始图像　　　　　　　　　　　　图 4-10　鼠标经过图像

(6) 返回【插入鼠标经过图像】对话框，单击【确定】按钮，即可创建鼠标经过图像。按下 F12 键，在打开的提示对话框中单击【是】按钮，保存并预览网页，可查看网页中鼠标经过图像的效果。

图 4-8 所示的【插入鼠标经过图像】对话框中各选项的功能说明如下。

【图像名称】文本框：用于指定鼠标经过图像的名称，在不是由 JavaScript 等控制图像的情况下，可以使用软件自动赋予的默认图像名称。

【原始图像】文本框：用于指定网页中基本显示的图像。

【鼠标经过图像】文本框：用于指定鼠标光标移到图像上方时所显示的替换图像。

【替换文本】文本框：用于指定鼠标光标移到图像上时显示的文本。

【按下时，前往的 URL】文本框：用于指定单击替换图像时所移到的网页地址或文件名称。

网页中的鼠标经过图像实质是通过 JavaScript 脚本完成的，在<head>标签中添加的代码由 Dreamweaver 软件自动生成，分别定义了 MM_swapImgRestore()、MM_swapImage() 和 MM_preloadImages()这 3 个函数。

4.2.4　添加网页背景图像

在网页中插入图像时，可以根据需要将一些图像设置为网页背景。GIF 和 JPG 文件均可用作 HTML 背景。如果图像小于页面，图像会在页面中重复显示，具体方法如下。

【例 4-2】 使用 Dreamweaver 2020 在网页中添加背景图像。 ⊙ 视频

(1) 打开网页后，在【属性】面板中单击【页面设置】按钮，在打开的【页面属性】对话框中单击【背景图像】文本框右侧的【浏览】按钮，如图 4-11 所示。

(2) 打开【选择图像源文件】对话框，选择图像文件，单击【确定】按钮。返回【页面属性】对话框，单击【应用】和【确定】按钮，即可为网页添加背景图像，效果如图 4-12 所示。

图 4-11　【页面属性】对话框

图 4-12　网页背景图像效果

4.3　在网页中添加音频和视频

除了文本和图像以外，网页中经常添加和使用的元素还有音频和视频。这些对象可以增强网页的视听效果，使网页看起来更加丰富多彩。

4.3.1　添加网页音频

目前，大多数音频是通过插件来播放的，如常见的播放插件为 Flash。这就是为什么用户在使用浏览器播放音乐时，常常需要安装 Flash 插件的原因。但并不是所有的浏览器都拥有同样的插件。为此，和 HTML 4.0 相比，HTML5 新增了<audio>标签，规定了一种包含音频的标准方法。

<audio>标签主要用于定义播放声音文件或者音频流的标准。它支持 3 种音频格式，分别为 ogg、mp3 和 wav。如果需要在 HTML5 网页中播放音频，输入的基本格式如下：

```
<audio src="song.mp3" controls="controls">
</audio>
```

其中，src 属性表示要播放的音频的地址，controls 属性用于添加播放、暂停和音量控件。另外，<audio>与</audio>之间插入的内容是供不支持 audio 元素的浏览器显示的。

<audio>标签的常见属性及说明如表 4-2 所示，另外可以通过<source>标签为<audio>标签添加多个音频文件，具体如下：

```
<audio controls="controls">
<source src="m1.ogg" type="audio/ogg">
```

```
<source src="m2.mp3" type="audio/mpeg">
</audio>
```

表 4-2　<audio>标签的常见属性描述

属　　性	值	说　　明
autoplay	autoplay(自动播放)	如果使用该属性，则音频在就绪后马上播放
	controls(控制)	如果使用该属性，则向用户显示控件，如【播放】按钮
	loop(循环)	如果使用该属性，则当音频结束时重新开始播放
	preload(加载)	如果使用该属性，则音频在页面加载时进行加载，并准备播放。如果使用 autoplay 属性，则忽略该属性
	url(地址)	要播放的音频的 URL 地址
autobuffer	autobuffer(自动缓冲)	在网页显示时，该属性表示是由用户代理(浏览器)自动进行内容缓冲，还是由用户使用相关 API 进行内容缓冲

下面将通过实例操作，详细介绍使用 Dreamweaver 2020 为网页添加音频文件的具体方法。

1．添加网页背景音乐

在本节的前面介绍了网页音频标签<audio>的相关知识。在 Dreamweaver 中，要为网页添加<audio>标签，可以通过执行菜单栏中的【插入】|HTML|HTML5 Audio 命令(或单击【插入】面板中的 HTML5 Audio 选项)来实现，具体方法如下。

【例 4-3】　使用 Dreamweaver 2020 为网页添加背景音乐。 视频

(1) 将鼠标指针置于设计视图中，选择【插入】|HTML|HTML5 Audio 命令(或单击【插入】面板中的 HTML5 Audio 选项)，在代码视图中插入<audio>标签，然后为<audio>标签添加 src 属性："<audio src="">"，在 Dreamweaver 提示中选择【浏览】选项，如图 4-13 所示。

(2) 打开【选择文件】对话框，选择背景音乐文件后，单击【确定】按钮，如图 4-14 所示。

图 4-13　为<audio>标签添加 src

图 4-14　【选择文件】对话框

(3) 在<audio>标签中输入文本"您的浏览器不支持 audio 标签"，设置当浏览器不支持<audio>标签时，以文字方式向浏览者给出提示，如图 4-15 所示。

(4) 按下 F12 键预览网页，可在打开的浏览器中看到所加载的音频播放控制条，如图 4-16 所示。

图 4-15　设置音频无法播放时的提示文字

图 4-16　网页背景音乐的播放控制条

2. 设置音乐循环播放

在<audio>标签中使用 loop 属性可以设置当音频结束后将重新开始播放(如果设置该属性，则音频将循环播放)。其语法格式如下:

```
<audio loop="loop"/>
```

在 Dreamweaver 2020 中，用户可以通过音频【属性】面板，实现 loop 属性的快速设置，具体方法如下。

【例 4-4】　设置网页中的背景音乐循环播放。　视频

(1) 继续例 4-3 的操作，在设计视图内选中页面中添加的音频图标后，将显示图 4-17 所示的【属性】面板，在该面板中选中【Loop】复选框，在代码视图中为<audio>标签设置 loop 属性(loop="loop")。

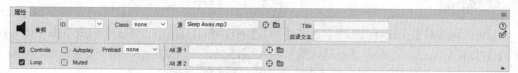

图 4-17　音频【属性】面板

(2) 按下 F12 键预览网页，可以看到所加载的音频控制条并听到加载的音频，当音频播放结束后，将循环播放。

3. 设置音乐自动播放

在<audio>标签中使用 autoplay 属性，可以设置一旦网页中的音频就绪马上开始播放。其语法格式如下:

```
<audio autoplay="autoplay"/>
```

【例 4-5】　设置网页中的背景音乐自动播放。　视频

(1) 继续例 4-3 的操作，在设计视图内选中页面中添加的音频图标后，在图 4-17 所示的【属性】面板中选中【Autoplay】复选框，在代码视图中为<audio>标签设置 autoplay 属性(autoplay="autoplay")。

(2) 按下 F12 键预览网页，当网页被浏览器加载时将自动播放其中的音乐文件。

4.3.2　添加网页视频

与音频文件播放方式一样，大多数视频文件在网页上也是通过插件来播放的，如常见的播放插件为 Flash。由于不是所有浏览器都拥有同样的插件，因此就需要一种统一的播放视频的标准方法。为此，和 HTML 4.0 相比，HTML5 新增了<video>标签。

<video>标签主要是定义播放视频文件或视频流的标准。它支持 3 种视频格式，分别为 Ogg、WebM 和 MPEG4。在 HTML5 网页中播放视频的基本代码格式如下：

```
<video src="m2.mp4" controls="controls">
</video>
```

<video>标签的常见属性及说明如表 4-3 所示。

表 4-3　<video>标签的常见属性及说明

属　　性	值	说　　明
autoplay	autoplay	如果使用该属性，则视频在就绪后马上播放
controls	controls	如果使用该属性，则向用户显示控件，如【播放】按钮
	loop	如果使用该属性，则当视频播放结束时重新开始播放
	preload	如果使用该属性，则视频在页面加载时进行加载，并准备播放。如果使用 autoplay 属性，则忽略该属性
	url	要播放的视频的 URL 地址
width	宽度值	设置视频播放器的宽度
height	高度值	设置视频播放器的高度
poster	url	当视频未响应或缓冲不足时，该属性值链接到一个图像。该图像将以一定比例进行显示

通过表 4-3 可以看出，用户可以自定义网页中视频文件显示的大小。例如，如果想让视频以 320 像素×240 像素大小显示，可以加入 width 和 height 属性。其格式如下：

```
<video width="320" height="240" controls src="music.mp4">
</video>
```

另外，可以通过 source 属性为<video>标签添加多个视频文件。其格式如下：

```
<video controls="controls">
<source src="a.ogg" type="video/ogg">
<source src="b.mp4" type="video/mp4">
</video>
```

计算机基础与实训教材系列

1. 在网页中添加视频

使用 Dreamweaver 2020 在网页中添加视频的方法与设置网页背景音乐的方法类似。下面将通过一个实例来介绍。

【例 4-6】 使用 Dreamweaver 2020 在网页中添加视频。 🎬视频

(1) 将鼠标指针置于设计视图中，选择【插入】|HTML|HTML5 Video 命令，在代码视图中插入<video>标签。在设计视图内选中页面中添加的视频图标后，选中【属性】面板中的【Controls】复选框为网页中的视频显示播放控件，如图 4-18 所示。

(2) 在代码视图中使用<source>标签链接不同的视频文件，如图 4-19 所示(浏览器会自己选择一种可以识别的格式)。

图 4-18　设置视频显示播放控件

图 4-19　设置链接不同的视频文件

(3) 在<source>标签后输入文本"您的浏览器不支持 video 标签"，设置当浏览器不支持<video>标签时，以文字方式向浏览者给出提示，如图 4-20 所示。

(4) 按下 F12 键在浏览器中预览网页，在打开的浏览器窗口中可以看到加载的视频播放界面，如图 4-21 所示。单击其中的【播放】按钮即可播放视频。

图 4-20　设置视频播放失败时的提示文本

图 4-21　网页中的视频效果

2. 设置网页视频自动播放

在<video>标签中使用 autoplay 属性，可以设置一旦网页中的视频就绪马上开始播放。其语法格式如下：

```
<video autoplay="autoplay"/>
```

【例 4-7】 设置网页中的视频文件在网页被加载时自动播放。 视频

(1) 继续例 4-6 的操作，在设计视图内选中页面中添加的视频图标后，在【属性】面板中选中【Autoplay】复选框，如图 4-22 所示。

图 4-22　音频【属性】面板

此时，在代码视图中将为<video>标签设置 autoplay 属性(autoplay="autoplay"):

```
<video controls="controls" autoplay="autoplay" >
    <source src="video/video.ogg" type="video/ogg">
    <source src="video/video.mp4" type="video/mp4">
您的浏览器不支持 video 标签
</video>
```

(2) 按下 F12 键预览网页，当网页被浏览器加载时将自动播放其中的视频文件。

此外，用户也可以使用 JavaScript 脚本来控制媒体的播放，例如:

　　load(): 可以加载音频或者视频文件。

▽　play(): 可以加载并播放音频或视频文件，除非已经暂停，否则默认从头开始播放。

　　pause(): 暂停处于播放状态的音频或视频文件。

　　canPlayType(type): 检测<video>标签是否支持给定的 MIME 类型的文件。

【例 4-8】 使用 JavaScript 脚本设置通过鼠标移动来控制视频的播放和暂停。 视频

(1) 继续例 4-6 的操作，在设计视图中选中视频图标，取消【属性】面板中的【Controls】复选框的选中状态，然后在代码视图中的<video>标签中添加以下代码:

```
<video id="movies" onMouseMove="this.play()" onMouseOut="this.pause()" autobuffer="true">
    <source src="video/video.ogg" type="video/ogg">
    <source src="video/video.mp4" type="video/mp4">
您的浏览器不支持 video 标签
</video>
```

(2) 按下 F12 键预览网页，当鼠标指针放置在网页中的视频窗口上时，浏览器将播放网页中的视频。当鼠标指针离开视频窗口时，视频将停止播放。

3. 设置网页视频循环播放

在<video>标签中使用 loop 属性可以规定当视频播放结束后将重新开始播放(如果设置了该属性，则视频将循环播放)。其语法格式如下:

```
<video loop="loop"/>
```

【例 4-9】 设置网页中的视频文件在网页加载后循环播放。 视频

(1) 继续例 4-6 的操作,在设计视图内选中页面中添加的视频图标后,在【属性】面板中选中【Loop】复选框,在代码视图中为<video>标签设置 loop 属性(loop="loop"):

```
<video controls="controls" autoplay="autoplay" loop="loop">
    <source src="video/video.ogg" type="video/ogg">
    <source src="video/video.mp4" type="video/mp4">
您的浏览器不支持 video 标签
</video>
```

(2) 按下 F12 键预览网页,当页面中的视频播放结束后,将循环播放。

4. 设置网页视频静音播放

在<video>标签中使用 muted 属性,可以设置在网页中播放视频时不播放视频的声音。其语法格式如下:

```
<video muted="muted"/>
```

【例 4-10】 设置网页中的视频静音播放。 视频

(1) 继续例 4-6 的操作,在设计视图内选中页面中添加的视频图标后,在【属性】面板中选中【Muted】复选框,在代码视图中为<video>标签设置 muted 属性(muted="muted"):

```
<video controls="controls" muted="muted" >
    <source src="video/video.ogg" type="video/ogg">
    <source src="video/video.mp4" type="video/mp4">
您的浏览器不支持 video 标签
</video>
```

(2) 按下 F12 键预览网页,当浏览者播放页面中的视频时,视频将不播放声音。

5. 设置视频窗口的高度和宽度

在网页中添加视频后,如果没有设置视频的高度和宽度,在页面加载时会为视频预留出空间,使页面的整体布局发生变化。在HTML5中视频的高度和宽度分别通过height和width属性来设置,其语法格式如下:

```
<video width="value" height="value"/>
```

【例 4-11】 在 Dreamweaver 2020 中设置页面中视频窗口的高度和宽度。 视频

(1) 继续例 4-6 的操作,在设计视图中选中视频图标后,在【属性】面板的 W 文本框中输入"300",设置视频窗口的宽度为 300 像素;在 H 文本框中输入"200",设置视频窗口的高度为 200 像素,如图

4-23 所示。

(2) 按下 F12 键预览网页，浏览器中的视频窗口大小如图 4-24 所示。

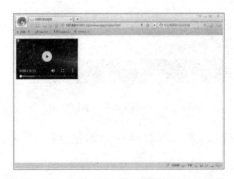

图 4-23 设置视频窗口的高度和宽度 　　　图 4-24 调整后的视频的宽度和高度效果

4.4 在网页中添加插件

<embed>标签是 HTML5 新增的标签。该标签定义嵌入的内容(比如插件)，其格式如下：

```
<embed src="url">
```

<embed>标签的常见属性及说明如表 4-4 所示。

表 4-4 <embed>标签的常见属性及说明

属 性	值	说 明
height	pixels	设置嵌入内容的高度
src	url	嵌入内容的 URL
type	type	定义嵌入内容的类型
width	pixels	设置嵌入内容的宽度

在 Dreamweaver 2020 中，用户可以参考以下实例，在网页中添加插件(<embed>标签)。

【例 4-12】 使用 Dreamweaver 在网页中添加一个用于播放视频的插件。 视频

(1) 将鼠标指针置于设计视图中，选择【插入】| HTML |【插件】命令(或单击【插入】面板中的【插件】选项)，打开【选择文件】对话框，选择一个多媒体文件(音频或视频)，然后单击【确定】按钮，如图 4-25 所示，在网页中插入一个插件。

(2) 在设计视图内选中网页中的插件，在【属性】面板的【宽】和【高】文本框中设置插件的宽度和高度，如图 4-26 所示。

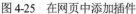

图 4-25　在网页中添加插件

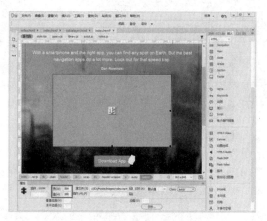

图 4-26　设置插件的宽度和高度

(3) 按下 F12 键，即可在浏览器中预览网页中的视频。

4.5　在网页中使用 SWF 文件

在网页源代码中用于插入 Flash 动画的标签有两个，分别是<object>标签和<param>标签。其中<object>标签最初是 Microsoft 用来支持 ActiveX applet 的，但不久后，Microsoft 又添加了对 JavaScript、Flash 的支持。<object>标签的常用属性及说明如表 4-5 所示。

表 4-5　<object>标签的常用属性及说明

属　　性	说　　明
classid	指定包含对象的位置
codebase	提供一个可选的 URL，浏览器从这个 URL 中获取对象
width	指定对象的宽度
height	指定对象的高度

<param>标签将参数传递给嵌入的对象，这些参数是 Flash 对象正常工作所必需的，<param>标签的属性及说明如表 4-6 所示。

表 4-6　<param>标签的属性及说明

属　　性	说　　明
name	参数的名称
value	参数的值

在 Dreamweaver 中，还使用了以下 JavaScript 脚本来保证在任何版本的浏览器平台下，Flash 动画都能正常显示。

```
<script src="Scripts/swfobject_modified.js"></script>
```

在页面的正文中，使用了以下 JavaScript 脚本实现了对脚本的调用。

```
<script type="text/javascript">
swfobject.registerObject("FlashID");
</script>
```

这里需要注意的是：如果要在浏览器中观看 Flash 动画，需要安装 Adobe Flash Player 播放器，该播放器可以通过 Adobe 官方网站下载。

下面通过实例来介绍在网页中使用 SWF 文件的具体操作方法。

【例 4-13】 使用 Dreamweaver 2020 在网页中添加一个 SWF 文件。 视频

(1) 按下 Ctrl+N 组合键新建一个空白网页文档，选择【插入】|HTML|Flash SWF 命令(或单击【插入】面板中的 Flash SWF 选项)，在打开的提示对话框中单击【确定】按钮，将所创建的网页文件保存。

(2) 打开【选择 SWF】对话框，选择一个 SWF 文件后，单击【确定】按钮，如图 4-27 所示。

(3) 在打开的【对象标签辅助功能属性】对话框中单击【确定】按钮，如图 4-28 所示。

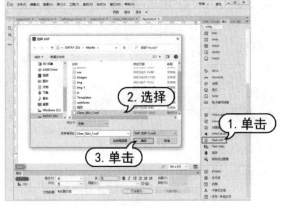

图 4-27　在网页中添加 SWF 文件　　　　图 4-28　【对象标签辅助功能属性】对话框

(4) 此时，将在设计视图中插入一个 Flash SWF 图标，选中该图标后，用户可以在 SWF【属性】面板中设置其循环播放、自动播放、宽度、高度、对齐方式、垂直边距、水平边距、品质和比例等参数，如图 4-29 所示。

图 4-29　SWF【属性】面板

同时，在代码视图中将生成以下代码:

```
<object id="FlashID" classid="clsid:D27CDB6E-AE6D-11cf-96B8-444553540000" width="550"
height="400">
    <param name="movie" value="Clear_Skin_1.swf" />
    <param name="quality" value="high" />
```

```
  <param name="wmode" value="opaque" />
  <param name="swfversion" value="6.0.65.0" />
  <param name="expressinstall" value="Scripts/expressInstall.swf" />
  <!-- 下一个对象标签用于非 IE 浏览器。所以使用 IECC 将其从 IE 隐藏。 -->
  <!--[if !IE]>-->
  <object type="application/x-shockwave-flash" data="Flash.swf" width="550" height="400">
    <!--<![endif]-->
    <param name="quality" value="high" />
    <param name="wmode" value="opaque" />
    <param name="swfversion" value="6.0.65.0" />
    <param name="expressinstall" value="Scripts/expressInstall.swf" />
    <!-- 浏览器将以下替代内容显示给使用 Flash Player 6.0 和更低版本的用户。 -->
    <div>
      <h4>此页面上的内容需要较新版本的 Adobe Flash Player。</h4>
      <p><a href="http://www.adobe.com/go/getflashplayer"><img src="http://www.adobe.com/images/
shared/download_buttons/get_flash_player.gif" alt="获取 Adobe Flash Player" width="112" height="33" />
</a></p>
    </div>
    <!--[if !IE]>-->
  </object>
  <!--<![endif]-->
</object>
```

(5) 按下 F12 键，即可在打开的网页中播放 Flash SWF 文件。

4.6 在网页中使用 FLV 文件

　　FLV 是 Flash Video 的简称，FLV 流媒体格式是随着 Flash MX 的推出发展而来的视频格式。FLV 文件并不是 Flash 动画。它的出现是为了解决 Flash 以前对连续视频只能使用 JPEG 图像进行帧内压缩，并且压缩效率低，文件很大，不适合视频存储的弊端。FLV 文件采用帧间压缩的方法，可以有效地缩小文件大小，并保证视频的质量。

　　在 Dreamweaver 2020 中选择【插入】|HTML|Flash Video 命令，可以打开如图 4-30 所示的【插入 FLV】对话框，设置在网页中插入 FLV 文件。在【插入 FLV】对话框中单击【视频类型】下拉按钮，用户可以从弹出的下拉列表中选择【累进式下载视频】和【流视频】两个选项将 FLV 文件传送给网页浏览者。

　　▽ 累进式下载视频：将 FLV 文件下载到网页浏览者的计算机硬盘中，然后进行播放。但与常见的"下载并播放"视频传送方法不同，累进式下载允许在下载完成之前就开始播放视频文件。

流视频：对视频内容进行流式处理，并在一段可确保流畅播放的很短的缓冲时间后在网页上播放视频。若要在网页上启用流视频，网页浏览者必须具有访问 Adobe Flash Media Server 的权限。

图 4-30　【插入 FLV】对话框

【例 4-14】 使用 Dreamweaver 2020 在网页中添加累进式下载视频。 视频

(1) 将鼠标指针置于设计视图中，选择【插入】|HTML|Flash Video 命令(或单击【插入】面板中的 Flash Video 选项)，打开【插入 FLV】对话框，单击【视频类型】下拉按钮，从弹出的下拉列表中选择【累进式下载视频】选项，然后单击 URL 文本框右侧的【浏览】按钮，打开【选择 FLV】对话框，选择一个 FLV 文件，单击【确定】按钮。

(2) 返回【插入 FLV】对话框，单击【确定】按钮，即可在网页中插入一个 FLV 文件。选中该 FLV 文件，在【属性】面板的 W 和 H 文本框中均输入 800，设置网页中 FLV 视频文件的高度和宽度都为 800 像素，如图 4-31 所示。

(3) 按下 F12 键预览网页，在视频播放窗口的左下角将显示如图 4-32 所示的控制条，通过该控制条，浏览者可以控制 FLV 视频的播放、暂停和停止。

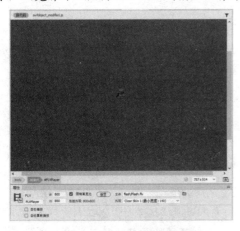 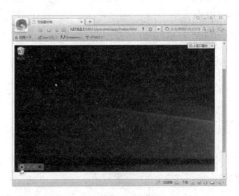

图 4-31　设置 FLV【属性】面板　　　　　　图 4-32　控制视频播放

计算机基础与实训教材系列

4.7　在网页中添加滚动文字

网页中的多媒体元素一般包括动态文字、动态图像、声音以及动画等，其中在 HTML 中最容易实现的就是在网页中反复显示滚动文字。

1. 通过<marquee>标签添加滚动文字

在 HTML 中使用<marquee>标签可以将文字设置为动态滚动的效果。其语法格式如下：

<marquee>滚动文字</marquee>

【例 4-15】 演示在网页中添加一段滚动文字。 ◎视频

(1) 在设计视图中输入一段文字后，在代码视图中使用<marquee>标签将文字包括于其中，即可创建一段滚动文字，如图 4-33 所示。

(2) 按下 F12 键在浏览器中预览网页，可以看出滚动文字在未设置宽度时，在网页中独占一行显示，如图 4-34 所示。

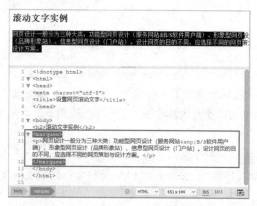

图 4-33　使用<marquee>标签设置滚动文字

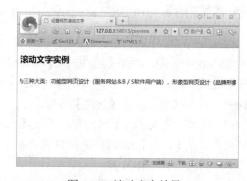

图 4-34　滚动文字效果

2. 应用滚动方向属性

<marquee>标签的 direction 属性用于设置内容的滚动方向，属性值有 left、right、up、down，分别代表向左、向右、向上、向下，其中向左滚动 left 的效果与图 4-34 所示的默认文字滚动效果相同，而向上滚动的文字则常常出现在网站的公告栏中。

direction 属性的语法格式如下：

<marquee direction="滚动方向">滚动文字</marquee>

【例 4-16】 设置滚动文字的滚动方向。 ◎视频

(1) 在图 4-33 所示的代码视图中分别为 4 段文本设置不同的滚动方向，如图 4-35 所示。

(2) 按下 F12 键预览网页，网页中的第一行文字向左不停地循环运行，第二行文字向右不停地循环运行，第三行文字向上不停地循环运行，第四行文字向下不停地循环运行，如图 4-36 所示。

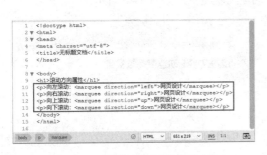
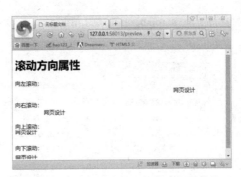

图 4-35   为文本设置不同的滚动方向   图 4-36   不同滚动方向的滚动文字效果

3. 应用滚动方式属性

<marquee>标签的 behavior 属性用于设置滚动文本的滚动方式,默认参数值为 scroll,即循环滚动,当其值为 alternate 时,内容将来回循环滚动。当其值为 slide 时,内容滚动一次即停止,不会循环。

behavior 属性的语法格式如下:

```
<marquee behavior="滚动方式">滚动文字</marquee>
```

【例 4-17】 设置滚动文字的滚动方式。 视频

(1) 在图 4-33 所示的代码视图中分别为 3 段文本设置不同的滚动方式,如图 4-37 所示。

(2) 按下 F12 键在浏览器中预览网页,其中第一行文字不停地循环滚动;第二行文字则在第一次到达浏览器边缘时就停止滚动;第三行文字则在滚动到浏览器左侧边缘后开始反方向滚动,如图 4-38 所示。

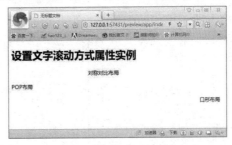

图 4-37   为文本设置不同的滚动方式   图 4-38   不同滚动方式的滚动文字效果

4. 应用滚动速度属性

在网页中设置滚动文字时,有时需要文字滚动得慢一些,有时则需要文字滚动得快一些。使用<marquee>标签的 scrollamount 属性可以调整滚动文字的滚动速度,其语法格式如下:

```
<marquee scrollamount="滚动速度">滚动文字</marquee>
```

【例 4-18】 设置滚动文字的滚动速度。 视频

(1) 在图 4-33 所示的代码视图中分别为 3 段文本设置不同的滚动速度,如图 4-39 所示。

(2) 按下 F12 键在浏览器中预览网页,可以看到页面中的 3 行文字同时开始滚动,但是速度不

一样，设置的 scrollamount 属性值越大，滚动文字的速度就越快，如图 4-40 所示。

```
1  <!doctype html>
2  <html>
3  <head>
4  <meta charset="utf-8">
5  <title>无标题文档</title>
6  </head>
7
8  <body>
9  <h1>设置文字滚动速度属性实例
10 </h1>
11 <p><marquee scrollamount="5">滚动速度为5的文字</marquee></p>
12 <p><marquee scrollamount="10">滚动速度为10的文字</marquee></p>
13 <p><marquee scrollamount="50">滚动速度为50的文字</marquee></p>
14 </body>
15 </html>
16
```

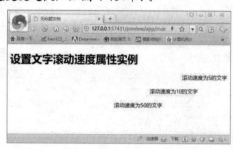

图 4-39　为文本设置不同的滚动速度　　　　图 4-40　不同滚动速度的文本在网页中的效果

5. 应用滚动延迟属性

<marquee>标签的 scrolldelay 属性用于设置内容滚动的时间间隔，其语法格式如下：

<marquee scrolldelay="时间间隔">滚动文字</marquee>

scrolldelay 属性的时间单位是毫秒，也就是千分之一秒。这一时间间隔如果设置得比较长，会造成滚动文字走走停停的效果。另外，如果将 scrolldelay 属性与 scrollamount 属性结合使用，效果会更明显。

【例 4-19】 设置滚动文字的滚动延迟时间。 视频

(1) 在图 4-33 所示的代码视图中分别为 3 段文本设置不同的滚动延迟间隔，如图 4-41 所示。

(2) 按下 F12 键在浏览器中预览网页，其中第一行文字设置的延迟较小，因此滚动显示时速度较快，最后一行文字设置的延迟较大，因此滚动显示时速度较慢，效果如图 4-42 所示。

图 4-41　为文本设置不同的滚动延迟间隔　　　　图 4-42　文本滚动延迟间隔效果

6. 应用滚动循环属性

在网页中设置滚动文字后，在默认情况下文字会不断循环显示。如果用户需要让文字在滚动几次后停止，可以使用 loop 参数来进行设置。其语法格式如下：

<marquee loop="循环次数">滚动文字</marquee>

【例 4-20】设置滚动文字的滚动循环次数。　视频

(1) 在网页中创建滚动文字后，在代码视图的<marquee>标签中添加 loop 属性，并将属性值设置为 3，如图 4-43 所示。

(2) 按下 F12 键在浏览器中预览网页，当页面中的文字循环滚动 3 次之后，滚动文字将不再出现，如图 4-44 所示。

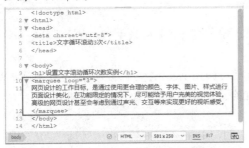

图 4-43　设置滚动文本循环次数为 3

图 4-44　文本滚动 3 次将停止

7. 应用滚动范围属性

如果不设置滚动文字的背景面积，在默认情况下水平滚动的文字背景与文字一样高、与浏览器窗口一样宽。使用<marquee>标签的 width 和 height 属性可以调整其水平和垂直范围。其语法格式如下：

```
<marquee width=背景宽度 height=背景高度>滚动文字</marquee>
```

这里设置的 width 和 height 属性值的单位均为像素。

8. 应用滚动背景颜色属性

<marquee>标签的 bgcolor 属性用于设置滚动文字内容的背景颜色(类似于<body>标签的背景色设置)。其语法格式如下：

```
<marquee bgcolor="颜色代码">滚动文字</marquee>
```

【例 4-21】设置滚动文字的范围和背景颜色。　视频

(1) 在代码视图的<marquee>标签中添加 width、height 和 bgcolor 属性，如图 4-45 所示。

(2) 按下 F12 键在浏览器中预览网页，页面中滚动文字的效果如图 4-46 所示。

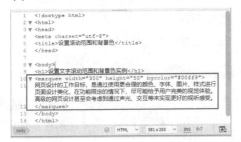

图 4-45　设置滚动文字的范围和背景色

图 4-46　文本效果

4.8 实例演练

本章介绍了使用 Dreamweaver 2020 在网页中插入图像与多媒体文件的方法。下面的实例演练将通过介绍制作图文混排网页和音乐播放按钮,帮助读者巩固所学的知识。

【例 4-22】 制作一个图文混排网页。 视频

(1) 创建一个空白网页,在设计视图中输入文本,并在【属性】面板中为文本设置标题和段落格式,如图 4-47 所示。

(2) 将鼠标指针置于页面中的文本之前,选择【插入】|Image 命令,在打开的【选择图像源文件】对话框中选择一个图片文件,单击【确定】按钮,在网页中插入图片,效果如图 4-48 所示。

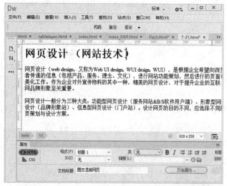

图 4-47 输入网页文本并设置格式

图 4-48 插入图片

(3) 选中网页中插入的图片,单击【属性】面板中的【切换尺寸约束】按钮🔓,将其状态设置为🔒,然后在【宽】文本框中输入"300",如图 4-49 所示。此时,Dreamweaver 将自动为图片设置高度。

图 4-49 图片【属性】面板

(4) 在代码视图的<img>标签中添加 align 属性(align="left"),设置图片在水平方向靠左对齐,如图 4-50 所示。

```
<img src="images/BJ.jpg" width="300" height="325" alt="" align="left"/>
```

(5) 在<img>标签中添加 hspace 属性(hspace="20"),设置图片的外边框。

```
<img src="images/BJ.jpg" width="300" height="325" alt="" align="left" hspace="20" />
```

(6) 选择【文件】|【页面属性】命令,打开【页面属性】对话框,在【分类】列表框中选择【外观(HTML)】选项,单击【背景图像】文本框右侧的【浏览】按钮,打开【选择图像源文件】对话框,选择一个图片文件作为网页的背景图像,单击【确定】按钮。

(7) 返回【页面属性】对话框，单击【确定】按钮，如图 4-51 所示，为网页设置背景图像。

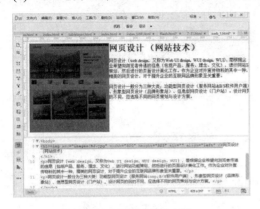

图 4-50　设置图片靠左对齐　　　　　　　　图 4-51　设置网页背景图像

(8) 最后，按下 F12 键在浏览器中预览网页，效果如图 4-52 所示。

图 4-52　预览网页效果

【例 4-23】在网页中制作一个音乐播放按钮。

(1) 打开素材网页后，将鼠标指针置于网页中合适的位置，选择【插入】| HTML | HTML5 Audio 命令，在网页中插入一个<audio>标签。

(2) 在设计视图内选中页面中插入的<audio>标签，在【属性】面板中取消 Controls 复选框的选中状态，在 ID 文本框中输入"music"，如图 4-53 所示。

(3) 单击【属性】面板中【源】文本框右侧的【浏览】按钮，在打开的对话框中选择一个音频文件，并单击【确定】按钮。

(4) 将鼠标指针置于网页中的文本 "Hello Welcome To Music Event" 之后，在代码视图中创建一个具有切换功能的按钮，以脚本的方式控制音频的播放，该按钮在初始化时会提示用户单击它播放音频。每次单击该按钮时，都会触发 toggleSound()函数：

```
<button id="toggle" onClick="toggleSound()">播放</button>
```

(5) 在</button>标签之后添加以下代码，设置 toggleSound()函数首先访问 DOM 中的 audio 元素和 button 元素：

```
<script type="text/javascript">
```

```
function toggleSound(){
    var music = document.getElementById("music");
    var toggle = document.getElementById("toggle");
    if (music.paused) {
        music.play();
        toggle.innerHTML ="暂停";
    }
        }
```

(6) 通过访问 audio 元素的 paused 属性，可以检测到用户是否已经暂停播放音频。如果音频还没有开始播放，那么 paused 属性的默认值为 true，这种情况在用户第一次单击按钮时会遇到。此时，需要调用 play()函数播放音频，同时修改按钮上的文字，提示再次单击就会暂停:

```
else {
    music.pause();
    toggle.innerHTML = "播放";
```

(7) 按下 F12 键预览网页，单击页面中的【播放】按钮即可播放音乐，如图 4-54 所示。在播放音乐时，按钮上显示"暂停"文本，单击【暂停】按钮将停止播放音乐。

图 4-53　设置<audio>标签属性

图 4-54　音乐播放按钮效果

4.9　习题

1. 练习制作一个游戏宣传网页，在网页中插入图片、文本，并添加.swf 格式的 Flash 文件作为网页的内容宣传片头，在网页中间部分插入一个.avi 格式的游戏视频，并利用 CSS 对页面进行相应的修饰。

2. 如何使用插件在网页中添加背景音乐？

3. 如何设置网页中播放器界面的大小？

第5章

定义网页链接

当网页制作完成后，需要在页面中创建链接，使网页能够与网络中的其他页面建立联系。链接是一个网站的"灵魂"，网页设计者不仅要知道如何创建页面之间的链接，更应了解链接地址的真正含义。

➡ 本章重点

- ◉ 超链接的类型与路径
- ◉ 创建文本与图像链接
- ◉ 应用图像热点链接
- ◉ 创建浮动框架

➡ 二维码教学视频

【例 5-1】 创建图像链接
【例 5-2】 创建锚记链接
【例 5-3】 创建浮动框架
【例 5-4】 创建文本和图像热点链接
【例 5-5】 制作百度搜索引擎仿真页面

5.1 认识超链接

超链接是网页中重要的组成部分,其本质上属于一个网页的一部分,它是一种允许网页访问者与其他网页或站点之间进行连接的元素。各个网页链接在一起后,才能真正构成一个网站。

5.1.1 超链接的类型

超链接与 URL,以及网页文件的存放路径是紧密相关的。URL 可以简单地称为网址,顾名思义,就是 Internet 文件在网上的地址。定义超链接其实就是指定一个 URL 地址来访问它所指向的 Internet 资源。URL 是指使用数字和字母按一定顺序排列来确定的 Internet 地址,由访问方法、服务器名称、端口号,以及文档位置组成(格式为"access-method://server-name: port/document-location")。在 Dreamweaver 中,用户可以创建下列几种类型的链接。

▽ 页间链接:用于跳转到其他文档或文件,如图形、电影、PDF 或声音文件等。

▽ 页内链接:也称为锚记链接,用于跳转到本站点指定文档的位置。

▽ E-mail 链接:用于启动电子邮件程序,允许用户书写电子邮件并发送到指定地址。

▽ 空链接及脚本链接:用于附加行为至对象或创建一个执行 JavaScript 代码的链接。

5.1.2 超链接的路径

从作为链接起点的文档到作为链接目标的文档之间的文件路径,对于创建链接至关重要。一般来说,链接路径可以分为绝对路径和相对路径两类。

1. 绝对路径

绝对路径是指包括服务器协议在内的完全路径,示例代码如下:

```
http://www.xdchiang/dreamweaver/index.htm
```

使用绝对路径与链接的源端点无关,只要目标站点地址不变,无论文档在站点中如何移动,都可以正常实现跳转而不会发生错误。如果需要链接当前站点之外的网页或网站,就必须使用绝对路径。

需要注意的是,绝对路径链接方式不利于测试。如果在站点中使用绝对路径地址,要想测试链接是否有效,就必须在 Internet 服务器端进行。此外,采用绝对路径不利于站点的移植。例如,一个较为重要的站点,可能会在几个服务器上创建镜像,同一个文档也就有几个不同的网址,要将文档在这些站点之间移植,必须对站点中的每个使用绝对路径的链接一一进行修改,这样才能达到预期目的。

2. 相对路径

相对路径包括根相对路径和文档相对路径两种。

根相对路径：使用 Dreamweaver 制作网页时，需要选定一个文件夹来定义一个本地站点，模拟服务器上的根文件夹，系统会根据这个文件夹来确定所有链接的本地文件位置，而根相对路径中的根就是指这个文件夹。

▽ 文档相对路径：文档相对路径就是指包含当前文档的文件夹，也就是以当前网页所在文件夹为基础来计算的路径。文档相对路径(也称相对根目录)的路径以"/"开头。路径从当前站点的根目录开始计算(例如，在 C 盘的 Web 目录下建立的名为"Web"的站点，这时/index.html 路径为 C:\Web\index.html。文档相对路径适用于链接内容频繁更换环境中的文件，这样即使站点中的文件被移动了，链接仍可以生效，但是仅限于在该站点中)。

5.2　创建超链接

创建超链接所使用的 HTML 标签是<a></a>，在 Dreamweaver 2020 中用户可以创建文本、图像、邮件等多种类型的超链接，下面将分别进行介绍。

5.2.1　创建文本链接

在制作网页时，为了实现跳转到与文本相关内容的页面，往往需要为文本添加链接(即文本链接)。在 Dreamweaver 2020 中，创建文本链接的方法主要有以下几种。

1. 通过菜单命令添加超链接

在 Dreamweaver 2020 中将插入点定位到需要添加超链接的位置，然后选择【插入】|HTML | Hyperlink 命令，打开 Hyperlink 对话框，设置链接文本、链接地址、目标以及标题等，完成设置后，单击【确定】按钮即可在插入点添加超链接(带下画线的文本)，如图 5-1 所示。

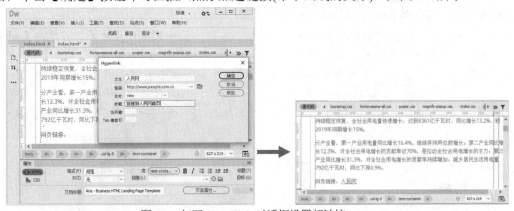

图 5-1　打开 Hyperlink 对话框设置超链接

2. 通过插入按钮添加超链接

将插入点定位到页面中合适的位置后，选择【窗口】|【插入】命令，打开【插入】面板，然后单击该面板中的 Hyperlink 按钮，也可以打开图 5-1 左图所示的 Hyperlink 对话框，在其中设置超链接的各项属性后，单击【确定】按钮即可在网页中添加包含超链接的文本。

计算机基础与实训教材系列

在图 5-1 左图所示的 Hyperlink 对话框中，各参数的功能说明如下。

▽ 【文本】文本框：用于设置超链接的文本内容，即供访问者单击的文本内容。

▽ 【链接】文本框：用于设置超链接目标的 URL 地址，该 URL 地址可以是绝对地址也可以是相对地址。

▽ 【目标】下拉按钮：用于设置目标网页的打开方式。

▽ 【标题】文本框：用于设置链接文本的提示信息，即当鼠标指向超链接时以注释方式显示的提示内容。

▽ 【访问键】文本框：用于设置快速定位到该链接的快捷键(按下 Alt+访问键可快速定位到该链接上)。

【Tab 键索引】文本框：用于设置 Tab 键的索引顺序。

3. 为现有文本添加超链接

用户可以根据制作网页的实际需求对已经存在的文本添加超链接。在网页中选中一段文本后，在【属性】面板中单击 HTML 按钮，切换到 HTML 分类【属性】面板，在【链接】文本框中输入超链接地址，然后按下 Enter 键即可为选中的文本添加超链接，如图 5-2 所示。

5.2.2 创建图像链接

在网页中浏览内容时，若将鼠标移到图像上，鼠标指针变成了手状，单击后会打开一个网页，这样的链接就是图像链接。

【例 5-1】 使用 Dreamweaver 2020 在网页中创建一个图像链接。 视频

(1) 打开素材网页后，选中网页中的一个图像，在【属性】面板的【链接】文本框中输入图片的链接网址，然后单击【目标】下拉按钮，从弹出的下拉列表中选择 new 选项，设置图片链接将在新的浏览器窗口中被打开，如图 5-3 所示。

(2) 按下 Ctrl+S 组合键保存网页，按下 F12 键，在浏览器中预览网页效果。若单击页面中的图片，将打开一个新窗口访问链接网页。

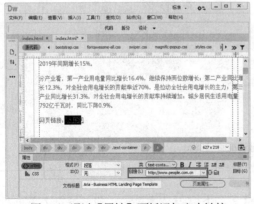

图 5-2　通过【属性】面板添加文本链接

图 5-3　创建图像链接

5.2.3　应用热点链接

所谓热点链接，指的是将网页中的一个图像划分为若干个区域，访问者在浏览网页时，单击图像上不同的区域会链接到不同的目标页面。

1. 热点链接的分类

在 Dreamweaver 中，可以将热点分为"矩形热点""圆形热点"和"多边形热点"3 种样式，用户在制作热点链接时，可根据原始图像选择适合的热点样式进行链接。

　　矩形热点和圆形热点：矩形热点和圆形热点都是规则形状的热点，其绘制方式相对简单，选中图片后在【属性】面板中单击【矩形热点工具】按钮□或【圆形热点工具】按钮○，然后在图片上拖动鼠标即可，如图 5-4 所示。

　　多边形热点：多边形热点是一种比较复杂的热点形状，在【属性】面板中单击【多边形热点工具】按钮▽后，需要通过确定多个顶点来构成一个完整的多边形热点，如图 5-5 所示。

图 5-4　圆形和矩形热点区域　　　　　图 5-5　多边形热点区域

2. 绘制热点区域

在网页中绘制热点区域，必须是在已经存在的一幅图像上进行绘制。绘制热点的方法很简单，只需选择要绘制热点的图像，在【属性】面板的【地图】文本框中输入热点名称，然后在下方选择一种热点样式，当鼠标光标变为十字形状时，在图像的某个区域中按住鼠标左键拖动绘制热点，绘制完成后释放鼠标，即可完成热点区域的绘制。

图像【属性】面板中热点工具的功能说明如下。

　　【指针热点工具】按钮▶：主要用于切换热点操作类型，完成绘制热点的操作后，单击该按钮即可退出绘制状态，此时可以对已绘制的热点进行形状和尺寸的调整。

　　【矩形热点工具】按钮□：用于在图像上绘制矩形热点区域。

　　【圆形热点工具】按钮○：用于在图像上绘制圆形热点区域，该工具不能绘制椭圆形的热点区域。

　　【多边形热点工具】按钮▽：用于在图像上绘制多边形热点区域，在 Dreamweaver 2020 中，对多边形热点区域的顶点个数不限制。

计算机基础与实训教材系列

3. 设置热点属性

绘制热点区域的最终目的是在图像区域中添加超链接，因为如果离开了超链接的设置，热点区域也就没有了任何意义。所以，在绘制热点区域后，在显示的热点【属性】面板的【链接】文本框中输入 URL 地址，即可完成热点链接的设置。此外，在热点【属性】面板中还可以对热点区域的属性进行设置，如图 5-6 所示。

图 5-6 热点【属性】面板

下面介绍热点【属性】面板中各属性项的功能。

▽ 【地图】文本框：用于为某个图像地图(热点)设置一个唯一的名称。

▽ 【链接】文本框：用于设置链接目标的 URL 地址。

▽ 【目标】下拉列表：用于设置目标对象的打开方式，即当用户单击该热点区域时，设定的超链接地址如何打开。

▽ 【替换】文本框：用于设置替换文本的内容，即当用户的鼠标指向该热点区域时出现的提示信息。

热点区域的属性设置针对的可以是单个热点，也可以是多个热点，当需要对多个热点的属性进行设置时，可以按住 Shift 键不放并使用【指针热点工具】选中同一地图中的多个热点。

4. 热点右键功能

在图像上绘制热点后，可直接将其选中，右击鼠标，在弹出的快捷菜单中不仅包括所有热点属性面板中的设置，还可以设置热点对齐方式等，如图 5-7 所示。热点右击功能一般用于操作图像中的多个热点，如果是针对单个热点，则在弹出的快捷菜单中只有热点【属性】面板中的属性功能。

下面对图 5-7 所示的快捷菜单中的各命令进行简单介绍。

▽ 【链接】【目标】和【替换】命令：对应热点【属性】面板中的各功能。

▽ 对齐命令：使用各种对齐命令可以快速将多个选中的热点区域设置左对齐、右对齐、顶对齐和对齐下缘。

▽ 顺序命令：用于对多个热点的层叠顺序进行设置。

▽ 大小命令：用于统一多个热点的宽度和高度。

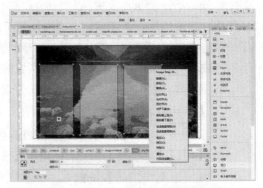

图 5-7 热点快捷菜单

5.2.4 创建电子邮件链接

电子邮件链接是指目标地址是电子邮件地址的超链接，单击这种超链接后将启动当前系统中

默认的电子邮件收发软件，并新建一封以该邮件地址为收件人的新邮件。在 Dreamweaver 2020
中添加电子邮件链接的方法很多，下面将介绍几种常用的方法。

1. 通过菜单命令添加电子邮件链接

将插入点定位到需要添加电子邮件链接的位置或选择要添加电子邮件链接的文本，选择
【插入】| HTML |【电子邮件链接】命令，打开【电子邮件链接】对话框，分别在【文本】文
本框和【电子邮件】文本框中进行设置，单击【确定】按钮可完成电子邮件超链接的添加，如
图 5-8 所示。

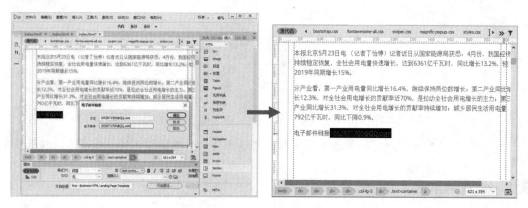

图 5-8　创建电子邮件链接

2. 通过【插入】面板添加电子邮件链接

将插入点定位到需要添加电子邮件链接的位置，在【插入】面板中单击【电子邮件链接】按
钮，打开图 5-8 左图所示的【电子邮件链接】对话框进行设置，然后单击【确定】按钮即可。

3. 通过【属性】面板添加电子邮件链接

选择需要添加电子邮件链接的文本，在【属性】面板的【链接】文本框中输入具体的电子邮
件地址即可(输入电子邮件地址时，需要在电子邮件地址前输入 mailto:)。该方法主要为已经存在
的文本添加电子邮件链接。

5.2.5　添加锚记

在网页中，锚记用于实现相同页面和其他页面之间的跳转，但在实际应用中多用于在相同页
面返回顶点或在相同页面中快速定位内容，由于不会向服务器端提交请求，因此锚记在跳转时不
会造成页面刷新。锚记由锚点和锚点链接文本(或图像)组成，在网页中添加锚记需要分两个步骤
进行操作，第一步操作是"命名锚记"操作，第二步则是插入指向该锚点的超链接文本或图像。
下面通过一个实例来介绍添加锚记的具体方法。

【例 5-2】 使用 Dreamweaver 2020 在网页中创建能够返回网页顶部的锚记。

(1) 将插入点置于网页顶部，切换至拆分视图，在代码视图中添加<a>标签：

```
<a name="# "></a>
```

(2) 此时，在设计视图中将显示一个锚点，选中该锚点，在【属性】面板的【名称】文本框中输入"顶部"，命名锚记，如图5-9所示。

(3) 将插入点置于网页底部，输入文本"返回顶部"并选中该文本，在【属性】面板的【链接】文本框中输入"#顶部"创建指向锚点的链接，如图5-10所示。

图5-9　命名锚记

图5-10　创建指向锚点的链接

(4) 按下F12键预览网页，单击页面底部的【返回顶部】链接即可使页面快速跳转至顶部。

5.2.6　创建脚本链接和空链接

网页中的脚本链接和空链接是特殊的链接。脚本链接的目标不是一个URL地址，而是用于指向JavaScript脚本程序或调用JavaScript函数的代码，而"空链接"顾名思义就是未指定URL的超链接，空链接主要用于向页面上的对象或文本附加行为。下面将分别介绍脚本链接和空链接的创建方法。

1. 创建脚本链接

脚本链接能够在不离开当前网页的情况下实现许多附加功能，另外它还可以在访问者单击特定项时，执行计算、验证表单和完成其他处理任务。在网页中添加脚本链接的方法：选择需要添加脚本链接的文本，在【属性】面板的【链接】文本框中输入JavaScript代码，例如：

```
javascript:alert('敬请期待')
```

预览网页后，单击链接即可执行JavaScript代码，如图5-11所示。

图5-11　在页面中添加脚本链接

在设计视图中创建脚本链接后，可以切换到代码视图查看添加脚本链接的代码，需要注意的是，输入脚本代码时其中的标点符号必须是英文符号，否则会出现不想要的结果。以上 JavaScript 代码中的"alert"的作用是弹出提示对话框。

2. 创建空链接

在网页中可向空链接附加一个行为，如当鼠标滑过该链接时会交换图像或显示绝对定位的元素(AP 元素)。在网页中添加空链接的方法与添加其他超链接的方法相同，选中需要添加空链接的文本后，在【属性】面板的【链接】文本框中输入"#"即可。

5.3　使用浮动框架

在设计网页时应用浮动框架不仅可以使浏览者自由控制浏览器窗口的大小，还能够配合表格随意地在网页中的任何位置插入窗口。实际上，浮动框架就是在窗口中再创建一个窗口。

下面通过一个实例介绍使用 Dreamweaver 2020 创建浮动框架的方法。

【例 5-3】使用 Dreamweaver 2020 在网页中使用浮动框架。 🎬视频

(1) 选择【窗口】|【插入】命令，显示【插入】面板，然后在该面板中单击 IFRAME 选项，在网页中插入一个如图 5-12 所示的浮动框架。

(2) 在代码视图中为浮动框架设置对象的路径：

```
<iframe src="http://www.baidu.com"></iframe>
```

(3) 按下 F12 键，使用浏览器预览网页，效果如图 5-13 所示。

图 5-12　在网页中插入浮动框架

图 5-13　网页中的浮动框架效果

在默认情况下，浮动框架的尺寸为 220 像素×120 像素。如果需要调整浮动框架的大小，可以使用 CSS 样式。例如，要修改例 5-3 中创建的浮动框架的尺寸，可以在<head>标签部分增加以下代码：

```
    <style>
iframe{
    width: 1200px;
```

计算机基础与实训教材系列

```
    height: 800px;
    border: none;
}
<style>
```

5.4　实例演练

下面的实例演练将通过实例操作帮助用户巩固本章所学的知识。

【例5-4】　在手机功能介绍网页中创建文本和图像热点链接。　视频

(1) 打开网页后，在设计视图中编辑网页中的文本，如图5-14所示。

(2) 选中网页中的文本"About Our App"，按下Ctrl+F3组合键，在打开的【属性】面板的【链接】文本框后单击【浏览】按钮，如图5-15所示。

图5-14　在网页中输入文本

图5-15　单击【浏览】按钮

(3) 打开【选择文件】对话框，选择"About Our App.html"文件后，单击【确定】按钮，如图5-16所示。

(4) 使用同样的方法，为文本"App's Features"和"App Screens"设置文本链接。

(5) 选中页面中的图片，在【属性】面板中单击【矩形热点工具】按钮，创建如图5-17所示的矩形热点区域。

图5-16　【选择文件】对话框

图5-17　创建矩形热点区域

(6) 在热点【属性】面板中的【链接】文本框中输入 "https://www.apple.com.cn"，然后单击【目标】下拉按钮，从弹出的下拉列表中选择 new 选项，如图 5-18 所示。

图 5-18　设置热点链接

(7) 按下 Ctrl+S 组合键保存网页，然后按下 F12 键预览网页，单击页面中的文本链接将打开文本链接的本地网页文件，如图 5-19 所示。

图 5-19　预览网页并打开链接

(8) 单击图 5-19 左图中图片上的热点链接区域，将打开苹果公司首页。

【例 5-5】　使用 Dreamweaver 2020 制作一个百度搜索引擎仿真页面。📹视频

(1) 新建一个空白网页，然后将创建的网页以文件名 baidu.html 保存至当前站点的根目录中(将本例所用的素材文件也复制到站点根目录中)，并在代码视图中输入以下代码:

```
<!doctype html>
<html>
<head>
<meta charset="utf-8">
<title>百度搜索引擎首页</title>
</head>
<body>
    <p align="center"><a href="http://www.baidu.com">
        <img border="0" src="baidulogo.jpg" /></a></p>
    <p align="center">
        <a href="http://news.baidu.com" name="tj_news">新 闻</a>
    <b>网 页</b>
        <a href="http://tieba.baidu.com" name="tj_tieba">贴 吧</a>
        <a href="http://zhidao.baidu.com" name="tj_zhidao">知 道</a>
        <a href="http://music.baidu.com" name="tj_mp3">音 乐</a>
```

```
    <a href="http://image.baidu.com" name="tj_img">图 片</a>
    <a href="http://video.baidu.com" name="tj_video">视 频</a>
    <a href="http://map.baidu.com" name="tj_map">地 图</a>
</p>
<p align="center">
    <input type="text" size="60" name="">
    <input type="button" name="baidu" value="百度一下">
</p>
<p align="center">问题反馈请<a href="mailto:someone@baidu.com?"subject="问题反馈">发送邮件
</a></p>
</body>
</html>
```

(2) 此时，设计视图中网页的效果如图 5-20 所示。保存网页后，按下 F12 键在浏览器中预览网页，效果如图 5-21 所示。

图 5-20　网页设计效果

图 5-21　网页预览效果

(3) 单击页面中的【新闻】链接，将打开"百度新闻"页面；单击页面中的【贴吧】链接，将打开"百度贴吧"页面；单击页面中的【知道】链接，将打开"百度知道"页面；单击页面中的【图片】链接，将打开"百度图片"页面。

5.5　习题

1. 简述超链接和 URL 之间的关系。
2. 简述什么是锚记链接。
3. 简述空链接与锚记链接的关系。

第6章

使用HTML5构建网页

HTML5 是超文本语言 HTML 的第 5 次修订版。HTML5 全面升级了文档结构的标识元素，确保文档结构更加清晰、明确，容易阅读。本书的第 2 章曾介绍过 HTML 的常用标签以及使用 Dreamweaver 2020 编辑 HTML 代码的方法，本章将对这部分的内容进一步延伸，结合实例操作，介绍如何使用 HTML5 中新增的元素来设计页面。

本章重点

- HTML5 的文档结构
- HTML5 结构元素
- HTML5 全局属性
- HTML5 事件

二维码教学视频

【例 6-1】 编写 HTML5 文档
【例 6-2】 设计网络新闻展示板块
【例 6-3】 article 元素的嵌套使用
【例 6-4】 使用 article 元素表示使用插件

【例 6-5】设计将排行榜内容进行单独分隔
【例 6-6】演示 article 与 section 元素的区别
【例 6-7】演示 article 与 section 元素的混合使用

本章其他视频参见视频二维码列表

6.1 HTML5 概述

本书第 2 章曾介绍过，HTML 语言是用来描述网页的一种语言，是一种标记语言，而不是编程语言，HTML 是制作网页的基础语言，主要用于描述超文本中内容的显示方式。

HTML5 是用于取代于 1999 年制定的 HTML4.01 和 XHTML1.0 标准的 HTML 标准版本。HTML5 当前对多媒体的支持更强，其新增了以下功能。

▽ 语义化标签，使文档结构明确。

▽ 文档对象模型(DOM)。

▽ 实现了 2D 绘图的 Canvas 对象。

▽ 可控媒体播放。

▽ 离线存储。

▽ 文档编辑。

▽ 拖放。

▽ 跨文档消息。

▽ 浏览器历史管理。

▽ MIME 类型和协议注册。

HTML5 最大的优势是语法结构非常简单，它具有以下几个特点。

1．编写简单

HTML5 编写简单，即使是没有任何编程经验的用户，也可以轻易地使用 HTML5 来设计网页，只需要为文本加上一些标签即可。

2．标签数目有限

在 W3C 建议使用的 HTML5 规范中，所有控制标签都是固定且数目有限的。固定指的是控制标签的名称固定不变，且每个控制标签都已被定义过，其所提供的功能与相关属性的设置都是固定的。由于 HTML 中只能引用 Strict DTD、Transitional DTD 或 Frameset DTD 中的控制标签，且 HTML 并不允许网页设计者自行创建控制标签，因此控制标签的数目是有限的，设计者在充分了解每个控制标签的功能后，就可以开始设计网页了。

3．语法较弱

在 W3C 指定的 HTML5 规范中，对于 HTML5 在语法结构上的规格限制是比较松散的，如<HTML>、<Html>或<html>在浏览器中具有同样的功能，是不区分大小写的。另外，也没有严格要求每个控制标签都要有对应的结束标签，如<tr>就不一定需要结束标签</tr>。

HTML5 最基本的语法是<标签><标签>。标签通常都是成对使用，有一个开头标签和一个结束标签。结束标签只是在开头标签的前面加一个斜杠 "/"。当浏览器收到 HTML 文件后，就会解释里面的标签，然后把标签相对应的功能表达出来。

6.2　HTML5 文档结构

　　一个完整的 HTML5 文件包括标题、段落、列表、表格、绘制的图形及各种嵌入对象，这些对象统称为 HTML 元素。

　　一个 HTML5 文件的基本结构如下。

```
<!doctype html>
<html>
    <head>
        <meta charset="utf-8">
        <title>标题</title>
    </head>
    <body>
        <p>实例教程</p>
    </body>
</html>
```

　　以上代码中所用标签的说明如表 6-1 所示。

表 6-1　HTML5 文件基本结构中各标签的说明

标　签	说　明	标　签	说　明
<!doctype html>	文档类型声明	<title>	网页标题标签
<html>	主标签	<body>	主体内容标签
<head>	头部标签	<p>	段落标签
<meta>	元信息标签		

　　从上面的代码可以看出，在 HTML5 文件中，所有的标签都是成对使用的，开始标签为<>，结束标签为</>，在这两个标签中可以添加内容。

6.2.1　文档类型声明

　　<!doctype>类型声明必须位于 HTML5 文档的第一行，也就是位于<HTML>标签之前。该标签用于告诉浏览器文档所使用的 HTML 规范。<!doctype>声明不属于 HTML 标签；它是一条指令，用于告诉浏览器编写页面时所用标签的版本。

　　HTML5 对文档类型声明进行了简化，简单到 15 个字符就可以了，具体代码如下：

```
<!doctype html>
```

6.2.2　主标签

　　<html></html>说明当前页面使用 HTML 语言，使浏览器能够准确无误地解释、显示页面。

计算机基础与实训教材系列

HTML5 标签代表文档的开始。由于 HTML5 语法的松散特性，主标签可以省略，但是为了使之符合 Web 标准和文档的完整性，养成良好的编写习惯，建议不要省略主标签。

主标签以<html>开头，以</html>结尾，文档的所有内容书写在它们之间，语法格式如下：

```
<html>
…
</html>
```

6.2.3 头部标签

头部标签<head>用于说明文档头部的相关信息，一般包括标题信息、元信息、CSS 样式和脚本代码等。HTML 的头部信息以<head>开始，以</head>结束，语法格式如下：

```
<head>
…
</head>
```

<head>标签的作用范围是整篇文档，定义在 HTML 语言头部的内容往往不会在网页上直接显示。

1. 标题标签

HTML 页面的标题一般用来说明页面的用途，它显示在浏览器的标题栏中。在 HTML 文档中，标题信息设置在<head>与</head>之间。标题标签以<title>开始，以</title>结束，语法格式如下：

```
<title>
…
</title>
```

在标签中间的 "…" 就是标题的内容，它可以帮助用户更好地识别页面。预览网页时，设置的标题在浏览器的左上方标题栏中显示。此外，在 Windows 任务栏中显示的也是这个标题。

2. 元信息标签

元信息标签<meta>可以提供有关页面的元信息(meta-information)，比如针对搜索引擎和更新频度的描述和关键字。

<meta>标签位于文档的头部，不包含任何内容。<meta>标签的属性定义了与文档相关联的名称/值，<meta>标签提供的属性及取值说明如表 6-2 所示。

表 6-2　<meta>标签提供的属性及取值说明

属　　性	值	描　　述
charset	character encoding	定义文档的字符编码
content	some_text	定义与 http-equiv 或 name 属性相关的元信息

(续表)

属　性	值	描　述
http-equiv	content-type expires refresh set-cookie	把 content 属性关联到 HTTP 头部
name	author description keywords generator revised others	把 content 属性关联到一个名称

字符集(charset)属性

在 HTML5 中，有一个新的 charset 属性，它使字符集的定义更加容易。例如，下面的代码告诉浏览器，网页使用 utf-8 编码显示：

```
<meta charset="utf-8">
```

搜索引擎的关键字

早期，meta keywords 关键字对搜索引擎的排名算法起到了一定的作用，也是许多人进行网页优化的基础。关键字在浏览时是看不到的，其使用格式如下：

```
<meta name="keywords" content="关键字,keywords" />
```

此处应注意的是：

不同的关键字之间，应使用半角逗号隔开(英文输入状态下)，不要使用空格或"|"隔开；

是 keywords 而不是 keyword；

关键字标签中的内容应该是一个个的短语，而不是一段话。

关键字标签"keywords"曾经是搜索引擎排名中很重要的元素，但现在已经被很多搜索引擎完全忽略。虽然加上这个标签对网页的综合表现没有坏处，但是，如果使用不当，对网页非但没有好处，还有欺诈的嫌疑。

页面描述

meta description 元标签(描述元标签)是一种 HTML 元标签，用来简略描述网页的主要内容，通常被搜索引擎用在搜索结果页面上，给最终用户展示一段文字。页面描述在网页中是显示不出来的，其使用格式如下：

```
<meta name="description" content="网页介绍文字" />
```

计算机基础与实训教材系列

页面定时跳转

使用<meta>标签可以使网页在经过一定时间后自动刷新，这可通过将 http-equiv 的属性值设置为 refresh 来实现。content 属性值可以设置为更新时间。

你在浏览网页时经常会看到一些显示了欢迎信息的页面，经过一段时间后，这些页面会自动转到其他页面，这就是网页的跳转。定义页面定时跳转的语法格式如下：

```
<meta http-equiv="refresh" content="秒;[url=网址]" />
```

上面的"[url=网址]"部分是可选项，如果有这部分，页面会定时刷新并跳转；如果省略了该部分，页面只定时刷新，不进行跳转。例如，要实现每 5 秒刷新一次页面，将下面的代码放入<head>标签部分即可：

```
<meta http-equiv="refresh" content="5" />
```

6.2.4 主体标签

网页所要显示的内容都放在网页的主体标签内，它是 HTML 文件的重点所在。主体标签以<body>开始，以</body>结束，语法格式如下：

```
<body>
…
</body>
```

6.3 编写 HTML5 文档

HTML5 文档的编写方法有以下两种。

▽ 手动编写 HTML5 代码：由于 HTML5 是一种标记语言，主要以文本形式存在，因此，所有的记事本工具都可以作为开发环境。HTML 文件的扩展名为.html 或.htm，将 HTML 源代码输入记事本、Sublime Text、WebStorm 等编辑器并保存之后，就可以在浏览器中打开文档以查看其效果。

▽ 使用 Dreamweaver 生成代码：使用 Dreamweaver 可以通过软件提供的各种命令和功能，自动生成 HTML 代码。这样，用户不必对 HTML5 代码十分了解，就可以制作网页，并能实时地预览网页效果。

【例 6-1】 通过在 Dreamweaver 代码视图中编写代码，创建一个 HTML5 文档。 视频

(1) 启动 Dreamweaver 2020 后，选择【文件】|【新建】命令或按下 Ctrl+N 组合键，打开【新建文档】对话框。

(2) 在【新建文档】对话框的【文档类型】列表框中选择 HTML 选项，在【标题】文本框中输入"一个简单的网页"，然后单击【文档类型】下拉按钮，从弹出的下拉列表中选择 HTML5 选项，如图 6-1 所示。

　　(3) 单击【创建】按钮，即可在 Dreamweaver 的代码视图中自动生成如图 6-2 所示的 HTML5
代码。

图 6-1　【新建文档】对话框

图 6-2　自动生成 HTML5 代码

　　(4) 在<body>标签部分添加以下代码(如图 6-3 所示):

```
<!-HTML5 概述--!>
<h1>什么是 HTML5</h1>
<p>
    HTML5 是用于取代 1999 年所制定的 HTML4.01 和 XHTML1.0 标准的 HTML 标准版本。当前 HTML5
对多媒体的支持功能更强，其新增了以下功能：<br>
    <br>
    新增语义化标签，使文档结构明确；<br>
    新的文档对象模型(DOM)；<br>
    实现 2D 绘图的 Canvas 对象；<br>
    可控媒体播放；<br>
    离线存储；<br>
    文档编辑；<br>
    拖放；<br>
    跨文档消息；<br>
    浏览器历史管理；<br>
    MIME 类型和协议注册。<br>
</p>
```

　　(5) 切换到"实时"视图，用户可以在 Dreamweaver 文档窗口中预览网页的效果，如图 6-4
所示。

图 6-3　在代码视图中输入网页代码

图 6-4　网页实时预览效果

計算機基礎与实训教材系列

(6) 选择【文件】|【保存】命令，打开【另存为】对话框可以将制作的网页保存。双击所保存的网页文件，即可使用浏览器查看网页效果，其效果与图 6-4 所示一致。

6.4 HTML5 元素

HTML5 引入了很多新的元素，根据标签内容的类型不同，这些元素被分成了 6 大类，如表 6-3 所示。

表 6-3 HTML5 新元素

元素类型	说　　明
内嵌	在文档中添加其他类型的内容，如 audio、video、canvas 和 iframe 等
流	在文档和应用的 body 中使用的元素，如 form、h1 和 small 等
标题	段落标题，如 h1、h2 和 hgroup 等
交互	与用户交互的内容，如音频和视频控件、button 和 textarea 等
元数据	通常出现在页面的 head 中，设置页面其他部分的表现和行为，如 script、style 和 title 等
短语	文本和文本标签元素，如 mark、kbd、sub 和 sup 等

6.4.1 结构元素

HTML5 定义了一组新的语义化结构标签来描述网页内容。虽然语义化结构标签也可以使用 HTML4 标签进行替换，但是它可以简化 HTML 页面设计，明确的语义化更适合搜索引擎的检索和抓取。在目前主流的浏览器中已经可以使用这些元素了，新增的语义化结构元素如表 6-4 所示。

表 6-4 HTML5 新增的语义化结构元素

元素类型	说　　明
header	表示页面中一个内容区块或整个页面的标题
footer	表示整个页面或页面中一个内容区块的脚注。一般来说，它包含创作者的姓名、创作日期及创作者的联系信息
section	表示页面中的一个内容区块，如章节、页眉、页脚或页面中的其他部分。它可以与 h1、h2、h3、h4、h5、h6 等元素结合使用，表示文档结构
article	表示页面中的一块与上下文不相关的独立内容，如博客中的一篇文章
aside	表示 article 元素的内容之外的、与 article 元素的内容相关的辅助信息
nav	表示页面中导航链接的部分
main	表示网页中的主要内容。主要内容区域指的是与网页标题或应用程序中本页面主要功能直接相关或进行扩展的内容

下面将通过几个实例详细介绍以上新增的结构元素(用户可以参考例 6-1 介绍的方法，在 Dreamweaver 2020 的 "代码" 视图中尝试制作实例，通过 "实时视图" 视图查看实例效果)。

1. 定义文章块

article 元素用来表示文档、页面中独立的、完整的、可以独自被外部内容引用的内容。它可以是一篇博客报刊中的文章、一篇论坛帖子、一段用户评论或独立的插件等。

另外，一个 article 元素通常有它自己的标题，一般放在一个 header 元素里面，有时还有自己的脚注。当 article 元素嵌套使用的时候，内部的 article 元素内容必须要和外部的 article 元素内容相关。article 元素支持 HTML5 全局属性。

【例 6-2】 使用 article 元素设计网络新闻展示板块。 🎬 视频

参考例 6-1 的操作编写一个 HTML5 文档，然后在"代码"视图中输入以下内容：

```
<!doctype html>
<html>
<head>
<meta charset="utf-8">
<title>新闻</title>
</head>
<body>
<article>
    <header>
    <h1>智能口罩可直接检测呼气中的病毒</h1>
  <time pubdate="pubdate">2021 年 12 月 12 日</time>
</header>
<p>
据介绍，智能口罩的传感器由排列精密的纳米线阵列构成，纳米线的线宽和间距与病毒颗粒物的尺寸相
匹配，纳米线阵列就像一张"网"，可以精准捕获呼出气中的病毒颗粒。同时，科研人员还在纳米线阵列
上加了可以与带有抗原的病毒发生免疫反应的抗体，一旦发生反应，会使整个传感器的阻抗值变大。通过
监测传感器阻抗值的变化，就可以初步检测出是否含有病毒。课题组针对人体呼出气的复杂性和口罩结构
的特殊性，将传感器设计成了"多孔膜—传感器—柔性基底"的"三明治"结构：纳米级的多孔膜将人体
呼出的其他微米级颗粒阻挡在外，只有同样是纳米级的病毒才能穿过；柔性基底的设计则使传感器与人体
面部可以更贴合。
</p>
<footer>
        <p>https://news.cctv.com</p>
</footer>
</article>
</body>
</html>
```

以上代码是一篇讲述科技新闻的文章，在 header 元素中嵌入了文章标题部分，在这部分中，文章的标题被镶嵌在 h1 元素中，在结尾处的 footer 元素中，嵌入了文章的著作权，作为脚注。整个实例的内容相对比较独立、完整，因此这部分内容使用了 article 元素。

计算机基础与实训教材系列

　　article 元素是可以嵌套使用的，内层的内容在原则上需要与外层的内容相关联，例如一篇科技新闻中，针对该新闻的相关评论就可以使用嵌套 article 元素的方式，用来呈现评论的 article 元素被包含在表示整体内容的 article 元素里面。

【例 6-3】 在例 6-2 代码的基础上演示 article 元素的嵌套使用。　　📹 视频

继续例 6-2 的操作，编写一个 HTML5 文档，然后在"代码"视图中输入以下内容:

```
<!doctype html>
<html>
<head>
<meta charset="utf-8">
<title>新闻</title>
</head>
<body>
<article>
    <header>
    <h1>智能口罩可直接检测呼气中的病毒</h1>
  <time pubdate="pubdate">2021 年 12 月 12 日</time>
</header>
<p>
据介绍，智能口罩的传感器由排列精密的纳米线阵列构成，纳米线的线宽和间距与病毒颗粒物的尺寸相匹配，纳米线阵列就像一张"网"，可以精准捕获呼出气中的病毒颗粒。同时，科研人员还在纳米线阵列上加了可以与带有抗原的病毒发生免疫反应的抗体，一旦发生反应，会使整个传感器的阻抗值变大。通过监测传感器阻抗值的变化，就可以初步检测出是否含有病毒。课题组针对人体呼出气的复杂性和口罩结构的特殊性，将传感器设计成了"多孔膜—传感器—柔性基底"的"三明治"结构:纳米级的多孔膜将人体呼出的其他微米级颗粒阻挡在外，只有同样是纳米级的病毒才能穿过;柔性基底的设计则使传感器与人体面部可以更贴合。
</p>
<footer>
    <p>https://news.cctv.com</p>
</footer>
<section>
    <h2>评论</h2>
  <article>
   <header>
        <h3>妙法</h3>
      <p>
        <time pubdate datetime="2021-12-12 18:30-8:00">1 小时前</time>
      </p>
    </header>
  <p>ok</p>
```

```
    </article>
    <article>
        <header>
            <h3>长江 1 号</h3>
        <p>
            <time pubdate datetime="2021-12-12 18:30-8:30">1 小时前</time>
        </p>
        </header>
        <p>well</p>
    </article>
 </section>
</article>
</body>
```

以上示例中的内容比上面示例中的内容更加完整，它添加了评论内容。整个内容比较独立、完整，因此对其使用 article 元素。具体来说，示例内容又分为几部分，文章标题放在了 header 元素中，文章正文放在了 header 元素后面的 p 元素中，然后 section 元素将正文与评论部分进行了区分，在 section 元素中嵌入了评论的内容，评论中每一个人的评论相对来说又是比较独立、完整的，因此对它们都使用一个 article 元素，在评论的 article 元素中，又可以分为标题与评论内容部分，分别放在 header 元素与 p 元素中。

【例 6-4】 演示使用 article 元素表示使用插件。 视频

```
<!doctype html>
<html>
<head>
<meta charset="utf-8">
<title>新闻</title>
</head>
<body>
<article>
    <h1>使用插件</h1>
        <object>
            <param name="allowFullScreen" value="true">
            <embed src="#" width="600" height="395"></embed>
        </object>
</article>
</body>
</html>
```

2. 定义内容块

section 元素用于对网站或应用程序中页面上的内容进行分区。一个 section 元素通常由内容及其标题组成。div 元素也可以用于对页面进行分区，但 section 元素并非一个普通的容器元素，当一个容器需要被直接定义样式或通过脚本定义行为时，推荐使用 div，而非 section 元素。

【例 6-5】 演示使用 section 元素将排行榜内容进行单独分隔。 视频

```
<!doctype html>
<html>
<head>
<meta charset="utf-8">
</head>
<body>
<section>
    <h1>百度电影搜索排行榜</h1>
<ol>
 <li>
   <h3>悬崖之上</h3>
   <span>动作    热搜指数 139518</span></li>
 <li>
   <h3>你好李焕英</h3>
   <span>剧情    热搜指数 19123</span></li>
 <li>
   <h3>速度与激情 9</h3>
   <span>动作    热搜指数 17266</span></li>
 <li>
   <h3>追虎擒龙</h3>
   <span>剧情    热搜指数 13305</span></li>
 <li>
   <h3>守岛人</h3>
   <span>剧情    热搜指数 11699</span></li>
    <li>
   <h3>我和我的家乡</h3>
   <span>剧情    热搜指数 11327</span></li>
    <li>
   <h3>我的姐姐</h3>
   <span>剧情    热搜指数 9890</span></li>
    <li>
   <h3>追龙</h3>
   <span>剧情    热搜指数 8587</span></li>
```

```
<li>
   <h3>1921</h3>
   <span>剧情　热搜指数 8346</span></li>
 </ol>
</section>
</body>
</html>
```

　　article 元素与 section 元素都是 HTML5 新增的元素,它们的功能与 div 类似,都是用来区分不同区域,它们的使用方法也类似,因此很多初学者会将其混用。HTML5 之所以新增这两种元素,就是为了更好地描述文档的内容,所以它们之间肯定是有区别的。

　　article 元素是一段独立的内容,article 元素通常包含头部(header 元素)、底部(footer 元素)。

　　section 元素需要包含一个<hn>标题元素,一般不用包含头部(header 元素)或者底部((footer 元素)。通常用 section 元素为那些有标题的内容进行分段。

　　section 元素的作用是对页面上的内容分块处理,如对文章分段等,相邻的 section 元素的内容应当是相关的,而不像 article 那样独立。

　　【例 6-6】 演示 article 元素与 section 元素的区别。 🎬 视频

```
<article>
<header>
      <h1>科学家在柴达木盆地发现 5.5 亿年前的远古化石群</h1>
</header>
<p>此次科研团队在全吉山地区发现了众多埃迪卡拉纪典型生物——恰尼虫的化石。</p>
<section>
      <h2>评论</h2>
      <article>
            <h3>评论者:王燕</h3>
            <p>太好了!</p>
      </article>
         <article>
            <h3>评论者:王刚</h3>
            <p>太好了+1</p>
      </article>
   </section>
</article>
```

　　article 元素可以被看作特殊的 section 元素。article 元素更强调独立性、完整性,section 元素则更强调相关性。

　　既然 article、section 元素是用来划分区域的,又是 HTML5 的新元素,那么是否可以用 article、section 来取代 div 布局网页呢?答案是否定的,div 的作用是用来布局网页(本书将在后面章节详细介绍)、划分大的区域的,HTML4 只有 div、span 来划分区域,所以我们习惯性地把 div 当成

一个容器。而 HTML5 改变了这种用法，它让 div 工作更纯正。div 就是用来布局大块区域的，在不同的内容块中，我们按照需求添加 article、section 等内容块，并且显示其中的内容，这样才是合理地使用这些元素。

因此，在使用 section 元素时应该注意以下几个问题。

▽ 不要将 section 元素当作设置样式的页面容器，对于此类操作应该使用 div 元素来实现。

▽ 如果 article 元素、aside 元素或 nav 元素更符合使用条件，不要使用 section 元素。

▽ 不要为没有标题的内容区块使用 section 元素。

通常不推荐为那些没有标题的内容使用 section 元素，可以使用 HTML5 轮廓工具来检查页面中是否有没标题的 section，如果使用轮廓工具进行检查后，发现某个 section 的说明中有"untitled section"(没有标题的 section)文字，这个 section 就可能使用不当，但是 nav 元素和 aside 元素没有标题是合理的。

☞【例 6-7】 演示 article 元素与 section 元素的混合使用。 🎬视频

```
<article>
  <h1>HTML5</h1>
  <p>HTML5 是构建 Web 内容的一种语言描述方式。HTML5 是互联网的下一代标准，是构建以及呈现互联网内容的一种语言方式. 被认为是互联网的核心技术之一。</p>
  <section>
      <h2>简介</h2>
    <p>HTML5 是 HyperText Markup Language 5 的缩写，HTML5 技术结合了 HTML4.01 的相关标准并革新，符合现代网络发展要求，在 2008 年正式发布。</p>
  </section>
    <section>
      <h2>新元素</h2>
    <p>自 1999 年以后 HTML 4.01 已经改变了很多，今天，在 HTML 4.01 中的几个元素已经被废弃，这些元素在 HTML5 中已经被删除或重新定义。</p>
    </section>
  </article>
```

以上代码中，首先可以看到整个板块是一段独立的、完整的内容，因此使用 article 元素。该内容是一篇关于 HTML5 的简介，该文章分为 3 段，每一段都有一个独立的标题，因此使用了两个 section 元素。

☞【例 6-8】 下面是一个包含 article 元素的 section 元素示例。 🎬视频

```
<section>
    <h1>HTML5</h1>
  <article>
      <h2>HTML5 概述</h2>
      <p>HTML5 是构建 Web 内容的一种语言描述方式。HTML5 是互联网的下一代标准，是构建以及呈现互联网内容的一种语言方式. 被认为是互联网的核心技术之一。</p>
```

```
</article>
    <h2>简介</h2>
    <p>HTML5 是 HyperText Markup Language 5 的缩写，HTML5 技术结合了 HTML4.01 的相
关标准并革新，符合现代网络发展要求，在 2008 年正式发布。</p>
</section>
```

以上代码比例 6-7 复杂一些，首先，它是一篇文章中的一段，因此没有使用 article 元素。但是在这一段中有几块独立的内容，所以嵌入了几个独立的 article 元素。

在 HTML5 中，article 元素可以看成是一种特殊种类的 section 元素，它比 section 元素更加强调独立性，即 section 元素强调分段或分块，而 article 元素强调独立性。具体来说，如果一块内容相对来说比较独立、完整时，应该使用 article 元素，但是如果想将一块内容分成几段时，应该使用 section 元素。另外，在 HTML5 中，div 元素变成了一种容器，当使用 CSS 样式时，可以对这个容器进行一个总体的 CSS 样式的套用。

在 HTML5 中，可以将所有页面的从属部分，如导航条、菜单、版权说明等，包含在一个统一的页面中，以便统一使用 CSS 样式来进行装饰。

3. 定义导航块

nav 元素是一个可以用作页面导航的链接组，其中的导航元素链接到其他页面或当前页面的其他部分。并不是所有的链接组都要被放进 nav 元素，只需要将主要的、基本的链接组放进 nav 元素即可。

例如，在页脚中通常会有一组链接，包括服务条款、首页、版权声明等，这时使用 footer 元素最恰当。一个页面中可以拥有多个 nav 元素，作为页面整体或不同部分的导航。

具体来说，nav 元素可以用于以下情况。

　　传统导航。一般网站都设置有不同层级的导航条，其作用是将当前画面跳转到网站的其他主要页面上去。

　　侧边栏导航。现在主流博客网站及商品网站上都有侧边栏导航，其作用是将页面从当前文章或当前商品跳转到其他文章或其他商品页面上去。

　　页内导航。页内导航的作用是在本页面几个主要的组成部分之间进行跳转。

　　翻页操作。翻页操作是指在多个页面的前后页或博客网站的前后篇文章滚动。

【例 6-9】 演示将导航性质的链接放入 nav 元素中。 视频

```
<!doctype html>
<html>
<body>
<nav draggable="true">
    <a href="index.html">首页</a>
    <a href="news.html">新闻</a>
    <a href="bbs.html">论坛</a>
</nav>
</body>
```

```
</html>
```

　　以上代码创建了一个可以拖动的导航区域,nav 元素中包含了 3 个用于导航的超链接,即"首页""新闻"和"论坛"。该导航可以用于全局导航,也可以放在某个段落作为区域导航。

　　在 HTML5 中只要是导航性质的链接,就可以很方便地将其放入 nav 元素中。nav 元素可以在一个文档中多次出现,作为页面或部分区域的导航。

【例 6-10】 以下页面由几部分组成,将其中最主要的链接放入 nav 元素中。 🎬 视频

```
<!doctype html>
<html>
<head>
<meta charset="utf-8">
</head>
<body>
<h1>技术资料</h1>
<nav>
    <ul>
        <li><a href="/">主页</a></li>
        <li><a href="/blog">博客</a></li>
    </ul>
</nav>
<article>
    <header>
    <h1>HTML5+CSS3+javaScript</h1>
    <nav>
        <ul>
            <li><a href="#HTML5">HTML5</a></li>
            <li><a href="#CSS3">CSS3</a></li>
            <li><a href="#javaScript">javaScript</a></li>
        </ul>
    </nav>
    </header>
    <section id="HTML5">
        <h1>HTML5</h1>
        <P>HTML5 简介</P>
    </section>
    <section id="CSS3">
    <h1>CSS3</h1>
        <P>CSS3 简介</P>
    </section>
    <section id="javaScript">
```

```
    <h1>javaScript</h1>
        <P>javaScript 简介</P>
</section>
<footer>
        <p> <a href="?edit">编辑</a> | <a href="?delete">删除</a> | <a href="?add">添加</a></p>
</footer>
</article>
<footer>
        <p><small>版权信息</small></p>
</footer>
</body>
</html>
```

在这个例子中，第一个 nav 元素用于页面导航，将页面跳转到其他页面上去，如跳转到网站主页或博客页面；第二个 nav 元素被放置在 article 元素中，表示在文章中进行导航，除此之外，nav 元素也可以用于网站设计者认为是重要的、基本的导航链接组中。

4. 定义侧边栏

aside 元素用来表示当前页面或文章的附属信息部分，它可以包含当前页面或与主要内容相关的引用、侧边栏、广告、导航条，以及其他类似的有别于主要内容的部分。aside 元素主要有以下两种使用方法。

方法一：作为主要内容的附属信息部分，包含在 article 元素中，其中的内容可以是与当前文章有关的参考资料、名词解释等。

【例 6-11】演示使用 aside 元素解释文章"HTML5 的优点"中的两个名词。　视频

```
<!doctype html>
<head>
<meta charset="utf-8">
</head>
<body>
<header>
        <h1>HTML5</h1>
</header>
<article>
        <h1>HTML5 的优点</h1>
        <p>新一代网络标准能够让程序通过 Web 浏览器，而不是特定的操作系统来运行。这意味着消费者
将能够从包括个人电脑、笔记本电脑、智能手机或平板电脑在内的任意终端访问相同的程序和基于云端的
信息。HTML5 允许程序通过 Web 浏览器运行，并且将视频等目前需要插件和其他平台才能使用的多媒体
内容也纳入其中，这将使浏览器成为一种通用的平台，用户通过浏览器就能完成任务。此外，消费者还可
```

计算机基础与实训教材系列

以访问以远程方式存储在"云"中的各种内容，不受位置和设备的限制。由于 HTML5 技术中存在较为先进的本地存储技术，因此其能做到降低应用程序的响应时间，为用户带来更便捷的体验。</p>

```
    <aside>
        <h1>名词解释</h1>
        <dl>
            <dt>本地存储技术</dt>
            <dd>通过本地存储技术，Web 应用程序能够在用户浏览器中对数据进行本地存储。</dd>
        </dl>
        <dl>
            <dt>基于云端的信息</dt>
            <dd>一般指的是云端软件(服务)平台中的信息</dd>
        </dl>
    </aside>
</article>
</body>
```

以上代码使用 aside 元素介绍 HTML5 的优点。这是一篇文章，网页的标题放在了 header 元素中，在 header 元素的后面将所有关于文章的部分放在了一个 article 元素中，将文章的正文部分放在了一个 p 元素中，但是该文章还有一个名词解释的附属部分，用来解释该文章中的一些名词，因此，在 p 元素的下面放置了一个 aside 元素，用来存放名词解释部分的内容。

因为这个 aside 元素被放置在一个 article 元素内部，所以搜索引擎将这个 aside 元素的内容理解成是和 article 元素的内容相关联的。

方法二：作为页面或站点全局的附属信息部分，在 article 元素之外使用。最典型的形式是侧边栏，其中的内容可以是各种友情链接、博客文章列表、广告单元等。

【例 6-12】演示使用 aside 元素为个人网页添加一个友情链接板块。 视频

```
<!doctype html>
<html>
<head>
<meta charset="utf-8">
</head>
<body>
<aside>
    <nav>
        <h2>友情链接</h2>
        <ul>
            <li><a href="#">A 站</a></li>
            <li><a href="#">B 站</a></li>
            <li><a href="#">C 站</a></li>
        </ul>
    </nav>
```

```
    </aside>
    </body>
    </html>
```

　　友情链接在一般的网站中比较常见，常常被放置在网页首页的左右两侧边栏中，可以通过 aside 元素来实现，由于例 6-12 中的侧边栏又是具有导航作用的，因此嵌套了一个 nav 元素，该侧边栏的标题为"友情链接"，放在了 h2 元素中，在标题之后使用了一个 ul 列表，用来存放具体的导航链接。

5. 定义主要区域

　　main 元素用来表示网页中的主要内容。主要内容区域是指与网页标题或应用程序中本页主要功能直接相关或进行扩展的内容。该区域应是每一个网页中所特有的内容，不能包含整个网站的导航条、版权信息、网站 logo、公共搜索表单等整个网站内部的共同内容。

　　每个网页内部只能放置一个 main 元素。不能将 main 元素放置在任何 article、aside、footer、header 或 nav 元素内部。

　【例 6-13】演示使用 main 元素包裹页面主要区域。　🎬 视频

```
<!doctype html>
<html>
<head>
<meta charset="utf-8">
</head>
<body>
<header>
    <nav>
        <ul>
            <li><a href="#">首页</a></li>
            <li><a href="#">新闻</a></li>
            <li><a href="#">科技</a></li>
        </ul>
    </nav>
</header>
<main>
    <h1>科技新闻</h1>
    <nav>
        <ul>
            <li><a href="#web_1">汽车</a></li>
            <li><a href="#web_2">房产</a></li>
            <li><a href="#web_3">IT</a></li>
        </ul>
    </nav>
```

```
<h2 id="web_1">汽车</h2>
<h3>全新奥迪 RS 3 实车图曝光 搭载 2.5T 动力</h3>
<p>近日，我们从外媒获悉，即将发布的奥迪 RS 3 三厢版车型实车图泄露。此前，奥迪官方已经发布
了官方伪装照，有海外媒体也绘制出了两厢版的假想图，根据此次泄露的实车来看，其造型几乎完全相似。
</p>
<h2 id="web_2">房产</h2>
        <ul>
            <li>人工智能时代，房企的科技之路能走多远？</li>
            <li>房企为何死磕新能源汽车？</li>
            <li>为什么房企必须争夺科技赛道？</li>
        </ul>
<h2 id="web_3">IT</h2>
        <ul>
            <li>微软 Windows 11 运行硬件最小需求配置公布</li>
            <li>谷歌宣布将 Chrome 淘汰 Cookie 的时间表推迟到 2023 年</li>
            <li>探访特斯拉超级工厂，100% 数字化应用全展现</li>
        </ul>
</main>
<footer>Copyright © RuanMei.com, All Rights Reserved.版权所有</footer>
</body>
</html>
```

使用 main 元素包裹页面主要区域有利于网页内容的语义区分，同时搜索引擎也能主动抓取页面中的主要信息，避免被辅助性文字干扰。

6. 定义标题栏

header 元素是一种具有引导和导航作用的结构元素，通常用来放置整个页面或页面内的一个内容区块的标题，但也可以包含其他内容，如数据表格、搜索表单或相关的 logo 图片，因此整个页面的标题应该放在页面的开头。

【例 6-14】 演示为网页中的每个内容区块加一个 header 元素。 视频

```
<!doctype html>
<html>
<head>
<meta charset="utf-8">
</head>
<body>
<header>
    <h1>网页标题</h1>
</header>
<article>
```

```
    <header>
        <h1>文章标题</h1>
    </header>
    <p>文章正文</p>
</article>
</body>
</html>
```

　　在 HTML5 中，header 元素通常包含 h1~h6 元素，也可以包含 hgroup、table、form、nav 等元素，只要是应该显示在头部区域的语义标签，都可以包含在<header>元素中。

　　【例 6-15】 以下是网站首页的头部区域代码(整个头部内容都放在 header 元素中)。　📹视频

```
<!doctype html>
<html>
<head>
<meta charset="utf-8">
</head>
<body>
<header>
  <hgroup>
        <h1>我的博客</h1>
     <a href="#">[URL]</a> <a href="#">[订阅]</a> <a href="#">[手机订阅]</a>
  </hgroup>
    <nav>
        <ul>
            <li>首页</li>
            <li><a href="#">目录</a></li>
            <li><a href="#">社区</a></li>
            <li><a href="#">我的微博</a></li>
        </ul>
    </nav>
</header>
</body>
</html>
```

7. 定义脚注栏

　　footer 元素可以作为内容块的脚注。如在父级内容块中添加注释，或者在网页中添加版权信息等。脚注信息有多种形式，如作者、相关阅读链接及版权信息等。

　　【例 6-16】 演示使用 footer 元素为页面添加版权信息栏目。　📹视频

```
<!doctype html>
```

计算机基础与实训教材系列

```
<head>
<meta charset="utf-8">
</head>
<body>
<article>
 <header>
    <hgroup>
        <h1>主标题</h1>
        <h2>副标题</h2>
    <h3>标题说明</h3>
    </hgroup>
    <p>
        <time datetime="2022-12-12">发布时间：2022 年 12 月 12 日</time>
    </p>
 </header>
 <p>新闻正文</p>
</article>
<footer>
    <ul>
        <li>关于</li>
        <li>导航</li>
        <li>联系方式</li>
    </ul>
</footer>
</body>
```

在 HTML5 之前，要描述脚注信息，一般使用<div id="footer">标签定义包含框。自从 HTML5 新增了 footer 元素，这种方式将不再使用，而是使用更加语义化的 footer 元素来替代。

【例 6-17】演示在 article、section 和 body 元素中添加 footer 元素。 视频

```
<!doctype html>
<html>
<head>
<meta charset="utf-8">
</head>
<body>
<head>
 <h1>网页标题</h1>
</head>
<article>文章内容
    <h2>文章标题</h2>
```

计算机基础与实训教材系列

```
    <p>正文</p>
    <footer>注释</footer>
</article>
<section>
    <h2>段落标题</h2>
    <p>正文</p>
    <footer>段落标记</footer>
</section>
<footer>网页版权信息</footer>
</body>
</html>
```

与 header 元素一样，页面中也可以重复使用 footer 元素。同时，还可以为 article 元素或 section
元素添加 footer 元素。

6.4.2 功能元素

根据网页内的功能需要，HTML5 新增了很多专用元素，具体如下。

▽ hgroup：用于对整个页面或页面中一个内容区块的标题进行组合，例如：

```
<hgroup>...</hgroup>
```

video 元素：定义视频，如电影片段或其他视频流，例如：

```
<video src="m2.mp4" controls="controls">video 元素</video>
```

audio 元素：定义音频，如音乐或其他音频流。例如：

```
<audio src="song.mp3" controls="controls">audio 元素</audio>
```

embed 元素：用于插入各种多媒体，格式可以是 midi、wav、aiff、au、mp3 等，例如：

```
<embed src="a1.wav" />
```

mark 元素：主要用来在视觉上向用户呈现那些需要突出显示或高亮显示的文字。mark 元
素的典型应用就是在搜索结果中向用户高亮显示搜索的关键词，例如：

```
<mark></mark>
```

dialog 元素：定义对话框或窗口，例如：

```
<dialog open>这是打开的对话框</dialog>
```

bdi 元素：定义文本的文本方向，使该文本脱离其周围文本的方向设置，例如：

```
<ul>
```

计算机基础与实训教材系列

137

```
<li>Username <bdi>Bill</bdi>:80 points</li>
<li>Username <bdi>Steve</bdi>:78 points</li>
</ul>
```

▽ figcaption 元素：定义 figure 元素的标题，例如：

```
<figure>
<figcaption>南京长江大桥</figcaption>
<img src="nanjing_changjiangdaqiao.jpg" width="350" height="240" />
</figure>
```

▽ time 元素：表示日期或时间，也可以同时表示两者，例如：

```
<time></time>
```

▽ canvas 元素：表示图形，如图表和其他图像。这个元素本身没有行为，仅提供一块画布，但它把一个绘图 API 展现给客户端 JavaScript，以使脚本能够把想绘制的内容绘制到这块画布上。例如：

```
<canvas id="myCanvas" width="200" height="300"></canvas>
```

▽ output 元素：表示不同类型的输出，如脚本的输出，例如：

```
<output></output>
```

▽ source 元素：为多媒体元素(比如<video>和<audio>)定义多媒体资源，例如：

```
<source>
```

▽ menu 元素：表示菜单列表。当用户希望列出表单控件时使用该元素，例如：

```
<menu>
<li><input type="checkbox"/>red</li>
<li><input type="checkbox"/>green</li>
</menu>
```

▽ ruby 元素：表示 ruby 注释(中文注音或字符)，例如：

```
<ruby>
汉 <rt><rp>(</rp>ㄏㄢˋ <rp>)</rp></rt>
</ruby>
```

rt 元素：表示字符(中文注音或字符)的解释或发音，例如：

```
<ruby>
汉 <rt> ㄏㄢˋ </rt>
</ruby>
```

　　rp 元素：在 ruby 注释中使用，以定义不支持 ruby 元素的浏览器所显示的内容。

　　wbr 元素：表示软换行。wbr 元素与 br 元素的区别是，br 元素表示此处必须换行；而 wbr 元素的意思是浏览器窗口或父级元素的宽度足够宽时(没必要换行时)，不进行换行，而当宽度不够时，主动在此处进行换行，例如：

```
<p> 网站伴随着网络的快速发展而快速兴起，作为上网的主要依托，由于人们使用网络的频繁而变得非
常的重要。<wbr>由于企业需要通过网站呈现产品、服务、理念、文化，或向大众提供某种功能服务。<wbr>
因此网页设计必须首先明确设计站点的目的和用户的需求，从而做出切实可行的设计方案。</p>
```

　　command 元素：表示命令按钮，如单选按钮、复选框等，例如：

```
<command type="command">Click Me!</command>
```

　　details 元素：表示可选数据的列表，与 input 元素配合使用，可以制作出输入值的下拉列表，例如：

```
<details>
<summary>Copyright 2019.</summary>
<p>All pages and graphics on this web site are the property of W3School.</p>
</details>
```

▽　summary 元素：为 details 元素定义可见的标题。

　　datalist 元素：表示可选数据的列表，它以树形表的形式来显示，例如：

```
<datalist></datalist>
```

　　keygen 元素：表示生成密钥，例如：

```
<keygen>
```

　　progress 元素：表示运行中的进程，可以使用 progress 元素来显示 JavaScript 中耗费时间的函数的进程，例如：

```
<progress></progress>
```

　　meter 元素：度量给定范围(gauge)内的数据，例如：

```
<meter value="3" min="0" max="10">3/10 </meter><br>
<meter value="0.6">60%</meter>
```

　　track 元素：定义用在媒体播放器中的文本轨道，例如：

```
<video width="320" height="240" controls="controls">
  <source src="forrest_gump.mp4" type="video/mp4" />
  <source src="forrest_gump.ogg" type="video/ogg" />
  <track kind="subtitles" src="subs_chi.srt" srclang="zh" label="Chinese">
```

计算机基础与实训教材系列

```
    <track kind="subtitles" src="subs_eng.srt" srclang="en" label="English">
    </video>
```

6.4.3　表单元素

通过 type 属性，HTML5 可以为 input 元素新增很多类型(本书将在后面的章节中详细介绍)，如表 6-5 所示。

表 6-5　HTML5 新增的表单元素

标签内容类型	说　　明
tel	表示必须输入电话号码的文本框
searc	表示搜索文本框
url	表示必须输入 URL 地址的文本框
email	表示必须输入电子邮件地址的文本框
datetime	表示日期和时间文本框
date	表示日期文本框
month	表示月份文本框
week	表示星期文本框
time	表示时间文本框
datetime-local	表示本地日期和时间文本框
number	表示必须输入数字的文本框
range	表示范围文本框
color	表示颜色文本框

6.5　HTML5 属性

HTML5 增加了很多属性，也废除了很多属性，下面将简单进行介绍。

6.5.1　表单属性

▽　为 input(type=text)、select、textarea 与 botton 元素新增了 autofocus 属性。它以指定属性的方式让元素在页面打开时自动获得焦点。

▽　为 input(type=text)与 textarea 元素新增了 placeholder 属性，它会对用户的输入进行提示，提示用户可以输入的内容。

▽　为 input、output、select、textarea、button 与 fieldset 新增了 form 属性，声明它属于哪个表单，然后将其放置在页面上的任何位置，而不是表单之内。

▽　为 input 元素(type=text)与 textarea 元素新增了 required 属性。该属性表示在用户提交表单时进行检查，检查该元素内是否有输入内容。

为 input 元素新增了 autocomplete、min、max、multiple、pattern 和 step 属性。同时还增加了一个新的 list 元素，与 datalist 元素配合使用。datalist 元素与 autocomlete 属性配合使用。multiple 属性允许在上传文件时一次上传多个文件。

▽ 为 input 元素与 button 元素新增了 formaction、formenctype、formmethod、formnovalidate 与 formtarget 属性，它们可以重载 form 元素的 action、enctype、method、novalidate 与 target 属性。为 fieldset 元素新增了 disabled 属性，可以把 fieldset 元素的子元素设为 disabled(无效)状态。

为 input、button、form 元素新增了 novalidate 属性，该属性可以取消提交时进行的有关检查，表单可以被无条件地提交。

6.5.2　链接属性

为 a 与 area 元素增加了 media 属性，该属性规定目标 URL 是为什么类型的媒介/设备进行优化的，只能在 href 属性存在时使用。

为 area 属性增加了 hreflang 与 rel 属性，以保持与 a 元素、link 元素的一致性。

为 link 元素增加了新属性 sizes。该属性可以与 icon 元素结合使用(通过 rel 属性)，该属性指定关联图标(icon 元素)的大小。

▽ 为 base 元素增加了 target 属性，主要目的是保持与 a 元素的一致性。

6.5.3　全局属性

HTML5 新增了 8 个全局属性。所谓全局属性，是指可以用于任何 HTML 元素的属性。下面将分别进行介绍。

1. contenEditable 属性

contenEditable 属性的主要功能是允许用户在线编辑元素中的内容。contenEditable 是一个布尔值属性，可以被指定为 true 或 false。

contenEditable 属性还有个隐藏的 inherit(继承)状态，属性为 true 时，元素被指定为允许编辑；属性为 false 时，元素被指定为不允许编辑；未指定 true 或 false 时，则由 inherit 状态来决定，如果元素的父元素是可编辑的，则该元素就是可编辑的。

 【例 6-18】　为网页中的列表元素添加 contenEditable 属性。

(1) 在代码视图内的<ul>标签中添加 contenEditable 属性：

```
<!doctype html>
<html>
<head>
<meta charset="utf-8">
<title>contenEditable 属性应用实例</title>
```

```
</head>
<body>
<h1>列表</h1>
<ul contenteditable="true">
    <li>列表元素 1</li>
    <li>列表元素 2</li>
    <li>列表元素 3</li>
</ul>
</body>
</html>
```

(2) 按下 F12 键预览网页，网页列表元素就变成了可编辑状态。用户可以自行在浏览器中修改列表内容，如图 6-5 所示。

图 6-5　列表变为可编辑状态

在浏览器中编辑网页列表后，如果想要保存编辑结果，只能把该元素的 innerHTML 发送到服务器端进行保存，因为改变元素内容后该元素的 innerHTML 内容也会随之改变，目前还没有特别的 API 来保存编辑后元素中的内容。

此外，在 JavaScript 脚本中，元素还具有一个 isContenEditable 属性，当元素可编辑时，该属性的值为 true；当元素不可编辑时，该属性的值为 false。

2. contextmenu 属性

contextmenu 属性用于定义\<div\>元素的上下文菜单。所谓上下文菜单，就是会在右击元素时出现的菜单。

【例 6-19】 使用 contextmenu 属性定义 div 元素的上下文菜单。

(1) 在代码视图内的\<div\>标签中添加 contextmenu 属性，并在\<div\>\</div\>标签之间添加\<menu\>标签，其中的 id 属性值使用\<div\>标签中设置的 contextmenu 属性值。

```
<!doctype html>
<html>
<head>
<meta charset="utf-8">
<title>contextmenu 属性</title>
```

```
</head>
<body>
<div contextmenu="mymenu">上下文菜单
        <menu type="context" id="mymenu">
        <menuitem label="微信好友"></menuitem>
        <menuitem label="QQ 好友"></menuitem>
        <menuitem label="朋友圈"></menuitem>
        <menuitem label="新浪微博"></menuitem>
        </menu>
</div>
</body>
</html>
```

(2) 由于目前只有 Firefox 浏览器支持 contextmenu 属性，因此在 Dreamweaver 中预览以上网页时需要指定使用 Firefox 浏览器。单击状态栏右侧的【预览】按钮▦，从弹出的列表中选择 firefox 选项，如图 6-6 左图所示。

(3) 在浏览器窗口中右击页面中的元素，将弹出如图 6-6 右图所示的上下文菜单。

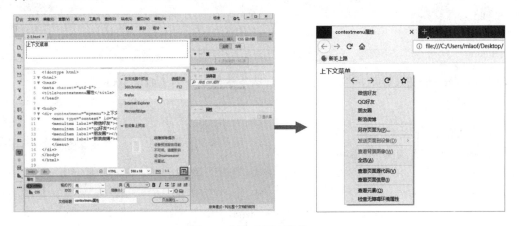

图 6-6　制作上下文菜单

3. data-*属性

使用 data-*属性可以自定义用户数据，具体应用包括：

　　data-*属性用于存储页面或 Web 应用的私有自定义数据。

　　data-*属性赋予所有 HTML 元素嵌入自定义 data 属性的能力。

存储的自定义数据能够被页面的 JavaScript 脚本利用，以得到更好的用户体验，不进行 Ajax 调用或服务器端数据库查询。

data-*属性包括下面两部分内容：

　　属性名：不应该包含任何大写字母，并且在前缀 "data-" 之后至少必须有一个字符。

　　属性值：可以是任意字符串。

当浏览器(用户代理)解析时，会完全忽略前缀为"data-"的自定义属性。

【例 6-20】 使用 data-*属性为页面中的列表项定义一个自定义属性 type。 视频

(1) 在代码视图内的<li>标签中添加以下 data-animal-type 属性:

```
<!doctype html>
<html>
<head>
<meta charset="utf-8">
<title>data-*属性应用实例</title>
</head>
<body>
<p>列表示例</p>
<ul>
    <li onclick="showDetails(this)" id="whale" data-animal-type="哺乳动物">鲸鱼</li>
    <li onclick="showDetails(this)" id="bass" data-animal-type="鱼类">鲈鱼</li>
    <li onclick="showDetails(this)" id="scaleph" data-animal-type="浮游生物">水母</li>
</ul>
</body>
</html>
```

(2) 在<head>和</head>之间使用 JavaScript 脚本访问每个列表项的 type 属性值:

```
<head>
<meta charset="utf-8">
<title>data-*属性应用实例</title>
<script>
function showDetails(animal) {
    var animalType = animal.getAttribute("data-animal-type");
    alert(animal.innerHTML + "是" + animalType + "。 ");
}
</script>
</head>
```

(3) 按下 F12 键预览网页，在 JavaScript 脚本中可以判断每个列表项所包含信息的类型。

(4) 单击网页列表中的列表项，将弹出相应的提示对话框，提示用户列表项的相关信息，如图 6-7 所示。

图 6-7　单击列表项弹出相应的提示信息

4. draggable 属性

draggable 属性可以定义元素是否可以被拖动。其属性取值说明如下：

true：定义元素可拖动。

false：定义元素不可拖动。

auto：定义使用浏览器的默认特性。

【例 6-21】 使用 draggable 属性在网页中定义一个可移动的段落。 视频

(1) 在代码视图内的<p>标签中添加 draggable 属性：

```
<!doctype html>
<html>
<head>
<meta charset="utf-8">
<title>可拖动属性应用实例</title>
</head>
<body>
<div id="div1" ondrop="drop(event)" ondragover="allowDrop(event)"></div>
<br />
<p id="drag1" draggable="true" ondragstart="drag(event)">这是一段可移动的段落</p>
</body>
</html>
```

(2) 在<head>和</head>之间使用以下 JavaScript 脚本：

```
<head>
<meta charset="utf-8">
<title>可拖动属性应用实例</title>
<style type="text/css">
#div1 {width:350px;height:70px;padding:10px;border:1px solid #aaaaaa;}
</style>
<script type="text/javascript">
function allowDrop(ev)
{
```

```
ev.preventDefault();
}
function drag(ev)
{
ev.dataTransfer.setData("Text",ev.target.id);
}
function drop(ev)
{
var data=ev.dataTransfer.getData("Text");
ev.target.appendChild(document.getElementById(data));
ev.preventDefault();
}
</script>
</head>
```

(3) 按下 F12 键预览网页，在浏览器窗口中用户可以将页面中的一段文本拖动至网页中的方框内，如图 6-8 所示。

图 6-8 文本拖动效果

5. dropzone 属性

dropzone 属性定义在元素上拖动数据时，是否复制、移动或链接被拖动的数据。其属性取值说明如下：

▽ copy：拖动数据会产生被拖动的数据的副本。

▽ move：拖动数据会导致被拖动的数据被移到新的位置。

▽ link：拖动数据会产生指向原始数据的链接。

目前，主流浏览器都不支持 dropzone 属性。

6. hidden 属性

在 HTML5 中，所有元素都包含一个 hidden 属性。该属性设置元素的可见状态，取值为一个布尔值。当设为 true 时，元素处于不可见状态；当设为 false 时，元素处于可见状态。

【例 6-22】 使用 hidden 属性定义段落文本隐藏显示。 视频

(1) 在代码视图内的<p>标签中添加 hidden 属性：

```
<!doctype html>
<html>
<head>
<meta charset="utf-8">
<title>无标题文档</title>
</head>
<body>
<h2>做网页设计，你需要了解客户的东西很多：</h2>
<p hidden="true"><br>
  (1)建设网站的目的；<br>
  (2)栏目规划及每个栏目的表现形式和功能要求；<br>
  (3)网站主体色调、客户性别喜好、联系方式、旧版网址、偏好网址；<br>
  (4)根据行业和客户要求，哪些要着重表现；<br>
  (5)是否分期建设、考虑后期的兼容性。</p>
</body>
</html>
```

(2) 按下 F12 键预览网页，页面中的段落将被隐藏。

7. spellcheck 属性

spellcheck 属性定义是否对元素进行拼写和语法检查，可以对以下内容进行拼写检查：

▽ input 元素中的文本(非密码)。

▽ textarea 元素中的文本。

▽ 可编辑元素中的文本。

spellcheck属性是一个布尔值的属性，取值包括true和false，为true时表示对元素进行拼写和语法检查，为false时则表示不检查元素。例如，设计进行拼写检查的可编辑段落：

```
<!doctype html>
<html>
<head>
<meta charset="utf-8">
<title>spellcheck 属性应用实例</title>
</head>
<body>
<p contenteditable="true" spellcheck="true">这是可编辑的段落。</p>
</body>
</html>
```

8. translate 属性

translate 属性定义是否应该翻译元素内容，其属性取值说明如下：

▽ yes：定义应该翻译元素内容。

▽ no：定义不应该翻译元素内容。

例如：

> <p translate="no">请勿翻译本段。</p>
> <p>本段可被译为任意语言。</p>

目前，主流浏览器都无法正确地支持 translate 属性。

6.5.4 其他属性

▽ 为 ol 元素增加了 reversed 属性，它指定列表按倒序显示。

▽ 为 meta 元素增加了 charset 属性，因为这个属性已经被广泛支持，而且为文档的字符编码的指定提供了一种良好的方式。

▽ 为 menu 元素增加了两个新的属性——type 与 label。其中 label 属性为菜单定义一个可见的标注，type 属性让菜单能够以上下文菜单、工具条与列表菜单 3 种形式出现。

▽ 为 style 元素增加了 scoped 属性，用来规定样式的作用范围。

▽ 为 script 元素增加了 async 属性，它定义脚本是否异步执行。

▽ 为 html 元素增加了 manifest 属性，开发离线 Web 应用程序时它与 API 结合使用，定义一个 URL，在这个 URL 上描述文档的缓存信息。

▽ 为 iframe 元素增加了 3 个属性：sandbox、seamless 与 srcdoc，用来提高页面的安全性，防止不信任的 Web 页面执行某些操作。

6.6 HTML5 事件

HTML5 对页面、表单、键盘元素新增了各种事件。下面将分别进行介绍。

6.6.1 window 事件

HTML5 新增了针对 window 对象触发的事件，可以应用到 body 元素上，如表 6-6 所示。

表 6-6 HTML5 新增的 window 事件

事件属性	说　　明
onafterprint	文档打印之后运行的脚本
onbeforeprint	文档打印之前运行的脚本
onbeforeunload	文档卸载之前运行的脚本
onerror	在错误发生时运行的脚本
onhaschange	当文档已改变时运行的脚本
onmessage	在消息被触发时运行的脚本
onoffline	当文档离线时运行的脚本

(续表)

事件属性	说　明
ononline	当文档上线时运行的脚本
onpagehide	当窗口隐藏时运行的脚本
onpageshow	当窗口可见时运行的脚本
onpopstate	当窗口历史记录改变时运行的脚本
onredo	当文档执行重做(redo)时运行的脚本
onresize	当浏览器窗口被调整大小时运行的脚本
onstorage	在 Web Storage 区域更新后运行的脚本
onundo	在文档执行撤销(undo)时运行的脚本

6.6.2　form 事件

HTML5 新增了 HTML 表单内的动作触发事件，可以应用到几乎所有的 HTML 元素中。其简单说明如表 6-7 所示。

表 6-7　HTML5 新增的 form 事件

事件属性	说　明
oncontextmenu	当上下文菜单被触发时运行的脚本
onformchange	在表单改变时运行的脚本
onforminput	当表单获得用户输入时运行的脚本
oninput	当元素获得用户输入时运行的脚本
oninvalid	当元素无效时运行的脚本

6.6.3　mouse 事件

HTML5 新增了多个鼠标事件，由鼠标或类似的用户动作触发。其简单说明如表 6-8 所示。

表 6-8　HTML5 新增的 mouse 事件

事件属性	说　明
ondrag	元素被拖动时运行的脚本
ondragend	在拖动操作结束时运行的脚本
ondragenter	当元素已被拖动到有效拖放区域时运行的脚本
ondragleave	当元素离开有效拖放目标时运行的脚本
ondragover	当元素在有效拖放目标上正在被拖动时运行的脚本
ondragstart	在拖动操作开始时运行的脚本

(续表)

事件属性	说　明
ondrop	当元素被拖放时运行的脚本
onmousewheel	当鼠标滚轮被滚动时运行的脚本
onscroll	当元素滚动条被滚动时运行的脚本

6.6.4　media 事件

HTML5 新增了多个媒体事件，如由视频、图像和音频触发的事件，适用于所有的 HTML 元素，但常见于多媒体元素中，如<audio>、<embed>、<img>、<object>和<video>元素。其简单说明如表 6-9 所示。

表 6-9　HTML5 新增的 media 事件

事件属性	说　明
oncanplay	当文件就绪可以开始播放时运行的脚本(缓冲已足够开始播放时)
oncanplaythrough	当多媒体能够无须因缓冲而停止即可播放至结尾时运行的脚本
ondurationchange	当多媒体长度改变时运行的脚本
onemptied	当发生故障并且文件突然不可用时运行的脚本
onended	当多媒体已到达结尾时运行的脚本(可发送例如"谢谢观看"之类的信息)
onerror	当在文件加载期间发生错误时运行的脚本
onloadedmetadata	当元数据(比如分辨率和时长)被加载时运行的脚本
onloadstart	在文件开始加载且未实际加载任何数据前运行的脚本
onpause	当多媒体被用户或程序暂停时运行的脚本
onplay	当多媒体已就绪可以开始播放时运行的脚本
onplaying	当多媒体已开始播放时运行的脚本
onprogress	当浏览器正在获取多媒体数据时运行的脚本
onratechange	每当回放速率改变时运行的脚本(例如，当用户切换到慢动作或快进模式时)
onreadystatechange	每当就绪状态改变时运行的脚本(就绪状态检测多媒体数据的状态)
onseeked	当 seeking 属性设置为 false(指示定位已结束)时运行的脚本
onseeking	当 seeking 属性设置为 true(指示定位是活动的)时运行的脚本
onstalled	在浏览器不论何种原因未能取回多媒体数据时运行的脚本
onsuspend	在多媒体数据完全加载之前，不论因何种原因而终止取回多媒体数据时运行的脚本
ontimeupdate	当播放位置改变时(例如，当用户快进到多媒体中一个不同的位置时)运行的脚本
onvolumechange	每当音量改变时(包括将音量设置为静音时)运行的脚本

6.7　实例演练

下面的实例演练将通过实例操作帮助用户巩固本章所学知识。

【例 6-23】　使用 Dreamweaver 2020 创建 HTML5 网页文档，并设计页面结构。 🎬视频

(1) 在代码视图中输入以下代码。设计将页面分成上、中、下 3 个部分：上部分用于显示导航；中部分包含两个部分，左边显示菜单，右边显示文本内容；下部分显示页面的版权信息。

```
<!doctype html>
<html>
<head>
<meta charset="utf-8">
<title>使用 HTML5 结构化元素</title>
</head>
<style type="text/css">
  #header,#sideLeft,#sideRight,#footer{
    border:1px solid red;
    padding:10px;
    margin:6px;
  }
  #header{ width: 500px;}
  #sideLeft{
    float: left;
    width: 60px;
    height: 100px;
  }
  #sideRight{
    float: left;
    width: 406px;
    height: 100px;
  }
  #footer{
    clear:both;
    width:500px;
  }
</style>
<body>
  <div id="header">导航</div>
  <div id="sideLeft">菜单</div>
  <div id="sideRight">内容</div>
```

计算机基础与实训教材系列

```
    <div id="footer">底部说明</div>
    </body>
    </html>
```

(2) 按下 F12 键预览网页，效果如图 6-9 所示。

图 6-9　网页效果

6.8　习题

1. 简述 HTML5 的优点。
2. 简述 HTML5 的文档结构。
3. 简述 HTML5 的常用元素。

第7章

使用表格

网页内容的布局方式取决于网站的主题定位。在 Dreamweaver 2020 中，表格是最常用的网页布局工具，通过表格不仅可以在网页中排列数据，还可以对页面中的图像、文本、动画等元素进行准确定位，使网页页面效果显得整齐且有序。

本章重点

- 使用 Dreamweaver 在网页中插入表格
- 设置表格、行、列和单元格的属性
- 合并与拆分单元格
- 使用表格布局网页

二维码教学视频

【例 7-1】 创建带标题的表格
【例 7-2】 定义表格的边框类型
【例 7-3】 定义表格的表头
【例 7-4】 定义表格的单元格间距

【例 7-5】 定义表格的单元格边距
【例 7-6】 定义表格的宽度
【例 7-7】 制作网站引导页面
本章其他视频参见视频二维码列表

7.1 表格的基本操作

表格是布局页面时非常有用的工具，通过使用表格布局网页可实现对页面元素的准确定位，使页面在形式上丰富多彩、条理清晰。

7.1.1 插入表格

在 Dreamweaver 2020 中，用户可以使用以下两种方法之一在网页中插入表格。

▽ 通过菜单命令插入表格：将插入点定位到网页中合适的位置，选择【插入】| Table 命令。

▽ 通过【插入】面板插入表格：将插入点定位到网页中的目标位置，按下 Ctrl+F2 组合键，显示【插入】面板，然后单击该面板中的 Table 按钮。

执行以上操作后，将打开 Table 对话框，在该对话框中用户不仅可以创建普通表格，还可以在创建的格中设置表格的标题、边框、表头、单元格间距等属性。下面将通过实例进行介绍。

1. 创建带标题的表格

【例 7-1】 使用 Dreamweaver 2020 在网页中创建一个带有标题的表格。 视频

(1) 选择【插入】| Table 命令，打开 Table 对话框，在【行数】文本框中输入 3，在【列】文本框中输入 4，在【标题】文本框中输入"一季度销售统计"，如图 7-1 所示。

(2) 单击【确定】按钮，即可在设计视图中插入带标题的表格，在表格中输入数据后，效果如图 7-2 所示。

图 7-1　Table 对话框

图 7-2　创建带标题的表格

(3) 按下 F12 键，即可在浏览器中预览网页效果。

2. 定义表格的边框类型

【例 7-2】 在网页中分别插入边框粗细为 1 和 8 的两个表格。 视频

(1) 选择【插入】| Table 命令，打开 Table 对话框，在【行数】和【列】文本框中均输入 2，在【边框粗细】文本框中输入 1，在【标题】文本框中输入"普通边框"，然后单击【确定】按钮，如图 7-3 所示。

(2) 此时，将在设计视图中插入一个两行两列的表格，代码视图中显示<table>标签自动使用

了 border 属性。

(3) 将鼠标指针放置在设计视图表格的后方,按下 Enter 键另起一行。

(4) 再次选择【插入】| Table 命令,打开 Table 对话框,在【行数】和【列】文本框中均输入 2,在【边框粗细】文本框中输入 8,在【标题】文本框中输入"加粗边框",然后单击【确定】按钮。

(5) 此时,将在设计视图中插入一个如图 7-4 所示两行两列的加粗边框表格,同时Dreamweaver 在代码视图中为<table>标签自动设置 border 属性的值为 8。

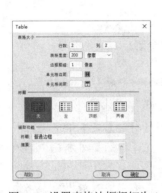 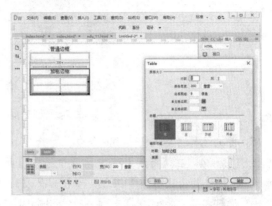

图 7-3 设置表格边框粗细为 1　　　　图 7-4 创建边框粗细为 8 的表格

(6) 按下 F12 键在浏览器中预览网页,效果与设计视图中表格的效果一致。

3.定义表格的表头

表格中常见的表头分为垂直表头、水平表头和垂直水平表头 3 种。在 HTML 中,用户可以通过为<th>标签设置 scope 属性将表格中的单元格设置为表头。

【例 7-3】 在创建表格时定义表格的表头。 视频

(1) 选择【插入】| Table 命令,打开 Table 对话框,在【行数】文本框中输入 2,在【列】文本框中输入 3,在【标题】选项区域中选中【顶部】选项,在【标题】文本框中输入"水平表头",然后单击【确定】按钮,如图 7-5 左图所示。

(2) 此时,将在设计视图中插入一个 2 行 3 列的表格,在表格中输入数据,表格第一行表头的效果如图 7-5 右图所示。

图 7-5 创建水平表头的表格

(3) 重复步骤(1)的操作，在打开的 Table 对话框中的【标题】选项区域中选中【左】选项，在【标题】文本框中输入"垂直表头"，如图 7-6 左图所示，单击【确定】按钮可以在设计视图中插入一个 2 行 3 列的表格。

(4) 在表格中输入数据，表格第一列表头的效果如图 7-6 右图所示。

图 7-6　创建垂直表头的表格

(5) 再次选择【插入】| Table 命令，打开 Table 对话框，在【行数】文本框中输入 3，在【列】文本框中输入 4，在【标题】选项区域中选中【两者】选项，在【标题】文本框中输入"垂直水平表头"，然后单击【确定】按钮，如图 7-7 左图所示。

(6) 此时，将在设计视图中插入一个 3 行 4 列的表格，在表格中输入数据，表格第一行和第一列表头的效果如图 7-7 右图所示。

图 7-7　创建垂直水平表头的表格

4. 定义表格的单元格间距

【例 7-4】 在创建表格时定义表格的单元格间距。 🎬视频

(1) 选择【插入】| Table 命令，打开 Table 对话框，在【行数】文本框中输入 2，在【列】文本框中输入 3，在【单元格间距】文本框中输入 10，在【标题】文本框中输入"单元格间距为 10 的表格"，然后单击【确定】按钮。

(2) 此时，将在设计视图中插入一个 2 行 3 列的表格，并自动设置表格单元格间距为 10，如图 7-8 所示。

5. 定义表格的单元格边距

【例 7-5】 在创建表格时定义表格的单元格边距。 🎬视频

计算机基础与实训教材系列

(1) 选择【插入】| Table 命令，打开 Table 对话框，在【行数】文本框中输入 2，在【列】文本框中输入 3，在【单元格边距】文本框中输入 12，在【标题】文本框中输入"带 cellpadding 属性的表格"，然后单击【确定】按钮。

(2) 此时，将在设计视图中插入一个 2 行 3 列的表格。在表格中输入数据后，表格单元格与单元格内容之间的距离如图 7-9 所示。

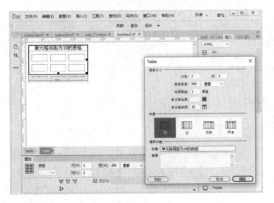 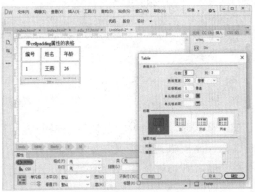

图 7-8　创建表格时设置单元格间距　　　　图 7-9　创建表格时设置单元格边距

6. 定义表格的宽度

【例 7-6】 在创建表格时定义表格的宽度。

(1) 选择【插入】| Table 命令，打开 Table 对话框，在【行数】文本框中输入 8，在【列】文本框中输入 3，在【表格宽度】文本框中输入 100，然后单击该文本框右侧的下拉按钮，从弹出的下拉列表中选择【百分比】选项，然后单击【确定】按钮，如图 7-10 左图所示。

(2) 此时，将在设计视图中插入一个 2 行 3 列的表格，效果如图 7-10 右图所示。

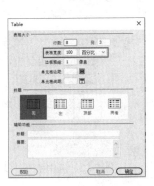 

图 7-10　设置表格宽度为 100%(占满整个页面)

7.1.2　设置表格属性

在页面中插入表格后，可在【属性】面板中对表格进行属性设置，表格的属性设置可分为三类：对整个表格的设置、对行或列的设置、对表格中的某个或几个单元格的设置，由于这三类属性设置分别针对不同的表格结构，三者不能相互替代，因此下面将分别进行介绍。

1. 设置整个表格属性

在对整个表格的属性进行设置时，需要在网页文档中单击表格的任一边框，以将整个表格选中，此时【属性】面板将会切换到如图 7-11 所示的表格【属性】面板状态，便可在其中对整个表格的属性进行相应的设置。

图 7-11　表格【属性】面板

在默认状态下，网页中创建的表格的边框粗细为 1 像素，如果要手动改变边框粗细大小，可以通过 border 属性进行定义，如 border:4px，表示表格的边框粗细为 4 像素。如果要设置表格的宽度和高度，则可以使用 Width 和 Height 属性进行设置，当然在表格的【属性】面板中进行设置是最简便的方法。

2. 设置表格行或列的属性

除了可以对整个表格的属性进行设置以外，还可以分别对表格的某行(某几行)或某列(某几列)进行属性设置。在设置表格的行或列属性时，需要先选中表格中的行或列。

▽ 选中表格中的行：将鼠标光标移至表格中目标行的行首，当鼠标光标变为右箭头状态时，单击鼠标即可选中该行，如图 7-12 所示。

▽ 选中表格中的列：将鼠标光标移至表格中目标列的顶部，当鼠标光标变为向下箭头状态时，单击鼠标即可选中该列，如图 7-13 所示。

图 7-12　选中整行

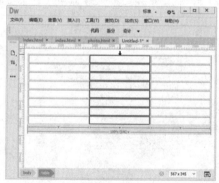

图 7-13　选中整列

在 Dreamweaver 中选中表格的某行(或列)后，将鼠标移至另一行(或列)首，按住 Ctrl 键单击该行(或列)，可将其选中；按住 Shift 键单击其他行 9(或列)，则可同时选中多个连续的行(或列)。

选中表格的行(或列)后，则可显示行或列的【属性】面板，如图 7-14、图 7-15 所示。

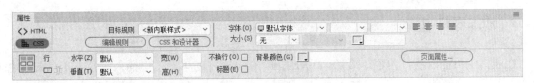

图 7-14　行【属性】面板

图 7-15　列【属性】面板

行或列【属性】面板主要分为上、下两部分。其中上部分主要用于设置行或列的单元格中文本或其他网页对象的格式及列表符号等；下部分则可对所选行或列的对齐方式、行高、列宽、标题及背景颜色进行设置，并且还可以对行或列进行合并(单击【合并所选单元格，使用跨度】按钮)和拆分(单击【拆分单元格为行或列】按钮)的操作。

3. 设置单元格属性

表格中最基本的组成元素就是单元格，由单元格组成行或列，再由行与列共同组成一个完整的表格，因此对于表格中的单元格，在 Dreamweaver 2020 中也提供了单独的属性功能设置。并且其设置方法与行、列的操作相同(其【属性】面板也相同)，要设置单元格的属性，首先需要选中目标单元格，然后在对应的单元格【属性】面板中进行设置。

选中单元格时，可选中多个相邻的连续单元格，也可以选中多个不相邻的单元格，下面将分别进行介绍。

  选中相邻或不相邻的多个单元格：将鼠标光标移至表格中的目标单元格，按住 Ctrl 键不放单击鼠标，可选中该单元格；继续按住 Ctrl 键不放单击其他单元格，可选中多个相邻或不相邻的单元格，如图 7-16 所示。

  选中相邻的连续多个单元格：在目标区域左上角的单元格中按下鼠标左键不放，拖动鼠标光标至右下角的单元格中，释放鼠标可选中多个连续的单元格；也可以通过按住 Shift 键的方法选中多个连续的单元格，如图 7-17 所示。

计算机基础与实训教材系列

图 7-16　按住 Ctrl 键选择多个相邻或不相邻的单元格

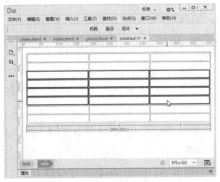

图 7-17　按住 Shift 键选择连续的单元格

7.1.3 添加表格内容

在表格中可插入各种内容,如文本和图像等。在表格中的单元格中插入内容与在网页其他区域插入内容的方法类似,只需将插入点定位到某个单元格后,插入文本内容(如图 7-18 所示)、图像(按 Ctrl+Alt+I 组合键插入)或 Flash 动画等网页对象即可,插入的内容也可以是一个表格,即表格的嵌套。

为了使表格中的内容格式更加美观,需要对表格属性进行设置,其方法为:选中表格中的行/列或单元格,即可在显示的【属性】面板中对其中的文本进行设置(如图 7-19 所示),而对于其他元素(如图像、视频、Flash 动画等),则使用常规方法进行设置。

图 7-18 在表格中添加文本

图 7-19 设置表格中文本的格式

在单元格中选中文本或其他对象后,在其【属性】面板中可单击【页面属性】按钮,打开【页面属性】对话框,在该对话框中,可对表格的位置、标题(该标题是指字体的大小,分为标题 1、标题 2……直至标题 6)和外观等进行设置。

7.1.4 操作行与列

插入表格后,如果用户发现表格的行或列不能满足添加内容的需求,可通过添加和删除行或列的操作,使插入的表格满足需求。Dreamweaver 2020 为用户提供了多种添加和删除表格行或列的操作方法,下面将分别进行介绍。

1. 插入行或列

在 Dreamweaver 2020 中插入行或列的方法很简单,具体如下。

▽ 通过菜单命令插入行或列:在目标单元格中定位插入点,选择【编辑】|【表格】命令,在弹出的子菜单中选择【插入行】或【插入列】命令,如图 7-20 所示。

通过快捷菜单插入行或列:在目标单元格中定位插入点,右击鼠标,在弹出的快捷菜单中选择【表格】|【插入行】或【插入列】命令即可。

在使用菜单命令和快捷菜单命令插入行或列时,有一个【插入行或列】命令,选择该命令后,会打开如图 7-21 所示的【插入行或列】对话框,在该对话框中可选择插入的行数或列数以及插入行(列)的位置。

图 7-20 通过菜单命令插入行或列

图 7-21 【插入行或列】对话框

2. 删除行或列

当创建的表格中出现多余的行或列时,需要将其删除。具体方法如下。

通过快捷菜单命令删除行或列:选中整行或整列单元格后,右击鼠标,在弹出的快捷菜单中选择【表格】|【删除行】或【删除列】命令。

按下 Delete 键删除行或列:选中整行或整列单元格后,按下 Delete 键即可删除所选行或列的单元格。

通过快捷键删除行或列:选中整行后,按下 Ctrl+Shift+M 组合键可快速删除行,选中整列后按下 Ctrl+Shift+-组合键可以快速删除列。

如果被删除的行或列中原本包含内容,那么删除操作会将其中内容一并删除,因此如果只是希望调整表格结构而非删除内容,应先将原有内容移动到其他行或列中。

7.1.5 拆分与合并单元格

对于相邻的单元格,可根据制作的需要将其合并,而对于某个单元格,有时候又需要根据要求将其拆分为多个更小的单元格,在 Dreamweaver 2020 中提供了专门的合并与拆分单元格的功能,下面将进行具体介绍。

1. 拆分单元格

若要拆分某个单元格,只需将插入点定位到目标单元格中,在其【属性】面板中单击【拆分单元格为行或列】按钮,或右击鼠标,在弹出的快捷菜单中选择【表格】|【拆分单元格】命令,打开【拆分单元格】对话框,在该对话框中设置所选单元格要拆分的行数或列数。然后单击【确定】按钮即可,如图 7-22 所示。

单元格的拆分会受到相邻单元格的影响,拆分后的分界线会自动与相邻已拆分单元格的分界线对齐,如在某单元格左侧有相邻的 3 行单元格,如果将该单元格拆分为 2 行,则分界线会自动与左侧相邻的第 2 个单元格与第 3 个单元格共有的分界线对齐。

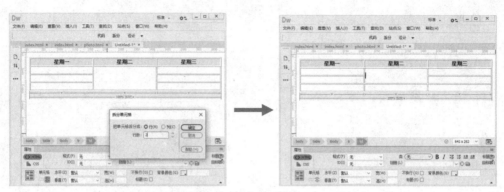

图 7-22　拆分单元格

2. 合并单元格

在 Dreamweaver 2020 中，合并单元格的操作比较简单，只需选中需要合并的单元格，在其【属性】面板中单击【合并所选单元格，使用跨度】按钮□，或选择【编辑】|【表格】|【合并单元格】命令，或按 Ctrl+Alt+M 组合键即可将所选单元格进行合并操作，如图 7-23 所示。

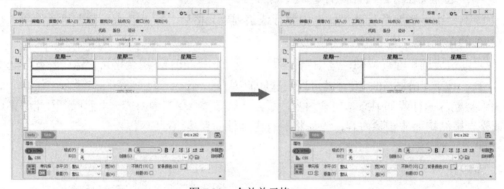

图 7-23　合并单元格

若在合并前单元格中含有内容，则合并后所有内容都将保留，并按从左到右、自上而下的顺序合并。

7.2　创建嵌套表格

一般情况下的网页布局都非常复杂，因此如果要使用表格布局网页，则不可避免地会遇到使用嵌套表格来完成一些复杂网页制作的情况，嵌套表格的插入方法与普通表格的插入方法相同，并且在一定意义上表格嵌套操作是无限制的操作，但嵌套表格的数量多了，也会降低浏览的速度，因此在使用嵌套表格时，最好不要超过 3 层。

【例 7-7】　使用嵌套表格制作一个网站引导页面。

(1) 按下 Ctrl+Shift+N 组合键创建一个空白网页，选择【文件】|【页面属性】命令，打开【页面属性】对话框。

(2) 在【页面属性】对话框的【分类】列表框中选中【外观(CSS)】选项，然后在对话框右侧的选项区域中将【左边距】【右边距】【上边距】和【下边距】都设置为 0,单击【确定】按钮,如图 7-24 所示。

(3) 按下 Ctrl+Alt+T 组合键,打开 Table 对话框,在【行数】和【列】文本框中都输入 3,在【表格宽度】文本框中输入 100,单击该文本框后的下拉按钮,在弹出的下拉列表中选择【百分比】选项,如图 7-25 所示,然后单击【确定】按钮。

图 7-24 【页面属性】对话框 　　　　　　　　　图 7-25 Table 对话框

(4) 在页面中插入一个 3 行 3 列的表格,选中表格的第 1 列。按下 Ctrl+F3 组合键,显示【属性】面板,在【宽】文本框中输入 25%,设置表格第 1 列的宽度占表格总宽度的 25%,如图 7-26 所示。

(5) 选中表格的第 3 列,在【属性】面板的【宽】文本框中输入 45%,设置表格第 3 列的宽度占表格总宽度的 45%。

(6) 将鼠标指针置于表格第 2 行第 2 列的单元格中,按下 Ctrl+Alt+T 组合键,打开 Table 对话框,设置在该单元格中插入一个 3 行 2 列且宽度为 300 像素的嵌套表格,如图 7-27 所示。

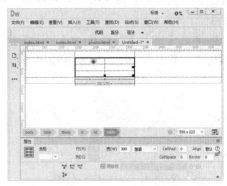

图 7-26 设置列宽 　　　　　　　　　　　图 7-27 创建嵌套表格

(7) 选中嵌套表格的第 1 行,单击【属性】面板中的【合并所选单元格,使用跨度】按钮 ,将该行中的两个单元格合并,在其中输入文本并设置文本格式,如图 7-28 所示。

(8) 使用同样的方法,合并嵌套表格的第 2 行,并在其中输入文本。

(9) 选中嵌套表格的第 3 行,在【属性】面板中将单元格的水平对齐方式设置为【左对齐】,然后按下 Ctrl+Alt+I 组合键,在该行的两个单元格中插入如图 7-29 所示的图像。

(10) 按下 Shift+F11 组合键,显示【CSS 设计器】面板,在【源】窗格中单击【+】按钮,在弹出的列表中选择【在页面中定义】选项,如图 7-30 左图所示。

计算机基础与实训教材系列

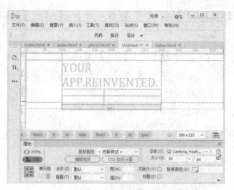
图 7-28　合并单元格并输入文本

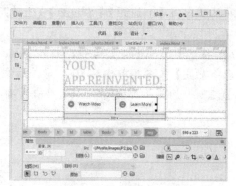
图 7-29　在单元格中插入图像

(11) 在【选择器】窗格中单击【+】按钮，在显示的文本框中输入 .t1，创建一个选择器，如图 7-30 右图所示。

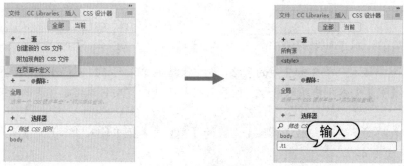
图 7-30　创建选择器

(12) 在【属性】窗格中单击【布局】按钮▦，在所显示的选项区域中将 height 设置为 550px，如图 7-31 所示。

(13) 单击【属性】窗格中的【背景】按钮▨，在所显示的选项区域中单击 background-image 选项后的【浏览】按钮▭，如图 7-32 所示。

图 7-31　设置布局属性

图 7-32　设置背景属性

(14) 打开【选择图像源文件】对话框，选择一个图像素材文件后，单击【确定】按钮。

(15) 选中网页中插入的表格，在【属性】面板中单击 class 按钮，在弹出的列表中选择 t1 选项。此时网页中的表格效果将如图 7-33 所示。

(16) 将鼠标指针置于网页中的表格之后，按下 Ctrl+Alt+T 组合键，打开 Table 对话框，设置在网页中插入一个 5 行 2 列，宽度为 800 像素的表格，如图 7-34 所示。

图 7-33　为表格应用 CSS 样式

图 7-34　插入 5 行 2 列的表格

(17) 选中页面中刚插入的表格，在【属性】面板中单击 Align 按钮，在弹出的列表中选择【居中对齐】选项，如图 7-35 所示。

(18) 选中表格的第 1 行第 1 列单元格，在【属性】面板中将该单元格内容的水平对齐方式设置为【右对齐】。

(19) 选中表格的第 1 行第 2 列单元格，在【属性】面板中将该单元格内容的水平对齐方式设置为【左对齐】。

(20) 将鼠标指针分别置入表格第 1 行的两个单元格中，按下 Ctrl+Alt+I 组合键，打开【选择图像源文件】对话框。在该行中的两个单元格内分别插入一张图片，如图 7-36 所示。

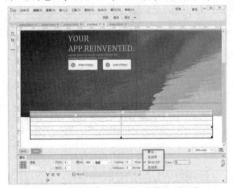

图 7-35　选择【居中对齐】选项

图 7-36　插入图片

(21) 选中表格第 2 行的单元格，在【属性】面板中单击【合并所选单元格，使用跨度】按钮，将该行单元格合并，并将单元格内容的水平对齐方式设置为【居中对齐】。

(22) 将鼠标指针置于合并后的单元格中，按下 Ctrl+Alt+I 组合键，打开【选择图像源文件】对话框。在该单元格中插入一个如图 7-37 所示的素材图像文件。

(23) 选中表格第 3、4 行第 1 列的单元格，在【属性】面板中将单元格内容的水平对齐方式设置为【右对齐】。

(24) 选中表格第 3、4 行第 2 列的单元格，在【属性】面板中将单元格内容的水平对齐方式设置为【左对齐】。

(25) 将鼠标指针置于表格第 3 行第 1 列的单元格中，按下 Ctrl+Alt+T 组合键，打开 Table 对话框，在该单元格中插入一个 2 行 2 列，宽度为 260 像素的嵌套表格，如图 7-38 所示。

图 7-37　插入素材图像

图 7-38　插入 2 行 2 列的嵌套表格

(26) 将鼠标指针置于嵌套表格第 1 行第 1 列的单元格中，在【属性】面板中将该单元格内容的水平对齐方式设置为【左对齐】，【宽】设置为 50 像素。

(27) 按下 Ctrl+Alt+I 组合键，打开【选择图像源文件】对话框，在选中的单元格中插入一个素材图像。

(28) 选中嵌套表格第 2 列的单元格，在【属性】面板中将该单元格内容的对齐方式设置为【左对齐】。

(29) 将鼠标指针置于嵌套表格第 1 行第 2 列的单元格中，单击【属性】面板中的【拆分单元格为行或列】按钮 ∰，打开【拆分单元格】对话框。选中【行】单选按钮，在【行数】文本框中输入 2，单击【确定】按钮，将该单元格拆分成如图 7-39 所示的两个单元格。

(30) 将鼠标指针分别置于拆分后的两个单元格中，在其中输入文本。

(31) 选中嵌套表格，使用 Ctrl+C(复制)、Ctrl+V(粘贴)组合键，将其复制到表格第 3、4 行其余的单元格中，效果如图 7-40 所示。

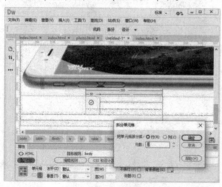

图 7-39　拆分单元格

图 7-40　复制嵌套表格

(32) 选中表格的第 5 行，在【属性】面板中设置该行单元格的【高】为 80。将鼠标指针置于表格之后，选择【插入】|HTML|【水平线】命令，插入一条水平线，并在【属性】面板中设置水平线的宽度为 100%。

(33) 在水平线下方输入网页的底部文本。按下 Ctrl+S 组合键，打开【另存为】对话框，将制作的网页文件以文件名 index.html 保存。按下 F12 键，在浏览器中查看网页效果。

7.3 表格中常用的属性

在网页中常常可以看到各种样式的表格，这些表格在 Dreamweaver 2020 中可通过表格的各种【属性】面板进行设置，设置的同时会在网页代码文档中生成代码属性，表 7-1 将介绍一些设置表格时常用的属性及其说明。

表 7-1　表格中常用的属性及其说明

属　　性	说　　明
align 属性	用于设置行内容的水平对齐方式，同样可以用在整个表格中
valign 属性	用于设置行内容的垂直对齐方式，同样可以用在整个表格中
bgcolor 属性	用于设置行的背景颜色，同样可以用在整个表格中
bordercolor 属性	用于设置行的边框颜色，而在表格中设置边框颜色则要使用"border"属性
bordercolorlight 属性	用于设置边框颜色的亮度
bordercolordark 属性	用于设置边框颜色的暗度
colspan 属性	用于设置合并单元格，如 colspan="3"，表示将 3 个单元格合并为 1 个单元格
width 属性	用于设置单元格的宽度，在表格中用于设置整个表格的宽度
height 属性	用于设置单元格的高度，在表格中用于设置整个表格的高度

表 7-2 所示为用在标题<th></th>中的常用属性及其说明。

表 7-2　标题中常用的属性及其说明

属　　性	说　　明
align 属性	用于设置行内容的水平对齐方式
valign 属性	用于设置行内容的垂直对齐方式，同样也可以用在整个表格中
bgcolor 属性	用于设置行的背景颜色，同样也可以用在整个表格中
background 属性	用于设置标题的背景颜色或背景图片
bordercolorlight 属性	用于设置标题边框颜色的亮度
bordercolordark 属性	用于设置标题边框颜色的暗度
width 属性	用于设置标题的宽度
height 属性	用于设置标题的高度

7.4 使用表格布局网页

在制作网页时，需要对网页进行布局后，才能在其中添加网页元素。使用表格布局网页简单、方便、快捷。下面将通过一个实例，介绍使用表格布局网页的方法。

【例 7-8】 使用表格布局网页。 视频

(1) 按下 Ctrl+N 组合键创建一个 HTML 网页，然后按下 Ctrl+S 组合键将其以名称"tablelayer.html"保存。

(2) 选择【窗口】|【插入】命令，显示【插入】面板，然后单击该面板中的 Table 按钮，打开 Table 对话框，在【行数】文本框中输入2，在【列】文本框中输入1，设置【表格宽度】为780像素，设置【边框粗细】【单元格边距】和【单元格间距】都为0，然后单击【确定】按钮，如图 7-41 所示，在网页中插入一个 2 行 1 列的表格。

(3) 选中页面中插入的表格的第 2 行单元格，在单元格【属性】面板中单击【拆分单元格为行或列】按钮，打开【拆分单元格】对话框，在该对话框中选中【列】单选按钮，在【列数】文本框中输入2，然后单击【确定】按钮，如图 7-42 所示，将单元格拆分为两列单元格。

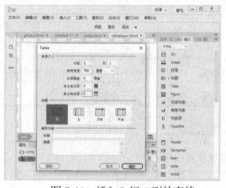

图 7-41 插入 2 行 1 列的表格

图 7-42 【拆分单元格】对话框

(4) 选中表格的第 1 行单元格，在【属性】面板的【高】文本框中输入 80，将【背景颜色】设置为"#E0DEDE"，如图 7-43 所示。

(5) 选中表格的第 2 行第 1 列单元格，在【属性】面板中将【宽】和【高】分别设置为 100 和 300，将背景颜色设置为"#F5EEEE"，如图 7-44 所示。

图 7-43 设置网页顶部布局效果

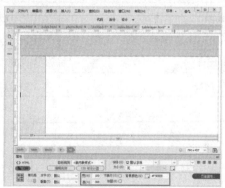

图 7-44 设置网页左侧布局效果

168

(6) 选中整个表格，在【属性】面板中单击 Align 按钮，在弹出的列表中选择【居中对齐】选项，设置表格在页面中居中对齐。

(7) 最后，按下 Ctrl+S 组合键保存网页。

7.5　实例演练

本章主要介绍了使用 Dreamweaver 2020 在网页中创建、调整与设置表格的操作方法。下面的实例演练将通过实例操作，结合前面章节中学习过的 HTML5 和 CSS 知识，介绍在 Dreamweaver 2020 的 "代码" 视图中创建表格的方法，从而帮助用户进一步巩固所学的知识。

【例 7-9】 设计一个可伸缩的自适应布局表格。　🖭视频

(1) 在 Dreamweaver 2020 中创建一个 HTML5 文档，然后切换至 "代码" 视图，在<body>标签中创建表格结构：

```
<table>
  <caption>
    img 标签的属性及说明
  </caption>
  <thead>
  <tr>
    <th>属性</th>
    <th>值</th>
    <th>说明</th>
  </tr>
  </thead>
<tbody>
  <tr>
    <td data-label="属性">alt</td>
    <td data-label="值">text</td>
    <td data-label="说明">定义有关图像的简短的描述</td>
  </tr>
  <tr>
    <td data-label="属性">src</td>
    <td data-label="值">URL</td>
    <td data-label="说明">要显示的图像的 URL</td>
  </tr>
  <tr>
    <td data-label="属性">height</td>
    <td data-label="值">pixels%</td>
```

```
        <td data-label="说明">定义图像的高度</td>
    </tr>
    <tr>
        <td data-label="属性">ismap</td>
        <td data-label="值">URL</td>
        <td data-label="说明">把图像定义为服务器端的图像映射</td>
    </tr>
    <tr>
        <td data-label="属性">usemap</td>
        <td data-label="值">URL</td>
        <td data-label="说明">定义作为客户端图像映射的一幅图</td>
    </tr>
    <tr>
        <td data-label="属性">vspace</td>
        <td data-label="值">pixels</td>
        <td data-label="说明">定义图像顶部和底部的空白</td>
    </tr>
    <tr>
        <td data-label="属性">width</td>
        <td data-label="值">Pixels%</td>
        <td data-label="说明">设置图像的宽度</td>
    </tr>
    </tbody>
</table>
</body>
```

(2) 在<head>标签内添加<style type="text/css">标签，定义内部样式表。使用@media 判断当前设备视图的宽度小于或等于 600px 时，隐藏表格的标题，让表格单元格以块显示，并向左浮动，从而设计垂直堆叠的显示效果，再次使用 attr()函数获取 data-table 属性值，以动态方式显示在每个单元格的左侧：

```
<style type="text/css">
body { font-family: arial; }
table {
    border: 1px solid #ccc;
    width: 80%;
    margin: 0; padding: 0;
    border-collapse: collapse;
    border-spacing: 0; margin: 0 auto;
}
table tr {
```

```css
        border: 1px solid #ddd;
        padding: 5px;
    }
    table th, table td {
        padding: 10px;
        text-align: center;
    }
    table th {
        text-transform: uppercase;
        font-size: 14px;
        letter-spacing: 1px;
    }
    @media screen and (max-width: 600px) {
        table { border: 0; }
        table thead { display: none; }
        table tr {
            margin-bottom: 10px;
            display: block;
            border-bottom: 2px solid #ddd;
        }
        table td {
            display: block;
            text-align: right;
            font-size: 13px;
            border-bottom: 1px dotted #ccc;
        }
        table td:last-child { border-bottom: 0; }
        table td:before {
            content: attr(data-label);
            float: left;
            text-transform: uppercase;
            font-weight: bold;
        }
    }
    .note {
        max-width: 80%;
        margin: 0 auto;
    }
</style>
```

在浏览器中预览网页，效果如图 7-45 左图所示。调整浏览器的宽度，表格能够自动变化以适应浏览器窗口大小的变化，效果如图 7-45 右图所示。

 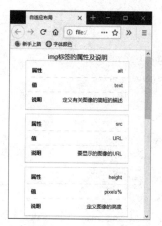

图 7-45　网页内容随着浏览器窗口大小的变化而变化

7.6　习题

1. 如何使用 Dreamweaver 2020 在网页中快速插入表格？
2. 如何使用 HTML 代码插入表格？
3. 拆分表格中的单元格有限制吗？

第8章

制作表单

在网页中，表单的作用比较重要。表单提供了从网页中收集浏览者信息的方法。它可用于调查、订购和搜索等。一般情况下，表单由两部分组成，一部分是描述表单元素的 HTML 源代码，另一部分是客户端脚本或者是服务器端脚本(用来处理用户信息的程序)。本章将通过一些实例介绍使用 Dreamweaver 2020 在网页中创建表单和各种表单元素的方法。

本章重点

- 基本表单元素
- HTML5 增强输入对象

- HTML5 input 属性
- HTML5 新增控件

二维码教学视频

【例 8-1】 添加文本框
【例 8-2】 添加文本区域
【例 8-3】 添加密码输入框
【例 8-4】 添加标准按钮

【例 8-5】 添加提交按钮和重置按钮
【例 8-6】 添加图像按钮
【例 8-7】 添加复选框组
本章其他视频参见视频二维码列表

8.1 表单简介

表单用于将来自用户的信息提交给服务器，是网站管理者与浏览者之间进行沟通的桥梁。利用表单处理程序，可以收集、分析用户的反馈意见，使网站管理者对完善网站建设做出科学、合理的决策。

8.1.1 认识表单和表单标签

在网上购物或者打开各种软件的界面时，常常会提示用户进行注册用户名、申请 QQ 账号、提交评论等操作，这些操作通常都需要填写文本内容、在选项中做选择和单击按钮进行提交等，这类网页元素就是 HTML 中用于交互的元素——表单，如图 8-1 所示。

图 8-1　网页中的表单

表单是一个能够包含表单元素的区域。通过添加不同的表单元素，将显示不同的效果。在制作网页的过程中，表单对应的 HTML 标签为<form>标签及其中包含的各种表单元素(表单标签及表单标签中的所有元素，都必须包含在表单标签范围内，才能在浏览器中显示)。

下面将分别介绍表单及表单标签的概念及作用。

▽ 表单：表单由表单标签和它所包含的表单元素所组成，并且在浏览器中不会进行显示，在网页中主要用于提交信息。

▽ 表单标签：表单标签是由表单元素所组成的，其作用是定义表单的总体属性，如提交的目标地址、提交方式和表单名称等。

8.1.2 插入与设置表单标签

在 HTML 中将表单标签(<form>)作为定义表单区域的容器，该标签可将一组表单元素(如文本框、下拉列表等)有机地组合起来，通过这些表单元素来收集用户的各种信息，并统一提交到目标 Web 处理程序中进行统一处理。

1. 插入表单标签

一般情况下只有位于表单标签中的表单元素，才能有效地向服务器提交信息，因此要创建一个完整的表单，应先从插入表单标签开始。在 Dreamweaver 2020 中，插入表单标签的方法有以下两种。

　　通过菜单命令插入：将插入点定位到目标位置后，选择【插入】|【表单】|【表单】命令，便可在目标位置插入一个表单标签。

　　通过【插入】面板插入：将插入点定位到目标位置后，按下 Ctrl+F2 组合键打开【插入】面板，切换至【表单】分类，然后单击【表单】按钮，即可在目标位置插入一个表单标签，如图 8-2 所示。

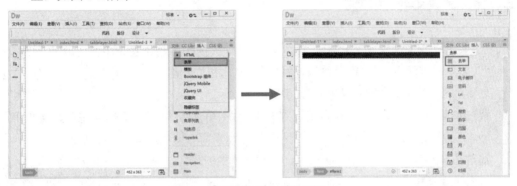

图 8-2　在网页中插入表单标签

2. 设置表单标签属性

在网页中插入表单标签后，单击表单四周的红色虚线将其选中，按下 Ctrl+F3 组合键，将显示如图 8-3 所示的表单【属性】面板，在该面板中用户可以对表单的属性进行设置，如设置提交方法、动作及编码类型等。

图 8-3　表单【属性】面板

下面将对如图 8-3 所示的表单【属性】面板中比较重要的选项进行介绍。

　　ID 文本框：用于为表单设置唯一的名称标识，以便脚本程序对其进行控制。

　　Action 文本框：用于设置表单处理程序的 URL 地址，如 E-mail 方式需要在该文本框中输入 "mailto:+发送的 URL 地址"，例如 mailto:miaofa@sina.com。

　　method 下拉按钮：用于设置表单传输数据的方法，包括默认、GET 和 POST 这 3 个选项，其中 GET 方法有传输数据量限制，因此相比之下 POST 应用得更多一些。

　　Target 下拉列表：用于设置表单提交并处理后，反馈网站的打开方式，其中主要包括 "_blank" "_new" "_parent" "_self" "_top" 和 "默认" 6 个选项。

▽　Enctype 下拉列表：用于确定发送表单数据的编码类型，包括 3 个选项，分别为【默认】、"application/x-www-form-urlencoded" 和 "multipart/form-data"，其中第 2 个选项通常会与 POST 提交方法协同操作，如果表单中包含文件上传域，则需要选择第 3 个选项。

　　Class 下拉列表：用于设置表单标签的 CSS 样式。

计算机基础与实训教材系列

▽ Auto Complete 复选框：用于启用表单的自动完成功能。

▽ No Validate 复选框：用于设置提交表单时不对表单中的内容进行验证。

▽ Title 文本框：用于设置表单域的标题名称。

▽ Accept Charset 下拉列表：用于设置服务器处理表单数据所接收的字符集，包含 3 个选项，分别是默认、UTF-8 和 ISO-5588-1 选项。

8.2   插入表单元素

在表单标签中包含了各种各样的表单元素，通过插入这些表单元素才能制作出一个完整的表单，而插入表单元素的方法和插入表单标签的方法基本相同，都可以通过菜单命令或【插入】面板进行插入，下面将分别介绍具体的操作方法。

▽ 通过菜单命令插入：将插入点定位到表单标签中的目标位置，选择【插入】|【表单】命令，在弹出的子菜单中选择需要插入的表单元素命令即可，如图 8-4 所示。

▽ 通过【插入】面板插入：将插入点定位到表单中的目标位置，按下 Ctrl+F2 组合键，打开【插入】面板，然后在【表单】分类列表中单击需要插入的表单元素按钮即可，如图 8-5 所示。

图 8-4   【表单】子菜单

图 8-5   【插入】面板的【表单】分类

8.3   设置表单元素属性

在表单中插入的表单元素不同，其属性及设置方法也不相同，下面将对常用的表单元素的属性设置及作用进行介绍。

8.3.1   文本框

文本框是一种能让网页访问者自己输入内容的表单对象，通常被用来填写单个字或者简短的回答，例如，用户的姓名和地址等。其 HTML 代码格式如下：

```
<input type="text" name="..." size="..." maxlength="..." value="...">
```

其中，type="text"定义单行文本框的输入框，name 属性定义文本框的名称，要保证数据的准确采集，必须定义一个独一无二的名称；size 属性定义文本框的宽度，单位是单个字符宽度；maxlength 属性定义最多可输入的字符数；value 属性定义文本框的初始值。

【例 8-1】 在表单中添加一个文本框。 👓视频

(1) 在网页中插入一个表单后，将鼠标指针置于设计视图的表单中，然后单击【插入】面板中的【文本】选项，在表单中插入一个文本框。

(2) 此时，将在代码视图中的<form>标签内添加以下代码：

```
<label for="textfield">Text Field:</label>
  <input type="text" name="textfield" id="textfield">
```

其中<label>标签用于为 input 元素定义标注。

(3) 在设计视图中将软件自动生成的文本 "Text Field:" 改为 "请输入您的姓名:"。

(4) 选中页面中的文本框，在【属性】面板中用户可以设置文本框的各种属性，如 Name、Size、Max Length 等，将 Size 和 Max Length 文本框中的参数分别设置为 20 和 15，在 Name 文本框中输入 yourname，如图 8-6 所示。设置文本框的名称为 yourname，大小为 20 个字符，最多可以显示 15 个字符。

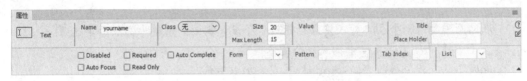

图 8-6　文本框【属性】面板

(5) 此时，Dreamweaver 2020 中的文本框效果如图 8-7 左图所示，按下 F12 键预览网页，其在浏览器中的效果如图 8-7 右图所示。

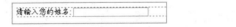

图 8-7　文本框在 Dreamweaver 中的设计效果(左图)与在浏览器中的显示效果(右图)

图 8-6 所示文本框【属性】面板中比较重要的选项的功能说明如下。

　　Name 文本框：用于命名文本框对象。

　　Size 文本框：用于设置文本框中可显示的字符数量，超出部分将不会显示，但仍会被文本框接收。

▽ Max Length 文本框：用于指定文本框中可输入的最大字符数。

▽ Value 文本框：用于设置网页被浏览时，文本框中默认显示的内容。

▽ Disabled 复选框：选中该复选框后，禁止在文本框中输入内容。

▽ Read Only 复选框：选中该复选框后，使文本区域成为只读文本框。

▽ Class 下拉列表：用于选择应用在文本框上的类样式。

▽ Auto Focus 复选框：选中该复选框后，当网页被加载时，文本框会自动获得焦点。

▽ Auto Complete 复选框：选中该复选框后，将启用表单的自动完成功能。

▽ Tab Index 文本框：用于设置表单元素 Tab 键的控制次序。

▽ List 下拉列表：用于设置引用数据列表，其中包含文本框的预定义选项。

▽ Pattern 文本框：用于设置文本框值的模式或格式。

▽ Required 复选框：选中该复选框后，在提交表单之前必须填写文本框内容。

Title 文本框：用于设置文本框的标题提示文字。

Place Holder 文本框：用于设置对象预期值的提示信息，该提示信息会在对象为空时显示，并在对象获得焦点时消失。

8.3.2 文本区域

文本区域(textarea)主要用于输入较长的文本信息。其代码格式如下：

```
<textarea name="..." cols="..." rows="..." wrap="..."></textarea>
```

其中 name 属性定义文本区域的名称，要保证数据的准确采集，必须定义一个独一无二的名称；cols 属性定义文本区域的宽度，单位是单个字符宽度；rows 属性定义文本区域的高度，单位是单个字符高度；wrap 属性定义输入内容大于文本区域时显示的方式。

【例 8-2】 在表单中添加一个文本区域。📹 视频

(1) 在网页中插入一个表单后，将鼠标指针置于设计视图的表单中，然后单击【插入】面板中的【文本区域】选项，在表单中插入一个文本区域。

(2) 此时，将在代码视图中的<form>标签内添加以下代码：

```
<label for="textarea">Text Area:</label><textarea name="textarea" id="textarea"></textarea>
```

其中<label>标签用于为 input 元素定义标注。

(3) 在设计视图中将软件自动生成的文本 "Text Area:" 改为 "请输入您的反馈意见:"。

(4) 选中页面中的文本区域，在【属性】面板中用户可以设置文本区域的各种属性，在 Name 文本框中输入 view，在 Cols 文本框中输入 35，在 Rows 文本框中输入 5，如图 8-8 所示。设置文本区域的元素名称为 view，行数为 5，列数为 35。

图 8-8　文本区域【属性】面板

(5) 此时，Dreamweaver 2020 中的文本区域效果如图 8-9 左图所示，按下 F12 键预览网页，其在浏览器中的效果如图 8-9 右图所示。

图 8-9　文本区域在 Dreamweaver 中的设计效果(左图)与在浏览器中的显示效果(右图)

图 8-8 所示的文本区域【属性】面板与图 8-6 所示的文本框【属性】面板的功能类似，其中
有区别的选项功能说明如下。

  Rows/Cols 文本框：指定文本区域中横向和纵向上可输入的字符个数。

  Wrap 下拉列表：用于设置文本区域中内容的换行模式，包括【默认】、Soft 和 Hard 这 3
  个选项。

8.3.3　密码输入框

密码输入框是一种特殊的文本域，主要用于输入一些保密信息。当网页浏览者在其中输入文
本时，显示的是黑点或者其他符号，这样就增加了输入文本的安全性。其代码格式如下：

```
<input type="password" name="..." size="..." maxlength="...">
```

其中，type="password"定义密码输入框；name 属性定义密码输入框的名称(要保证唯一性)；size
属性定义密码输入框的宽度，单位是单个字符的宽度；maxlength 属性定义最多可输入的字符数。

【例 8-3】 在表单中添加一个密码输入框。　📹视频

  (1) 继续例 8-1 的操作，在代码视图中的文本框后按下 Enter 键换行，然后在【插入】面板
中单击【密码】选项，即可在网页中插入一个密码输入框。

  (2) 在设计视图中将软件自动生成的文本 "Password:" 改为 "请输入您的密码:"。

  (3) 在设计视图中选中本例插入的密码输入框，在【属性】面板的 Name 文本框中输入 yourpw，
将 Size 和 Max Length 文本框中的参数分别设置为 20 和 15，如图 8-10 所示。设置密码输入框的
名称为 yourpw，大小为 20 个字符，最多可以显示 15 个字符。

图 8-10　密码输入框【属性】面板

  (4) 此时，代码视图中
标签后的代码将变为：

```
<br>请输入您的密码: <input name="yourpw" type="password" id="yourpw" size="20" maxlength="15">
```

  (5) 此时，Dreamweaver 2020 中的密码输入框效果如图 8-11 左图所示，按下 F12 键预览网
页，其在浏览器中的效果如图 8-11 右图所示。

图 8-11　密码输入框在 Dreamweaver 中的设计效果(左图)与在浏览器中的显示效果(右图)

图 8-10 所示的密码输入框【属性】面板与图 8-6 所示的文本框【属性】面板的功能类似，
这里不再重复介绍。

8.3.4　按钮

按钮指的是网页文件中表示按钮时使用到的表单元素，其中【提交】按钮在表单中起到非常

重要的作用，有时会使用【发送】或【登录】等其他名称来替代【提交】字样，但按钮将用户输入的信息提交给服务器的功能始终没有变化。

在【插入】面板中单击相应的按钮(按钮、【提交】按钮和【重置】按钮)，将在表单中插入标准按钮、【提交】按钮和【重置】按钮，此时，【属性】面板中显示的选项设置基本类似，如图8-12所示，其中比较重要的选项的功能说明如下。

图 8-12　按钮【属性】面板

▽　Name 文本框：用于设定当前按钮的名称。

▽　Disabled 复选框：选中该复选框后，禁用当前按钮，被禁用的按钮将呈灰色显示。

▽　Class 下拉列表：用于指定当前按钮要应用的类样式。

▽　Form 下拉列表：用于设置当前按钮所在的表单。

▽　Value 文本框：用于输入按钮上显示的文本内容。

在网页源代码中，将<input>标签的 type 属性值分别设置为 button、submit、reset，就可以创建标准按钮、【提交】按钮和【重置】按钮。

1. 标准按钮

标准按钮用来控制其他定义了处理脚本的处理工作(但这个按钮不能提交或重置表单)，其代码格式如下：

```
<input type="button" name="..." value="..." onClick="...">
```

其中，type="button"定义标准按钮；name 属性定义标准按钮的名称；value 属性定义标准按钮的显示文字；onClick 属性表示单击行为，也可以是其他事件，通过指定脚本函数来定义按钮的行为。

【例 8-4】 在表单中添加一个标准按钮。　📹视频

(1) 继续例 8-3 的操作，单击【插入】面板中的【按钮】选项，在表单中插入一个标准按钮。

(2) 此时，在代码视图中为按钮设置 onClick 属性：

```
<input type="button" name="form1" id="button" value="登录"
onClick="document.getElementById('textfield2').value=document.getElementById('textfield').value">
```

(3) 在设计视图中选中本例插入的标准按钮，在【属性】面板的 Value 文本框中输入"登录"，此时 Dreamweaver 2020 中标准按钮的效果如图 8-13 左图所示，按下 F12 键预览网页，其在浏览器中的效果如图 8-13 右图所示。

图 8-13　标准按钮在 Dreamweaver 中的设计效果(左图)与在浏览器中的显示效果(右图)

2. 提交按钮

【提交】按钮(submit button)会启动将表单数据从浏览器发送给服务器的提交过程。一个表单中可以有多个提交按钮,用户也可以利用<input>标签的提交类型设置 name 和 value 属性。对于表单中最简单的【提交】按钮(这个按钮不包含 name 和 value 属性)而言,浏览器会显示一个小的长方形,上面有默认的标记"提交"。

在其他情况下,浏览器会用<input>标签的 value 属性设置文本来标记按钮。如果设置了一个 name 属性,当浏览器将表单信息发送给服务器时,也会将【提交】按钮的 value 属性值添加到参数列表中。这一点非常有用,因为它提供了一种方法来标识表单中被单击的按钮,如此,用户可以用一个简单的表单处理应用程序来处理多个不同表单中的某个表单。

提交按钮的代码格式如下:

```
<input type="submit" name="..." value="...">
```

其中,type="submit"定义提交按钮;name属性定义提交按钮的名称;value属性定义提交按钮的显示文字。通过提交按钮可以将表单中的信息提交给表单中的action所指向的文件。

3. 重置按钮

<input>表单按钮的重置(reset)类型允许用户重置表单中的所有元素,也就是清除或设置某些默认值。与其他按钮不同,重置按钮不会激活表单处理程序,相反,浏览器将完成所有重置表单元素的工作。默认情况下,浏览器会显示一个标记为 Reset(重置)的重置按钮,用户可以在 value 属性中指定自己的按钮标记,改变默认值。

重置按钮的代码格式如下:

```
<input type="reset" name="..." value="...">
```

其中,type="reset"定义重置按钮;name 属性定义重置按钮的名称;value 属性定义重置按钮的显示文字。

【例 8-5】 在表单中添加提交按钮和重置按钮。 视频

(1) 继续例 8-3 的操作,单击【插入】面板中的【"提交"按钮】按钮,在表单中插入一个提交按钮。

(2) 单击【插入】面板中的【"重置"按钮】按钮,在表单中插入一个重置按钮,如图 8-14 所示。

(3) 按下 F12 键在浏览器中预览网页的效果,在网页的文本框中输入图 8-15 左图所示的文本后单击【重置】按钮,将会立即清空所输入的数据,效果如图 8-15 右图所示。

图 8-14　按钮效果

图 8-15　【重置】按钮的清空效果

8.3.5　图像按钮

如果要使用图像作为提交按钮,可以在网页中使用图像按钮。在大部分网页中,提交按钮都

计算机基础与实训教材系列

采用了图像形式。图像按钮的代码格式如下：

```
<input type="image" src="url" />
```

【例 8-6】 在表单中添加图像按钮。 📀视频

(1) 继续例 8-3 的操作，单击【插入】面板中的【图像按钮】按钮，打开【选择图像源文件】对话框，选择一个作为按钮的图像文件后单击【确定】按钮，即可在页面中插入一个图像按钮，如图 8-16 所示。

图 8-16　在表单中插入图像按钮

(2) 选中表单中的图像按钮，在【属性】面板中显示相应的设置选项，如图 8-17 所示。

图 8-17　图像按钮【属性】面板

在图 8-17 所示的图像按钮【属性】面板中，比较重要的选项的功能如下。

▽ Name 文本框：用于设定当前图像按钮的名称。

▽ Disabled 复选框：选中该复选框后，可以禁用当前图像按钮。

▽ Form No Validate 复选框：选中该复选框后，可以禁用表单验证。

▽ Class 下拉列表：用于指定当前图像按钮应用的类样式。

▽ Form 下拉列表：用于设置当前图像按钮所在的表单。

▽ Src 文本框：用于设定图像按钮所用图像的路径。

▽ Alt 文本框：用于设定当图像按钮无法显示图像时的替代文本。

▽ 【宽】文本框：用于设定图像按钮中图像的宽度。

▽ 【高】文本框：用于设置图像按钮中图像的高度。

　Form Action 文本框：用于设定当提交表单时，向何处发送表单数据。

　Form Method 下拉列表：用于设置如何发送表单数据，包括默认、Get 和 Post 这 3 个选项。

8.3.6　复选框

复选框的主要作用是让网页浏览者在一组选项中可以同时选择多个选项。每个复选框都是一

个独立的元素，都必须有一个唯一的名称。其代码格式如下：

```
<input type="checkbox" name="..." value="...">
```

其中 type="checkbox"定义复选框；name 属性定义复选框的名称；value 属性定义复选框的值。

【例 8-7】　在表单中添加一组复选框。　　视频

(1) 将鼠标指针置于设计视图的表单中，单击【插入】面板中的【复选框组】选项。

(2) 打开【复选框组】对话框，单击+按钮在【标签】组中添加 3 个复选框，在【名称】文本框中输入 Group，在【标签】组中为每个复选框设置不同的名称和值，然后单击【确定】按钮，如图 8-18 所示。

(3) 此时，将在代码视图中的<form>标签内添加以下代码：

```
<p>
    <label>
      <input type="checkbox" name="CheckboxGroup1" value=" CheckBox_1" id="CheckboxGroup1_0">
      科技</label>
    <br>
    <label>
      <input type="checkbox" name="CheckboxGroup1" value=" CheckBox_2" id="CheckboxGroup1_1">
      知识</label>
    <br>
    <label>
      <input type="checkbox" name="CheckboxGroup1" value=" CheckBox_3" id="CheckboxGroup1_2">
      生活</label>
    <br>
  </p>
```

并在设计视图中添加如图 8-19 所示的复选框组。

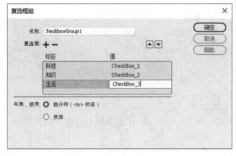

图 8-18　【复选框组】对话框

图 8-19　在表单中插入的复选框

(4) 选中复选框组中的任意一个复选框，在【属性】面板中可以设置复选框的属性，如图 8-20所示。

图 8-20　复选框【属性】面板

复选框【属性】面板中比较重要选项的功能说明如下。

▽ Name 文本框：用于设定当前复选框的名称。

　Disabled 复选框：选中该复选框后，可以禁用当前复选框。

　Required 复选框：选中该复选框后，在提交表单之前必须选中当前复选框。

　Auto Focus 复选框：设置在支持 HTML5 的浏览器中打开网页时，鼠标光标自动聚焦在当前复选框上。

　Class 下拉按钮：用于指定当前复选框要应用的类样式。

▽ Form 下拉按钮：用于设置当前复选框所在的表单。

▽ Checked 复选框：用于设置当前复选框的初始状态。

▽ Value 文本框：用于设置当前复选框被选中的值。

8.3.7　单选按钮

单选按钮的主要作用是让网页浏览者在一组选项中只能选择一个选项。其代码格式如下：

```
<input type="radio" name="..." value="...">
```

其中 type="radio"定义单选按钮，name 属性定义单选按钮的名称，单选按钮都是以组为单位使用的，在同一组中的单选按钮都必须用同一个名称；value 属性定义单选按钮的值，在同一组单选按钮中，它们的值必须是不同的。

☞【例 8-8】　在表单中添加一组单选按钮。　🎬 视频

(1) 将鼠标指针置于设计视图的表单中，单击【插入】面板中的【单选按钮】选项，在网页中插入一个单选按钮。

(2) 此时，将在代码视图中的<form>标签内添加以下代码：

```
<input type="radio" name="radio" id="radio" value="radio">
<label for="radio">Radio Button </label>
```

其中<label>标签用于为 input 元素定义标注。

(3) 若在【插入】面板中单击【单选按钮组】按钮，在打开的【单选按钮组】对话框中用户可设置在表单中插入一组单选按钮，如图 8-21 所示。

(4) 此时，将在代码视图中的<form>标签内添加以下代码：

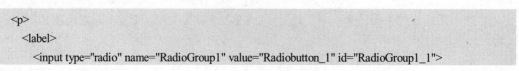

```
        男</label>
      <br>
      <label>
        <input type="radio" name="RadioGroup1" value="Radiobutton_2" id="RadioGroup1_2">
        女</label>
      <br>
  </p>
```

并在设计视图中添加如图 8-22 所示的单选按钮组。

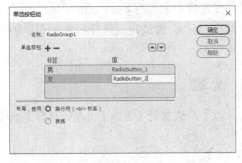

图 8-21 【单选按钮组】对话框   图 8-22 在表单中插入的单选按钮组

(5) 选中单选按钮组中的一个单选按钮，在【属性】面板中用户可以设置该单选按钮的属性参数，如图 8-23 所示。

图 8-23 单选按钮【属性】面板

单选按钮【属性】面板中比较重要选项的功能说明如下。

Name 文本框：用于设定当前单选按钮的名称。

Disabled 复选框：选中该复选框后，可以禁用当前单选按钮。

Required 复选框：选中该复选框后，在提交表单之前必须选中当前单选按钮。

Auto Focus 复选框：设置在支持 HTML5 的浏览器中打开网页时，鼠标光标自动聚焦在当前单选按钮上。

Class 下拉列表：用于指定当前单选按钮要应用的类样式。

Form 下拉列表：用于设置当前单选按钮所在的表单。

Checked 复选框：用于设置当前单选按钮的初始状态。

Value 文本框：用于设置当前单选按钮被选中的值，这个值会随着表单提交到服务器上，因此必须要输入。

8.3.8 选择(列表/菜单)对象

选择对象主要用于在有限的空间中设置多个选项。下拉列表既可以用作单选，也可以用作复选，其代码格式如下：

```
<select name="..." size="..." multiple>
<option value="..." selected>
...
</option>
...
</select>
```

其中 size 属性定义选择对象的行数；name 属性定义选择对象的名称；multiple 属性表示可以多选，如果不设置该属性，选择对象中的选项只能单选；value 属性定义选择对象中选项的值；selected 属性表示默认已经选择了选择对象中的某个选项。

【例 8-9】 在表单中添加一个“选择”对象。 视频

(1) 将鼠标指针置于设计视图的表单中，单击【插入】面板中的【选择】选项，然后单击【属性】面板中的【列表值】按钮，如图 8-24 所示。

(2) 打开【列表值】对话框，设置【项目标签】和【值】参数后，单击+按钮添加新的列表项(如图 8-25 所示)，单击【确定】按钮。

图 8-24　在表单中插入选择对象

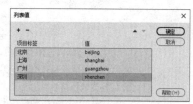

图 8-25　【列表值】对话框

(3) 此时，将在代码视图中的<form>标签内添加以下代码：

```
<select name="select" id="select">
    <option value="beijing">北京</option>
    <option value="shanghai">上海</option>
    <option value="guangzhou">广州</option>
    <option value="shenzhen">深圳</option>
</select>
```

(4) 在图 8-26 所示的【属性】面板中，可以设置选择对象的属性。

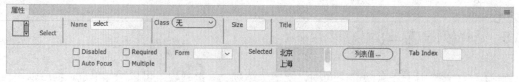

图 8-26　选择对象【属性】面板

Name 文本框：网页中包含多个表单时，用于设定当前选择对象的名称。

Disabled 复选框：选中该复选框后，可以禁用当前选择对象。

Required 复选框：选中该复选框后，在提交表单之前必须在当前选择对象中选中任意一个选项。

Auto Focus 复选框：设置在支持 HTML5 的浏览器中打开网页时，鼠标光标自动聚焦在当前选择对象上。

Class 下拉列表：指定当前选择对象要应用的类样式。

Multiple 复选框：设置用户可以在当前选择对象中选中多个选项(按住 Ctrl 键)。

Form 下拉列表：用于设置当前选择对象所在的表单。

Size 文本框：用于设定当前选择对象所能容纳选项的数量。

Selected 列表框：用于显示当前选择对象内所包含的选项。

【列表值】按钮：单击该按钮后，打开如图 8-25 所示的【列表值】对话框，可输入或修改选择对象表单要素的各种项目。

8.4　使用 HTML5 增强输入对象

在网页中除了上面介绍的基本表单元素以外，HTML5 还新增了多个输入型表单控件对象，以实现更好的输入控制和验证，包括 url、email、time、range、search 等类型的对象。对于这些增强的输入控件，Dreamweaver 2020 中都提供有相对应的功能设置，用户可以通过【插入】面板中的选项，在可视化的页面中完成这些元素的应用与设置。

8.4.1　url 类型对象

url 类型对象的 input 元素对象用于说明网站地址。它在网页中显示为一个文本字段，用于输入 URL 地址。在提交表单时，会自动验证 url 的值。其代码格式如下：

```
<input type="url" name="userurl"/>
```

另外，用户可以使用普通属性设置 url 输入框，例如，可以使用 max 属性设置其最大值、使用 min 属性设置其最小值、使用 step 属性设置合法的数字间隔，利用 value 属性设置其默认值(下面对于其他高级属性中同样的设置不再重复阐述)。

【例 8-10】在表单中添加一个 url 输入框。 视频

(1) 将插入点置于网页中的表单内，单击【插入】面板中的【Url】选项即可插入一个 url 输入框，并在代码视图的<form>标签中添加以下代码：

```
<label for="url">Url:</label>
<input name="url" type="url" id="url">
```

(2) 在设计视图内选中表单中的文本框，在【属性】面板的 Value 文本框中输入一个网址，为其设置默认值，在 Size 和 Max Length 文本框中分别输入 30 和 50，如图 8-27 所示。

(3) 将系统自动生成的文本改为"请输入网站地址:"，然后按下 F12 键在浏览器中预览网页，效果如图 8-28 所示。

图 8-27　设置 URL 输入框属性

图 8-28　URL 输入框效果

8.4.2　email 类型对象

email 类型对象的 input 元素用于让网页浏览者在网页中输入电子邮件地址。在提交表单时，会自动验证 email 域的值。其代码格式如下：

```
<input type="email" name="user_email"/>
```

【例 8-11】 在表单中添加一个 email 输入框。🎬视频

(1) 在设计视图中将插入点置于网页的表单内，单击【插入】面板中的【电子邮件】选项，在代码视图的<form>标签中添加以下代码：

```
<label for="email">Email:</label>
<input type="email" name="email" id="email">
```

在【属性】面板的 value 文本框中输入一个电子邮件地址为其设置默认值，在 Size 和 Max Length 文本框中分别输入 30 和 50，如图 8-29 所示。

(2) 将系统自动生成的文本改为"请输入邮件地址:"，然后按下 F12 键在浏览器中预览网页，若用户在 email 输入框中输入的邮箱地址不合法，单击【提交】按钮后，页面会弹出效果如图 8-30 所示的提示信息。

图 8-29　设置 email 输入框属性

图 8-30　email 输入框的输入提示

8.4.3　date 和 time 类型对象

在 HTML5 中，新增了一些日期和时间输入类型，包括 date、datetime、datetime-local、month、week 和 time。有关这些类型的具体说明如表 8-1 所示。

表 8-1　日期和时间输入类型

属　　性	说　　明
date	选取日、月、年
month	选取月、年
week	选取周和年
time	选取时间
datetime	选取时间、日、月、年
datetime-local	选取时间、日、月、年(本地时间)

表 8-1 所示属性的代码格式都十分类似，以 date 类型为例进行说明，其代码格式如下：

```
<input type="date" name="user_date"/>
```

【例 8-12】 在表单中添加一个 date 选择器。🎬视频

(1) 将插入点置于页面中的表单内，单击【插入】面板中的【日期】选项，在代码视图的<form>标签中添加以下代码:

```
<label for="date">Date:</label>
<input type="date" name="date" id="date">
```

在设计视图中，将系统自动生成的文本改为"请选择个人信息更新日期:"，如图 8-31 所示。

(2) 按下 F12 键在浏览器中预览网页的效果，单击页面中输入框右侧的向下按钮，即可在弹出的列表窗口中选择需要的日期，如图 8-32 所示。

图 8-31　在表单中插入 date 选择器

图 8-32　日期选择效果

8.4.4　number 类型对象

number 类型对象的 input 元素提供了一个输入数字的控件。用户可以在其中直接输入数字或者通过单击微调框中的向上或向下按钮选择数据。其代码格式如下:

计算机基础与实训教材系列

```
<input type="number" name="..."/>
```

【例 8-13】 在表单中添加一个数字输入控件。 视频

(1) 将插入点置于页面中的表单内，单击【插入】面板中的【数字】选项，在代码视图的<form>标签中添加以下代码：

```
<label for="number">Number:</label>
<input type="number" name="number" id="number">
```

(2) 在设计视图中，将系统自动生成的文本改为"每：天自动退出登录"，然后在【属性】面板的 Max 文本框中输入 5，在 Min 文本框中输入 0，设置 number 属性的最大值为 5，最小值为 0，如图 8-33 所示。

(3) 按下 F12 键在浏览器中预览网页的效果，用户可以在页面中的文本框内直接输入数字，也可以通过单击文本框右侧的微调按钮进行输入，如图 8-34 所示。

图 8-33　设置数字控件的属性

图 8-34　数字控件效果

8.4.5　range 类型对象

range 类型对象的 input 元素在网页中显示为一个滚动控件。和 number 类型一样，用户可以使用 max、min 和 step 属性来控制控件的范围。其代码格式如下：

```
<input type="range" name="..." min="..." max="..."/>
```

其中 min 和 max 属性分别控制滚动控件的最小值和最大值。

【例 8-14】 在表单中添加一个滚动控件。 视频

(1) 将插入点置于页面中的表单内，单击【插入】面板中的【范围】选项，在代码视图的<form>标签中添加以下代码：

```
<label for="range">Range:</label>
<input type="range" name="range" id="range">
```

(2) 在设计视图中将系统自动生成的文本"Range:"修改为"请设置范围参数"，选中页面中

的控件，在【属性】面板的 Min 文本框中输入 1，在 Max 文本框中输入 10，在 Step 文本框中输入 1，设置 range 属性的最大值、最小值和调整数字的合法间隔，如图 8-35 所示。

(3) 按下 F12 键在浏览器中预览网页的效果，用户可以拖动页面中的滑块，选择合适的数字，如图 8-36 所示。

图 8-35　设置滚动控件属性

图 8-36　滚动控件效果

8.4.6　search 类型对象

search 类型对象的 input 元素提供专门用于输入搜索关键词的文本框，其代码格式如下：

```
<input type="search" name="…" id="…">
```

【例 8-15】 在表单中添加一个搜索框。 视频

(1) 将鼠标指针置于页面中的表单内，选择【插入】|【表单】|【搜索】命令(或单击【插入】面板中的【搜索】选项)，在代码视图的<form>标签中添加以下代码：

```
<label for="search">Search:</label>
<input type="search" name="search" id="search">
```

(2) 在设计视图中将系统自动生成的文本 "Search:" 修改为 "请输入搜索关键字:"，如图 8-37 所示。

(3) 按下 F12 键预览网页，效果如图 8-38 所示。如果在搜索框中输入要搜索的关键词，在搜索框右侧就会出现一个 "×" 按钮。单击该按钮可以清除已经输入的文本内容

图 8-37　在表单中插入搜索框

图 8-38　搜索框效果

8.4.7　tel 类型对象

tel 类型对象的 input 元素提供专门用于输入电话号码的文本框，它并不限于只能输入数字，因此很多电话号码也包括其他的字符，例如 "+" "-" 等。其代码格式如下：

```
<input type="tel" name="…" id="…">
```

【例 8-16】 在表单中添加一个用于输入电话号码的文本框。 视频

(1) 将鼠标指针置于页面中的表单内,选择【插入】|【表单】|tel 命令(或单击【插入】面板中的【Tel】选项),在代码视图的<form>标签中添加以下代码:

```
<label for="tel">Tel:</label>
<input type="tel" name="tel" id="tel">
```

(2) 在设计视图中将系统自动生成的文本 "Tel:" 修改为 "请输入手机号码:",如图 8-39 所示。

(3) 保存文档后,按下 F12 键预览网页,tel 类型对象在网页中的效果如图 8-40 所示。

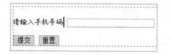

图 8-39　在表单中插入 tel 类型的文本框

图 8-40　tel 文本框效果

8.4.8　color 类型对象

color 类型对象的 input 元素提供专门用于输入颜色的控件。当 color 类型的文本框获取焦点后,会自动调用系统的颜色窗口(打开颜色选择器)。其代码格式如下:

```
<input type="color" name="…" id="…">
```

【例 8-17】 在表单中添加一个颜色选择控件。 视频

(1) 将鼠标指针置于页面中的表单内,选择【插入】|【表单】|【颜色】命令(或单击【插入】面板中的【颜色】选项),在代码视图的<form>标签中添加以下代码:

```
<label for="color">Color:</label>
<input type="color" name="color" id="color">
```

(2) 将系统自动生成的文本 "Color:" 修改为 "请设置商品颜色:",如图 8-41 所示。

(3) 按下 F12 键预览网页,单击页面中的颜色选择控件,将打开颜色选择器,在其中选择一个颜色后单击【确定】按钮,将在颜色控件中选中所选择的颜色,如图 8-42 所示。

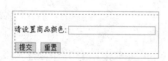

图 8-41　在表单中插入颜色选择控件

图 8-42　颜色选择控件效果

8.5　使用 HTML5 input 属性

HTML5 为 input 元素新增了多个属性，用于限制输入行为或格式。下面将分别进行介绍。

1. autocomplete 属性

目前，大部分浏览器都带有辅助用户完成输入的自动完成功能，只要开启了该功能，用户在网页中下次输入相同的内容时，浏览器就会自动完成内容的输入。

HTML5 新增的 autocomplete 属性可以帮助用户在 input 类型的输入框中实现自动完成内容的输入，这些 input 类型包括 text、search、url、tel、email、password、range 和 color 等。不过，在有些浏览器中，可能需要首先启用浏览器本身的自动完成功能后，才能使 autocomplete 属性起作用。

autocomplete 属性同样适用于<form>标签。默认状态下，表单的 autocomplete 属性是处于打开状态的，其中的输入类型继承所在表单的 autocomplete 状态。用户也可以单独将表单中某一输入类型的 autocomplete 状态设置为打开或者关闭状态，这样可以更好地实现自动完成功能。

autocomplete 属性有两个值：on 和 off。下面通过两个实例介绍其使用方法。

【例 8-18】分别设置表单和表单输入控件的 autocomplete 属性值。🎬视频

(1) 打开素材网页，在状态栏的标签选择器中选择 form 标签。在【属性】面板中选中 Auto Complete 复选框，如图 8-43 所示，将表单的 autocomplete 属性值设置为 "on"，此时，将在代码视图中为<form>设置 autocomplete 属性。

(2) 选中表单中的【姓名】文本框控件，在【属性】面板中选中 Auto Complete 复选框，然后在代码视图中将 autocomplete 属性设置为 "off"。

(3) 按下 F12 键预览网页，当用户将焦点定位在【姓名】文本框中时，将不会自动填充用户上次输入的内容，而将焦点定位在网页中的其他文本框中时，将在如图 8-44 所示的列表中显示上次输入的内容。

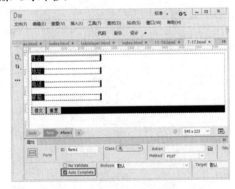

图 8-43　为表单设置 autocomplete 属性

图 8-44　网页效果

当将 autocomplete 属性设置为 "on" 时，用户可以使用 HTML5 中新增的<datalist>标签和 list 属性提供一个数据列表供用户进行选择。

【例 8-19】应用 autocomplete 属性、<datalist>标签和 list 属性实现自动完成功能。🎬视频

(1) 打开素材网页，在设计视图内选中表单中的【姓名】文本框，在【属性】面板中选中 Auto Complete 复选框，在 List 文本框中输入 name，为该表单元素添加 autocomplete 和 list 属性，如图 8-45 所示。

```
<input name="textfield" type="text" id="textfield" list="name" autocomplete="on">
```

(2) 在代码视图中的<input>标签后添加以下代码:

```
<datalist id="name" style="display: none；">
  <option value="王先生">王先生</option>
  <option value="王女士">王女士</option>
  <option value="张女士">张女士</option>
  <option value="张先生">张先生</option>
</datalist>
```

(3) 按下 F12 键预览网页，当用户将焦点定位在【姓名】文本框中，会自动出现一个列表供用户选择，如图 8-46 所示。而当用户单击页面中的其他位置时，这个列表将会消失。

图 8-45　给文本框添加 autocomplete 和 list 属性　　　图 8-46　焦点定位文本框时显示的列表

(4) 当用户在【姓名】文本框中输入"王"或"张"时，随着用户输入不同的内容，自动完成数据列表中的选项并发生变化，如图 8-47 所示。

图 8-47　文本框会根据输入的内容自动更新列表中的选项

2. autofocus 属性

当用户在访问百度搜索引擎首页时，页面中的搜索文本框会自动获得光标焦点，以方便输入搜索关键词。这对大部分用户而言是一项非常方便的功能。传统网站多采用 JavaScript 来实现让表单中某控件自动获取焦点。具体而言，通常是使用 JavaScript 的 focus()方法来实现这一功能。

在 HTML5 中，新增了 autofocus 属性，它可以实现在页面加载时，使某表单控件自动获得焦点。这些控件可以是文本框、复选框、单选按钮、普通按钮等所有<input>标签的类型。

下面通过一个实例来介绍 autofocus 属性的使用方法。

【例 8-20】 在表单中应用 autofocus 属性。 视频

(1) 打开素材网页，在设计视图中选中【电话】后的文本框，在【属性】面板中选中 Auto Focus 复选框，如图 8-48 左图所示。此时，将在代码视图中为文本框设置 autofocus 属性。

```
<input name="textfield3" type="text" autofocus="autofocus" id="textfield3">
```

(2) 按下 F12 键在浏览器中预览网页，页面中的【电话】文本框将自动获得焦点，用户可以优先在其中输入内容，如图 8-48 右图所示。

图 8-48 为"电话"文本框设置 autofocus 属性使其自动获得焦点

这里需要注意的是：在同一页面中只能指定一个 autofocus 属性值，所以必须谨慎使用。

如果浏览器不支持 autofocus 属性，则会将其忽略。此时，要使所有浏览器都能实现自动获得焦点，用户可以在 JavaScript 中添加一小段脚本，以检测浏览器是否支持 autofocus 属性，例如：

```
<!doctype html>
<html>
<head>
<meta charset="utf-8">
</head>
<body>
<form id="form1" name="form1" method="post">
  <p>
    <label for="textfield">姓名:</label>
    <input name="textfield" type="text" autofocus="autofocus" id="textfield">
  </p>
  <p>
    <input type="submit" name="submit" id="submit" value="提交">
    <input type="reset" name="reset" id="reset" value="重置">
  </p>
</form>
<script>
```

计算机基础与实训教材系列

```
if (!("autofocus" in document.createElement("input")))
{
document.getElementById("ok").focus();
}
</script>
</body>
</html>
```

3. form 属性

在 HTML5 之前，如果用户要提交一个表单，必须把相关的控件元素都放在表单内部，即放在<form></form>标签之间。在提交表单时，<form></form>标签之外的控件将被忽略。HTML5 中新增了一个 form 属性，使这一问题得到了很好的解决。使用 form 属性，可以把表单内的元素写在页面中的任意一个位置，然后只需要为这个元素指定 form 属性并为其指定属性值为表单 id 即可。如此，便规定了该表单元素属于指定的这一表单。此外，form 属性也允许规定一个表单元素从属于多个表单。form 属性适用于所有 input 输入类型，在使用时，必须引用所属表单的 id。

【例 8-21】 为表单之外的控件设置 form 属性。 🌐视频

(1) 打开素材网页，在页面中的表单(id 为 form1)之外插入一个文本框，在设计视图中选中所插入的文本框控件，在【属性】面板中单击 Form 下拉按钮，从弹出的下拉列表中选择 form1 选项，如图 8-49 左图所示。

(2) 此时将为文本框控件设置 form 属性:

```
<input name="textfield5" type="text" id="textfield5" form="form1">
```

(3) 按下 F12 键预览网页，效果如图 8-49 右图所示。页面中的【微信号】文本框在 form 元素之外，但因为使用了 form 元素并且值为表单的 id(form1)，所以该文本框仍然是表单的一部分。

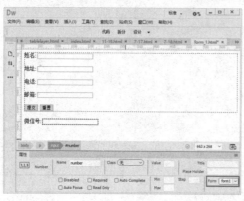

图 8-49　为表单外的控件应用 form 属性后也属于表单的一部分

这里需要注意的是: 如果一个 form 属性要引用两个或两个以上的表单，则需要使用空格将表单的 id 分隔开。例如: <input name="textfield5" type="text" id="textfield5" form= "form1 form2 form3">。

4. height 和 width 属性

height 和 width 属性分别用于设置 image 类型的 input 元素图像的高度和宽度,这两个属性只适用于 image 类型的<input>标签。下面通过一个实例介绍其用法。

【例 8-22】 使用 height 和 width 属性设置图像按钮的高度和宽度。　视频

(1) 在设计视图中将鼠标指针置于表单中后,选择【插入】|【表单】|【图像按钮】命令(或单击【插入】面板中的【图像按钮】选项),打开【选择图像源文件】对话框,选择一个作为图像按钮的图片文件后,单击【确定】按钮,在表单中添加一个图像按钮,如图 8-50 所示。

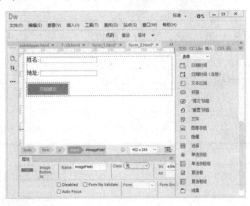

图 8-50　在表单中添加图像按钮

(2) 选中设计视图中的图像按钮后,在【属性】面板中设置【宽】为 120,【高】为 38。此时,将为 image 类型的<input>标签添加 height 和 width 属性:

```
<input name="imageField" type="image" id="imageField" src="images/提交.jpg" width="120" height="38">
```

(3) 按下 F12 键预览网页,页面中图像按钮的大小被限制为 120 像素×38 像素。

5. list 属性

HTML5 中新增了一个 datalist 元素,可以实现数据列表的下拉效果,其外观类似于 autocomplete 属性的效果,用户可以从列表中选择,也可以自行输入,而 list 属性用于指定输入框应绑定哪一个 datalist 元素,其值是某个 datalist 元素的 id。

【例 8-23】 使用 list 属性为文本框设置弹出列表。　视频

(1) 在设计视图内选中页面中的 url 控件,在【属性】面板的 list 文本框中输入“url_list”,为<input>标签添加 list 属性:

```
<input name="url" type="url" id="url" list="url_list">
```

(2) 在代码视图中的上述代码之后输入以下代码:

```
<datalist id="url_list">
  <option label="新浪" value="http://www.sina.com.cn"/>
  <option label="网易" value="http://www.163.com"/>
```

计算机基础与实训教材系列

```
<option label="搜狐" value="http://www.sohu.com"/>
</datalist>
```

(3) 按下 F12 键预览网页，单击页面中的网址输入框后，将弹出预定的网址列表，效果如图 8-51 所示。

本例中 list 属性适用的 input 输入类型有：text、search、url、tel、email、date、number、range 和 color。

图 8-51　网址列表

6. min、max 和 step 属性

HTML5 新增的 min、max 和 step 属性用于为包含数字或日期的 input 输入类型设置限制值，适用于 date、number 和 range 等 input 元素类型。其具体说明如表 8-2 所示。

表 8-2　min、max 和 step 属性的用途说明

属　　性	说　　明
min	设置输入框所允许的最小值
max	设置输入框所允许的最大值
step	为输入框设置合法的数字间隔，或称为步长。例如 step= " 4"，则表示合法的数值为 0、4、8、…

【例 8-24】将 min、max 和 step 属性应用于数值输入框。

(1) 在设计视图内选中页面中的数字输入控件，在【属性】面板的 Max 文本框中输入 10，为<input>标签添加 max 属性；在 Min 文本框中输入 0，为<input>标签添加 min 属性；在 Step 文本框中输入 2，为<input>标签添加 step 属性，如图 8-52 所示。

(2) 按下 F12 键预览网页，单击数字输入框上的微调按钮，数字将以 2 为步长发生变化，如图 8-53 所示。

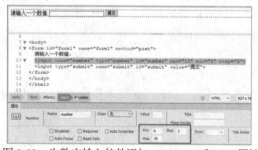

图 8-52　为数字输入控件添加 min、max 和 step 属性

图 8-53　数字输入控件效果

(3) 如果用户在数字输入框中输入一个 0~10 以外的数字，浏览器将弹出提示文本；如果用户在数字输入框中输入一个不合法的数值，例如 5，浏览器将弹出如图 8-54 所示的提示文本。

图 8-54　数字输入控件的输入提示

7. pattern 属性

pattern 属性用于验证 input 类型输入框中用户输入的内容是否与自定义的正则表达式相匹配，该属性适用于 text、search、url、tel、email、password 等<input>标签。

pattern 属性允许用户自定义一个正则表达式，而用户的输入必须符合正则表达式所指定的规则。pattern 属性中的正则表达式语法与 JavaScript 中的正则表达式语法相匹配。

【例 8-25】 为电话输入框设置 pattern 属性。 视频

(1) 在设计视图内选中页面中的电话输入控件，在【属性】面板的 Pattern 文本框中输入"[0-9]{8}"，为<input>标签添加 pattern 属性，在 Title 文本框中输入 "请输入 8 位电话号码"，为错误提示设置文字提示。

```
<input name="tel" type="tel" id="tel" pattern="[0-9]{8}" title="请
输入 8 位电话号码">
```

(2) 按下 F12 键预览网页，如果在页面的电话输入框中输入的数字不是 8 位，将弹出如图 8-55 所示的错误输入提示框。

图 8-55　错误输入提示框

上例代码中的 "pattern="[0-9]{8}"" 规定了电话输入框中输入的数值必须是 0~9 的阿拉伯数字，并且必须为 8 位数。有关正则表达式的相关知识用户可以参考相关图书或资料。

8. placeholder 属性

placeholder 属性用于为 input 类型的输入框提供一个提示(hint)，此类提示可以描述输入框期待用户输入的内容。在输入框为空时将显示，而当输入框获得焦点时将消失。placeholder 属性适用于 text、search、url、tel、email、password 等类型的<input>标签。

【例 8-26】 为文本框设置 placeholder 属性。 视频

(1) 在设计视图内选中页面中的文本框控件，在【属性】面板的 Place Holder 文本框中输入 "请输入邮政编码"，如图 8-56 左图所示。为文本框代码添加一个提示:

```
<input name="textfield" type="text" id="textfield" placeholder="请输入邮政编码">
```

(2) 按下 F12 键预览网页，页面中文本框的效果如图 8-56 右图所示。当文本框获得焦点并输入字符时，提示文字将消失。

计算机基础与实训教材系列

图 8-56　设置输入框的提示文本

9. required 属性

required 属性规定必须在提交之前填写输入域(不能为空)。该属性适用于以下类型的<input>标签: text、search、url、email、password、date、number、checkbox 和 radio 等。

【例 8-27】 在表单中应用 required 属性。 视频

(1) 打开素材网页, 在设计视图中选中【姓名】文本框, 在【属性】面板中选中 Required 复选框, 如图 8-57 所示。此时, 将在代码视图中为文本框设置 required 属性:

```
<input name="textfield" type="text" required="required" id="textfield">
```

(2) 按下 F12 键在浏览器中预览网页, 若用户没有在页面中的【姓名】文本框中输入内容就单击【提交】按钮, 将弹出如图 8-58 所示的提示信息。

图 8-57　为文本框应用 required 属性　　　　图 8-58　文本框提示信息

10. disabled 属性

disabled 属性用于禁用 input 元素。被禁用的 input 元素既不可用, 也不可被单击。

【例 8-28】 在表单中应用 disabled 属性。 视频

(1) 打开素材网页, 在设计视图中选中【地址】文本框, 在【属性】面板中选中 Disabled 复选框, 如图 8-59 所示。此时, 将在代码视图中为文本框设置 disabled 属性。

```
<input name="textfield2" type="text" disabled="disabled" id="textfield2">
```

(2) 按下 F12 键在浏览器中预览网页, 用户可以发现, 【地址】文本框已被禁用, 效果如图 8-60 所示。

图 8-59 为文本框应用 disabled 属性

图 8-60 文本框禁用效果

11. readonly 属性

readonly 属性规定输入字段为只读。只读字段虽然不能被修改，但用户却可以使用 tab 键切换到该字段，还可以选中或复制其中的内容。

【例 8-29】 在表单中应用 readonly 属性。 视频

(1) 打开素材网页，在设计视图中选中【姓名】文本框，在【属性】面板的 Value 文本框中输入"王女士"，为该文本框设置默认值。

(2) 选中【属性】面板中的 Read Only 复选框，如图 8-61 所示，此时，将在代码视图中为文本框设置 readonly 属性：

```
<input name="textfield" type="text" id="textfield" value="王女士" readonly="readonly">
```

(3) 按下 F12 键预览网页，用户可以发现，页面中【姓名】文本框中的内容已不可修改，效果如图 8-62 所示。

图 8-61 为文本框应用 readonly 属性

图 8-62 文本框内容不可修改

8.6 使用 HTML5 的新增控件

HTML5 新增了多个表单控件，分别是 datalist、keygen 和 output。

8.6.1 datalist 元素

datalist 元素用于为输入框提供一个可选的列表，用户可以直接选择列表中的某一预设的项，从而免去了输入的麻烦。该列表由 datalist 中的 option 元素创建。如果用户不希望从列表中选择某项，也可以自行输入其他内容。

在实际应用中，如果要把 datalist 提供的列表绑定到某输入框，则需要使用输入框的 list 属性来引用 datalist 元素的 id，其应用方法用户可以参考本章中的例8-23，此处不再重复阐述。

8.6.2 keygen 元素

keygen 元素是密钥对生成器，能够使用户验证更为可靠。用户提交表单时会生成两个密钥：一个私钥，一个公钥。其中私钥会被存储在客户端，而公钥则会被发送到服务器(公钥可以用于之后验证用户的客户端证书)。

【例 8-30】 在表单中使用 keygen 元素。 🎬视频

(1) 在代码视图中的文本框代码后输入<keygen>标签(如图 8-63 所示):

```
<keygen name="security">
```

(2) 单击 Dreamweaver 2020 状态栏右侧的【预览】按钮▣，从弹出的列表中选择 Firefox 选项，使用 Firefox 浏览器预览网页，效果如图 8-64 所示。

图 8-63　在代码视图中输入<keygen>标签

图 8-64　密钥列表

8.6.3 output 元素

output 元素用于在浏览器中显示计算结果或脚本输出，包含完整的开始标签和结束标签，其语法如下:

```
<output name="">Text</output>
```

【例 8-31】 在表单中使用 output 元素，计算数值加 50 后的结果。 🎬视频

(1) 打开网页后，在 Dreamweaver 代码视图中输入以下代码:

```
<!doctype html>
<html>
<head>
<meta charset="utf-8">
<title>output 元素应用实例</title>
</head>
<body>
<form oninput="x.value=parseInt(a.value)+parseInt(b.value)">
  0
  <input type="range" id="a" value="50">
  100
  +
  <input type="number" id="b" value="50">
  =
  <output name="x" for="a b"></output>
</form>
</body>
</html>
```

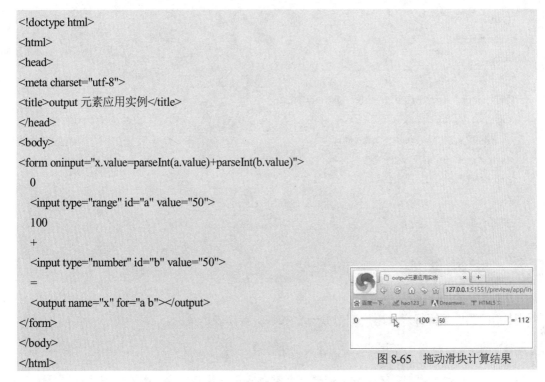

图 8-65　拖动滑块计算结果

(2) 按下 F12 键预览网页，拖动滑块后的效果如图 8-65 所示。

8.7　设置 HTML5 表单属性

HTML5 中新增了两个 form 属性，分别是 autocomplete 和 novalidate 属性。

1. autocomplete 属性

form 元素的 autocomplete 属性用于规定表单中所有元素都拥有自动完成功能。该属性在介绍 input 属性时已经介绍过，其用法与之相同。

但是当 autocomplete 属性用于整个 form 时，所有从属于该 form 的元素便都具备自动完成功能。如果要使表单中的个别元素关闭自动完成功能，则应单独为该元素指定"autocomplete="off""(具体内容可以参见本章中的例 8-18)。

2. novalidate 属性

form 元素的 novalidate 属性用于在提交表单时取消整个表单的验证，即关闭对表单内所有元素的有效性检查。如果仅需取消表单中较少部分内容的验证而不妨碍提交大部分内容，则可以将 novalidate 属性单独用于表单中的这些元素。

例如，下面的网页代码是一个 novalidate 属性的应用示例，该示例中取消了对整个表单的验证：

```
<!doctype html>
<html>
```

计算机基础与实训教材系列

203

```
<head>
<meta charset="utf-8">
</head>
<body>
<form action="testform.asp" method="get" novalidate>
    请输入电子邮件地址:
    <input type="email" name="user_email"/>
    <input type="submit" value="提交"/>
</form>
</body>
</html>
```

8.8　实例演练

本章的实例演练将指导用户使用 Dreamweaver 制作表单页面。

【例 8-32】 制作一个用户登录页面。 🎬 视频

(1) 按下 Ctrl+Shift+N 组合键，创建一个空白网页并将其保存，然后按下 Ctrl+F3 组合键，显示【属性】面板并单击其中的【页面属性】按钮。

(2) 打开【页面属性】对话框，在【分类】列表中选择【外观(CSS)】选项，单击【背景图像】文本框后的【浏览】按钮，如图 8-66 左图所示。

(3) 打开【选择图像源文件】对话框，选中一个图像素材文件，单击【确定】按钮，如图 8-66 右图所示。

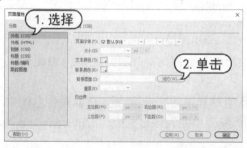

图 8-66　设置网页背景图像

(4) 返回【页面属性】对话框，在【上边距】文本框中输入 0，然后依次单击【应用】和【确定】按钮，为新建的网页设置一个背景图像。

(5) 将鼠标指针插入页面中，按下 Ctrl+Alt+T 组合键，打开 Table 对话框。设置在页面中插入一个 1 行 1 列，宽度为 800 像素，边框粗细为 10 像素的表格，如图 8-67 所示。

(6) 在 Table 对话框中单击【确定】按钮，在页面中插入表格。在表格的【属性】面板中单击 Align 按钮，在弹出的列表中选择【居中对齐】选项。

(7) 将鼠标指针插入表格中，在单元格的【属性】面板中将【水平】设置为【居中对齐】，将【垂直】设置为【顶端】。

(8) 单击【背景颜色】按钮□，在打开的颜色选择器中将单元格的背景颜色设置为白色。

(9) 再次按下 Ctrl+Alt+T 组合键，打开 Table 对话框，在表格中插入一个 2 行 5 列，宽度为 800 像素，边框粗细为 0 像素的嵌套表格，如图 8-68 所示。

图 8-67 Table 对话框

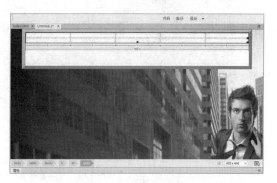

图 8-68 创建嵌套表格

(10) 选中嵌套表格的第 1 列，在【属性】面板中将【水平】设置为【左对齐】,【垂直】设置为【居中】,【宽】设置为 200。

(11) 单击【属性】面板中的【合并所选单元格，使用跨度】按钮□，将嵌套表格的第 1 列合并。单击【拆分单元格为行或列】按钮芲，打开【拆分单元格】对话框。

(12) 在【拆分单元格】对话框中选中【列】单选按钮，在【列数】文本框中输入 2，然后单击【确定】按钮，如图 8-69 所示。

(13) 选中拆分后的单元格的第 1 列，在【属性】面板中将【宽】设置为 20，如图 8-70 所示。

图 8-69 【拆分单元格】对话框

图 8-70 设置单元格的宽度

(14) 将鼠标指针插入嵌套表格的其他单元格中，输入文本，并按下 Ctrl+Alt+I 组合键插入图像，制作如图 8-71 所示的表格效果。

(15) 将鼠标指针插入嵌套表格的下方，按下 Enter 键，选择【插入】| HTML |【水平线】命令，插入一条水平线，并在水平线下输入文本"用户登录"，如图 8-72 所示。

(16) 在【属性】面板中单击【字体】按钮，在弹出的下拉列表中选择【管理字体】选项。

图 8-71　在表格中添加内容　　　　　　　图 8-72　插入水平线

(17) 打开【管理字体】对话框，在【可用字体】列表框中双击【方正粗倩简体】字体，将其添加至【选择的字体】列表框中，然后单击【完成】按钮，如图 8-73 所示。

(18) 选中步骤(15)中输入的文本，单击【字体】按钮，在弹出的下拉列表中选择【方正粗倩简体】选项。

(19) 保持文本为选中状态，在【属性】面板的【大小】文本框中输入 30。

(20) 将鼠标指针放置在"用户登录"文本之后，按下 Enter 键添加一个空行。

(21) 按下 Ctrl+F2 组合键，打开【插入】面板。单击该面板中的 ∨ 按钮，在弹出的下拉列表中选中【表单】选项。然后单击【表单】按钮，插入一个表单，如图 8-74 所示。

图 8-73　【管理字体】对话框　　　　　　图 8-74　在表格中插入表单

(22) 选中页面中的表单，按下 Shift+F11 组合键，打开【CSS 设计器】面板。单击【源】窗格中的【+】按钮，在弹出的列表中选择【在页面中定义】选项。

(23) 在【选择器】窗格中单击【+】按钮，在添加的选择器名称栏中输入.form，如图 8-75 所示。

(24) 在表单的【属性】面板中单击 Class 按钮，在弹出的列表中选择 form 选项。

(25) 在【CSS 设计器】面板的【属性】窗格中单击【布局】按钮 ，在展开的属性设置区域中将 width 设置为 500px，将 margin 的左、右边距都设置为 150px，如图 8-76 所示。

图 8-75　定义.form选择器　　　　　　　图 8-76　设置 CSS 属性

(26) 此时，页面中表单的效果如图 8-77 所示。

(27) 将鼠标指针插入表单中，在【插入】面板中单击【文本】按钮▭，在页面中插入一个文本框。

(28) 将鼠标指针放置在文本框的后面，按下 Enter 键插入一个空行。在【插入】面板中单击【密码】按钮▦，在表单中插入密码输入框。

(29) 重复以上操作，在密码输入框的下方再插入一个文本框。

(30) 将鼠标指针插入文本框的后面，单击【插入】面板中的【"提交"按钮】选项☑，在表单中插入一个【提交】按钮，如图 8-78 所示。

图 8-77　表单效果　　　　　　　图 8-78　在表单中插入表单元素

(31) 在【CSS 设计器】面板的【设计器】窗格中单击【+】按钮，创建一个名为.con1 的选择器，如图 8-79 左图所示。

(32) 在【CSS 设计器】面板的【属性】窗格中单击【边框】按钮▭，在【属性】窗格中单击【顶部】按钮▭，在显示的选项区域中将 width 设置为 0px，如图 8-79 右图所示。

图 8-79　定义.con1 选择器并设置其属性

(33) 单击【右侧】按钮□和【左侧】按钮□，在显示的选项区域中将width设置为0px。

(34) 单击【底部】按钮，在显示的选项区域中将color颜色参数的值设置为rgba(119, 119,119,1.00)。

(35) 单击【属性】窗格中的【布局】按钮，在展开的属性设置区域中将width设置为300像素。

(36) 分别选中页面中的文本框和密码输入框，在【属性】面板中将Class设置为con1。

(37) 修改文本框和密码输入框前的文本，并在【属性】面板中设置文本的字体格式。

(38) 在【CSS设计器】面板的【选择器】窗格中单击【+】按钮，创建一个名为.button的选择器。

(39) 选中表单中的【提交】按钮，在【属性】面板中将Class设置为button。

(40) 在【CSS设计器】面板的【属性】窗格中单击【布局】按钮，在展开的属性设置区域中将width设置为380px，将height设置为30px，将margin的顶端边距设置为30px。

(41) 在【属性】窗格中单击【文本】按钮，将color的值设置为rgba(255,255,255,1.00)，如图8-80左图所示。

(42) 在【属性】窗格中单击【背景】按钮，将background-color参数的值设置为：rgba(42,35,35,1.00)，如图8-80右图所示。

(43) 将鼠标指针插入【验证信息】文本框的后面，按下Enter键新增一行，输入文本"点击这里获取验证"。至此，就完成了【用户登录】表单的制作，效果如图8-81所示。

图8-80 设置文本和背景颜色

图8-81 【用户登录】表单效果

8.9 习题

1. 简述如何在网页中插入表单。
2. 简述在Dreamweaver中创建表单元素的方法。
3. 表单对象一定要添加在表单中吗？
4. 练习使用Dreamweaver 2020制作一个论坛留言页面。
5. 练习使用Dreamweaver 2020制作一个用户注册页面。

计算机基础与实训教材系列

第9章

使用行为

在网页中使用行为可以创建各种特殊的网页效果，如弹出信息、交换图像、跳转菜单等。行为是一系列使用 JavaScript 程序预定义的页面特效工具，是 JavaScript 在 Dreamweaver 中内置的程序库。

本章重点

- 行为的基础知识
- 常用网页行为的应用方法
- 在网页中添加行为的方法

二维码教学视频

【例 9-1】 在网页中添加【交换图像】行为　　　【例 9-5】 添加【显示-隐藏元素】行为

【例 9-2】 添加【拖动 AP 元素】行为　　　　　【例 9-6】 在用户注册页面中添加行为

【例 9-3】 添加【设置状态栏文本】行为

【例 9-4】 添加【检查插件】行为

9.1 行为简介

网页行为是 Adobe 公司借助 JavaScript 开发的一组交互特效代码库。在 Dreamweaver 中，用户可以通过简单的可视化操作对交互特效代码进行编辑，从而创建出丰富的网页应用。

9.1.1 行为的基础知识

行为是指在网页中进行的一系列动作，通过这些动作，可以实现用户同网页的交互，也可以通过动作执行某个任务。在 Dreamweaver 中，行为由事件和动作两个基本元素组成。这一切都是在【行为】面板中进行管理的，选择【窗口】|【行为】命令，可以打开【行为】面板。

1. 事件

事件的名称是事先设定好的，单击网页中的某个部分时，使用的是 onClick 事件；光标移到某个位置时使用的是 onMouseOver 事件。根据使用的动作和应用事件的对象的不同，需要使用不同的事件。

2. 动作

动作指的是 JavaScript 源代码中运行函数的部分。在【行为】面板中单击【+】按钮，就会显示行为列表，软件会根据用户当前选中的应用部分，显示不同的可使用的行为。

在 Dreamweaver 中事件和动作组合起来称为"行为"(Behavior)。若要在网页中应用行为，首先要选择应用对象，在【行为】面板中单击【+】按钮，选择所需的动作，然后选择执行该动作的事件。动作是由预先编写的 JavaScript 代码组成的，这些代码可执行特定的任务，如打开浏览器窗口、显示隐藏元素、显示文本等。Dreamweaver 中提供的动作(共有 20 多个)是由软件设计者精心编写的，可以提供最大的跨浏览器兼容性。如果用户需要在 Dreamweaver 中添加更多的行为，可以通过 Adobe Exchange 官方网站进行下载，网址如下：

http://www.adobe.com/cn/exchange

9.1.2 JavaScript 代码简介

JavaScript 是为网页文件中插入的图像或文本等多种元素赋予各种动作的脚本语言，其需要在 HTML 文件中才可以发挥作用。

网页浏览器中，从<script>开始到</script>的部分即为 JavaScript 源代码。JavaScript 源代码大致分为两个部分，一部分定义函数，另一部分运行函数。例如，在运行如图 9-1 所示的代码后，单击页面中的【打开新窗口】链接，可以在打开的新窗口中同时显示网页 www.baidu.com。

从如图 9-1 所示的代码中可以看出，<script>与</script>标签之间的代码为 JavaScript 源代码。下面简单介绍一下 JavaScript 源代码。

1. 定义函数的部分

JavaScript 源代码中用于定义函数的部分如图 9-2 所示。

```
1   <!doctype html>
2 ▼ <html>
3 ▼ <head>
4   <meta charset="utf-8">
5   <title>无标题文档</title>
6 ▼ <script>
7 ▼ function new_win() { //v2.0
8       window.open('http://www.baidu.com');
9   }
10  </script>
11  </head>
12 ▼ <body>
13 ▼ <a href="#" onClick="new_win()">
14  打开新窗口
15  </a>
16  </body>
17  </html>
```

图 9-1　JavaScript 源代码示例

```
7 ▼ function new_win() { //v2.0
8       window.open('http://www.baidu.com');
9   }
```

图 9-2　定义函数的部分

2. 运行函数的部分

以下代码运行上面定义的函数 new_win()，表示只要单击(onClick) "打开新窗口" 链接，就会运行 new_win()函数。

```
<a href="#" onClick="new_win()"></a>
```

以上语句可以简单理解为：若执行了某个动作(onClick)，就进行什么操作(new_win)。在这里某个动作即为单击动作本身，在 JavaScript 中，通常称为事件(Event)。然后下面的代码提示需要进行什么操作(new_win())，即 onClick(事件处理，Event Handle)。在事件处理中始终显示需要运行的函数名称。

综上所述，JavaScript 先定义函数，再以事件处理="运行函数"的形式来运行上面定义的函数。在这里不要试图完全理解 JavaScript 源代码的具体内容，只要掌握事件、事件处理以及函数的关系即可。

9.2　调节窗口

在网页中最常使用的 JavaScript 源代码是调节浏览器窗口的源代码，它可以按照设计者的要求打开新窗口或更换新窗口的形状。

9.2.1　打开浏览器窗口

创建链接时，若目标属性设置为_blank，则可以使链接文档显示在新窗口中，但是不可以设置新窗口的脚本。此时，利用【打开浏览器窗口】行为，不仅可以调节新窗口的大小，还可以设置是否显示工具箱或滚动条。具体方法如下。

(1) 选中网页中的文本，按下 Shift+F4 组合键打开【行为】面板。

计算机基础与实训教材系列

(2) 单击【行为】面板中的【+】按钮，在弹出的列表中选择【打开浏览器窗口】选项，如图 9-3 所示。

(3) 打开【打开浏览器窗口】对话框，单击【浏览】按钮，如图 9-4 所示。

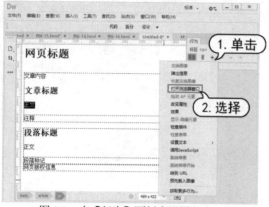
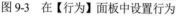

图 9-3　在【行为】面板中设置行为　　　　　图 9-4　【打开浏览器窗口】对话框

(4) 打开【选择文件】对话框，选择一个网页后，单击【确定】按钮。

(5) 返回【打开浏览器窗口】对话框，在【窗口宽度】和【窗口高度】文本框中都输入 500，单击【确定】按钮。

(6) 在【行为】面板中单击事件栏后的 ☑ 按钮，在弹出的列表中选择 onClick 选项，如图 9-5 所示。

(7) 按下 F12 键预览网页，单击其中的链接，即可打开一个新的窗口，显示本例所设置的网页文档，如图 9-6 所示。

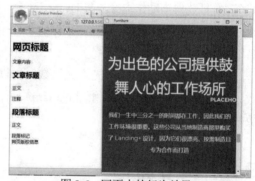

图 9-5　设置行为的触发事件　　　　　　　图 9-6　网页中的行为效果

图 9-4 所示【打开浏览器窗口】对话框中各选项的功能说明如下。

▽ 【要显示的 URL】文本框：用于输入链接的文件名或网络地址。链接文件时，单击该文本框右侧的【浏览】按钮后进行选择即可。

【窗口宽度】和【窗口高度】文本框：用于设置窗口的宽度和高度，其单位为像素。

【属性】选项区域：用于设置需要显示的结构元素。

【窗口名称】文本框：用于指定新窗口的名称。输入同样的窗口名称时，并不是继续打开新的窗口，而是只打开一次新窗口，然后在同一个窗口中显示新的内容。

在 Dreamweaver 的代码视图中，用户可以查看网页源代码，可以看到，使用【打开浏览器窗口】行为后，<head>中添加的代码声明了 MM_openBrWindow()函数，并使用 window 窗口对象的 open 方法传递参数，定义弹出浏览器的函数。

```
1   <!doctype html>
2   <html>
3   <meta charset="utf-8">
4   <script type="text/javascript">
5   function MM_openBrWindow(theURL,winName,features) { //v2.0
6     window.open(theURL,winName,features);
7   }
8   </script>
9   </head>
10  <body>
11
12   <h1>网页标题</h1>
13  </head>
14  <article>文章内容
15   <h2>文章标题</h2>
16   <p onClick="MM_openBrWindow('index.html','','width=500,height=500')">正文</p>
17   <footer>注释</footer>
18  </article>
19  <section>
20     <h2>段落标题</h2>
21   <p>正文</p>
22   <footer>段落标记</footer>
23  </section>
24  <footer>网页版权信息</footer>
25  <head>
26  </body>
27  </html>
```

以上代码第 16 行，<body>标签中会使用相关事件来调用 MM_openBrWindow()函数。表示当页面载入后，调用 MM_openBrWindow()函数显示 index.html 页面，窗口的宽度和高度都为 500 像素。

9.2.2　转到 URL

在网页中使用下面介绍的方法设置【转到 URL】行为，可以在当前窗口或指定的框架中打开一个新页面(该操作尤其适用于通过一次单击更改两个或多个框架的内容)。

(1) 选中网页中的某个元素(文字或图片)，按下 Shift+F4 组合键打开【行为】面板，单击其中的【+】按钮，在弹出的列表中选择【转到 URL】选项。

(2) 打开【转到 URL】对话框,单击【浏览】按钮,如图 9-7 左图所示,在打开的【选择文件】对话框中选中一个网页文件后,单击【确定】按钮,如图 9-7 右图所示。

(3) 返回【转到 URL】对话框后,单击【确定】按钮即可为选中的元素添加【转到 URL】行为。

(4) 按下 F12 键预览网页,单击步骤(1)中选中的网页元素,浏览器将自动转到相应的网页。

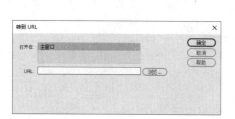 

图 9-7　设置【转到 URL】行为

图 9-7 左图所示的【转到 URL】对话框中各选项的具体功能如下。

▽ 【打开在】列表框:从该列表框中可以选择 URL 的目标。列表框中会自动列出当前框架集中所有框架的名称和主窗口。如果网页中没有任何框架,则主窗口是唯一的选项。

▽ URL 文本框:单击其后的【浏览】按钮,可以在打开的对话框中选择要打开的网页文档,或者直接在文本框中输入该文档的路径和文件名。

上例中,在使用【转到 URL】行为后,<head>中添加的代码声明了 MM_goToURL()函数。

```html
<head>
<meta charset="utf-8">
<title>跳转 URL</title>
<script type="text/javascript">
function MM_goToURL() { //v3.0
    var i, args=MM_goToURL.arguments;
    document.MM_returnValue = false;
    for (i=0; i<(args.length-1); i+=2)
    eval(args[i]+".location='"+args[i+1]+"'");
}
</script>
</head>
```

<body>标签中会使用相关事件来调用 MM_goToURL()函数,例如下面的代码,当鼠标指向文字上方时,会调用 MM_goToURL()函数。

```html
<body>
<h1>跳转 URL 实例</h1>
<p
onMouseOver="MM_goToURL('parent',
```

```
'index.html');return document.MM_
returnValue">跳转网页</p>
<p> </p>
</body>
```

9.2.3　调用 JavaScript

【调用 JavaScript】行为允许用户使用【行为】面板指定当发生某个事件时应该执行的自定义函数或 JavaScript 代码行。

使用 Dreamweaver 2020 在网页中设置【调用 JavaScript】行为的具体方法如下。

(1) 选中网页中的某个元素后，选择【窗口】|【行为】命令，打开【行为】面板。单击【+】按钮，在弹出的列表中选择【调用 JavaScript】行为，打开【调用 JavaScript】对话框。

(2) 在【调用 JavaScript】对话框中的 JavaScript 文本框中输入以下代码(如图 9-8 所示):

```
window.close()
```

(3) 单击【确定】按钮，关闭【调用 JavaScript】对话框。按下 F12 键预览网页，单击网页中的图片，在打开的对话框中单击【是】按钮，可以关闭当前网页，如图 9-9 所示。

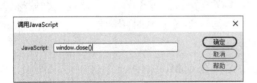

图 9-8　【调用 JavaScript】对话框

图 9-9　网页效果

为网页中的对象添加【调用 JavaScript】行为后，在【文档】工具栏中单击【代码】按钮查看网页源代码，用户可以看到，在使用【调用 JavaScript】行为后，<head>中添加的代码声明了 MM_callJS()函数，并返回函数值。

```
<head>
<meta charset="utf-8">
<title>调用 JavaScript</title>
<script type="text/javascript">
function MM_callJS(jsStr) { //v2.0
    return eval(jsStr)
}
</script>
</head>
```

在代码视图中，<body>标签中会使用相关事件来调用 MM_callJS()函数，例如，下面的代码表示当鼠标单击【关闭网页】按钮时，调用 MM_callJS()函数。

```
<input name="button" type="button"
id= "button"
onClick="MM_callJS('window.close()')"
value="关闭网页">
```

事件是浏览器响应用户操作的一种机制，JavaScript 的事件处理功能可以改变浏览器的标准方式，这样就可以开发出更具交互性、响应性和更易使用的 Web 页面。为了理解 JavaScript 的事件处理模型，可以设想一下网页可能会遇到的访问者，如引起页面之间跳转的事件(链接)；浏览器自身引起的事件(网页加载、表单提交)；表单内部同界面对象的交互，包括界面对象的选定、改变等。

9.3 应用图像

图像是网页设计中必不可少的元素。在 Dreamweaver 中，用户可以使用行为，以各种各样的方式在网页中应用图像元素，从而制作出富有动感的网页效果。

9.3.1 交换图像与恢复交换图像

在 Dreamweaver 中，应用【交换图像】行为和【恢复交换图像】行为，设置拖动鼠标经过图像时的效果或使用导航条菜单，可以轻易制作出光标移到图像上方时图像更换为其他图像，而光标离开时再返回到原来图像的效果，如图 9-10 所示。

【交换图像】行为和【恢复交换图像】行为并不是仅在 onMouseOver 事件中可以使用。如果单击菜单时需要替换其他图像，可以使用 onClicks 事件。同样，也可以使用其他多种事件。

1. 交换图像

在 Dreamweaver 2020 文档窗口中选中一个图像后，按下 Shift+F4 组合键，打开【行为】面板。单击【+】按钮，在弹出的列表中选择【交换图像】选项，即可打开如图 9-11 所示的【交换图像】对话框。

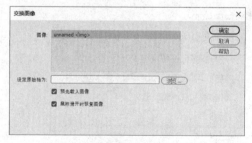

图 9-10 交换图像效果　　　　　　　图 9-11 【交换图像】对话框

在【交换图像】对话框中，通过设置可以将指定图像替换为其他图像。该对话框中主要选

 计算机基础与实训教材系列

项的功能如下。

【图像】列表框：列出了插入当前文档中的图像名称。"unnamed<img>"表示没有另外赋
予名称的图像，赋予了名称后才可以在多个图像中选择应用【交换图像】行为替换图像。

▽　【设定原始档为】文本框：用于指定替换图像的文件名。

【预先载入图像】复选框：在网页服务器中读取网页文件时，选中该复选框，可以预先
读取要替换的图像。如果用户不选中该复选框，则需要重新到网页服务器上读取图像。

下面通过一个简单的实例来演示【交换图像】行为的具体设置方法。

【例 9-1】　在网页中添加【交换图像】行为。　🎬视频

(1) 按下 Ctrl+Shift+N 组合键创建一个空白网页，按下 Ctrl+Alt+I 组合键在网页中插入一个
图像，并在【属性】面板的 ID 文本框中将图像的名称命名为 Image1，如图 9-12 所示。

(2) 选中页面中的图像，按下 Shift+F4 组合键打开【行为】面板，单击【+】按钮，在弹出的列
表中选择【交换图像】选项。

(3) 打开如图 9-11 所示的【交换图像】对话框，单击【设定原始档为】文本框右侧的【浏览】
按钮，在打开的【选择图像源文件】对话框中选中一个图像文件，并单击【确定】按钮，如图 9-13
所示。

图 9-12　设置图像 ID　　　　　　　图 9-13　【选择图像源文件】对话框

(4) 返回【交换图像】对话框后，单击该对话框中的【确定】按钮，即可在【行为】面板中为
Image1 图像添加【交换图像】行为。

2. 恢复交换图像

在创建【交换图像】行为的同时将自动创建【恢复交换图像】行为。利用【恢复交换图像】
行为，可以将所有被替换显示的图像恢复为原始图像。在【行为】面板中双击【恢复交换图像】行
为，将打开如图 9-14 所示的对话框，其中会提示【恢复交换图像】行为的作用。

3. 预先载入图像

在【行为】面板中单击【+】按钮，在弹出的列表中选择【预先载入图像】选项，可以打
开如图 9-15 所示的对话框，在网页中创建【预先载入图像】行为。

计算机基础与实训教材系列

 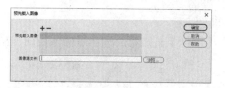

图 9-14 打开【恢复交换图像】对话框   图 9-15 【预先载入图像】对话框

【预先载入图像】对话框中各个选项的具体功能如下。

【预先载入图像】列表框：该列表框中列出了所有需要预先载入的图像。

【图像源文件】文本框：用于设置要预先载入的图像文件。

使用【预先载入图像】行为可以更快地将页面中的图像显示在浏览者的计算机中。例如，为了使光标移到 a.gif 图片上方时将其变成 b.gif，假设使用了【交换图像】行为而没有使用【预先载入图像】行为，当光标移至 a.gif 图像上时，浏览器需要到网页服务器中去读取 b.gif 图像；而如果利用【预先载入图像】行为预先载入了 b.gif 图像，则可以在光标移到 a.gif 图像上方时立即更换图像。

在创建【交换图像】行为时，如果用户在【交换图像】对话框中选中了【预先载入图像】复选框，就不需要在【行为】面板中应用【预先载入图像】行为了。但如果用户没有在【交换图像】对话框中选中【预先载入图像】复选框，则可以参考下面介绍的方法，通过【行为】面板，设置【预先载入图像】行为。

(1) 选中页面中添加【交换图像】行为的图像，在【行为】面板中单击【+】按钮，在弹出的列表中选择【预先载入图像】选项。

(2) 打开如图 9-15 所示的【预先载入图像】对话框，单击【浏览】按钮。

(3) 在打开的【选择图像源文件】对话框中选中需要预先载入的图像后，单击【确定】按钮。

(4) 返回【预先载入图像】对话框后，在该对话框中单击【确定】按钮即可。

在对网页中的图像设置了【交换图像】行为后，在代码视图中，Dreamweaver 将在<head>标签中自动生成代码，分别定义 MM_preloadImages()、MM_swapImgRestore()和 MM_swapImage()这 3 个函数。

声明 MM_preloadImages()函数的代码如下：

```
<script type="text/javascript">
function MM_preloadImages() { //v3.0
    var d=document; if(d.images){ if(!d.MM_p) d.MM_p=new Array();
      var i,j=d.MM_p.length,a=MM_preloadImages.arguments; for(i=0; i<a.length; i++)
      if (a[i].indexOf("#")!=0){ d.MM_p[j]=new Image; d.MM_p[j++].src=a[i];}}
}
```

声明 MM_swapImgRestore()函数的代码如下：

```
function MM_swapImgRestore() { //v3.0
    var i,x,a=document.MM_sr; for(i=0;a&&i<a.length&&(x=a[i])&&x.oSrc;i++) x.src=x.oSrc;
}
```

声明 MM_swapImage()函数的代码如下：

```
function MM_swapImage() { //v3.0
    var i,j=0,x,a=MM_swapImage.arguments; document.MM_sr=new Array; for(i=0;i<(a.length-2);i+=3)
        if ((x=MM_findObj(a[i]))!=null){document.MM_sr[j++]=x; if(!x.oSrc) x.oSrc=x.src; x.src=a[i+2];}
    }
```

在<body>标签中会使用相关的事件来调用上述 3 个函数，当网页被载入时，调用
MM_preloadImages()函数，载入 P2.jpg 图像。

```
<body onLoad="MM_preloadImages('images/P2.jpg')">
```

9.3.2 拖动 AP 元素

在网页中使用【拖动 AP 元素】行为，可以在浏览器页面中通过拖动将设置的 AP 元素移
到所需的位置上。

【例 9-2】 使用 Dreamweaver 2020 在网页中添加【拖动 AP 元素】行为。 视频

(1) 选择【插入】|Div 命令，打开【插入 Div】对话框。在 ID 文本框中输入 AP 后，单击【新
建 CSS 规则】按钮，如图 9-16 所示。
(2) 打开【新建 CSS 规则】对话框，如图 9-17 所示，保持默认设置，单击【确定】按钮。

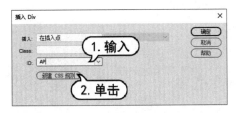

图 9-16 【插入 Div】对话框

图 9-17 【新建 CSS 规则】对话框

(3) 打开【CSS 规则定义】对话框，在【分类】列表框中选择【定位】选项，在对话框右侧的
选项区域中单击 Position 文本框右侧的下拉按钮，在弹出的下拉列表中选择 absolute 选项，将 Width
和 Height 参数的值都设置为 200px，如图 9-18 所示，单击【确定】按钮。
(4) 返回【插入 Div】对话框中并单击【确定】按钮，在网页中插入一个 ID 为 AP 的 Div 标签。
(5) 将插入点置于 Div 标签中，按下 Ctrl+Alt+I 组合键，打开【选择图像源文件】对话框，在
Div 标签中插入一个图像，如图 9-19 所示。
(6) 在代码视图中将鼠标指针置于<body>标签之后，按下 Shift+F4 组合键，打开【行为】面
板，单击其中的【+】按钮，在弹出的列表中选择【拖动 AP 元素】选项。

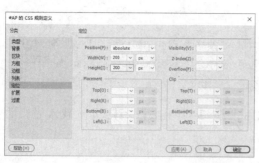

图 9-18 【CSS 规则定义】对话框

图 9-19 在 Div 标签中插入图像

(7) 打开【拖动 AP 元素】对话框，在【基本】选项卡中单击【AP 元素】文本框右侧的下拉按钮，在弹出的下拉列表中选择【div"AP"】选项，如图 9-20 左图所示，然后单击【确定】按钮，即可创建【拖动 AP 元素】行为。

【拖动 AP 元素】对话框中包含【基本】和【高级】两个选项卡，图 9-20 左图所示为【基本】选项卡，其中各选项的功能说明如下。

▽ 【AP 元素】文本框：用于设置移动的 AP 元素。

▽ 【移动】下拉列表：用于设置 AP 元素的移动方式，包括【不限制】和【限制】两个选项，其中，【不限制】是自由移动层的设置，而【限制】是只在限定范围内移动层的设置。

▽ 【放下目标】选项区域：用于指定 AP 元素对象正确进入的最终坐标值。

▽ 【靠齐距离】文本框：用于设定当拖动的层与目标位置的距离在此范围内时，自动将层对齐到目标位置上。

在【拖动 AP 元素】对话框中选择【高级】选项卡后，将显示如图 9-20 右图所示的设置界面，其中各选项的功能说明如下。

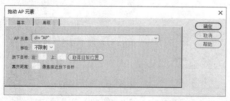

图 9-20 【拖动 AP 元素】对话框

▽ 【拖动控制点】下拉列表：用于选择鼠标对 AP 元素进行拖动时的位置。选择其中的【整个元素】选项时，单击 AP 元素的任何位置后即可进行拖动，而选择【元素内的区域】选项时，只有光标在指定范围内时，才可以拖动 AP 元素。

▽ 【拖动时】选项区域：选中【将元素置于顶层】复选框后，拖动 AP 元素的过程中经过其他 AP 元素上时，可以选择显示在其他 AP 元素的上方还是下方。如果拖动期间有需要运行的 JavaScript 函数，则将其输入在【呼叫 JavaScript】文本框中即可。

【放下时】选项区域：如果在正确位置上放置了 AP 元素后，需要发出效果音或消息，可以在【呼叫 JavaScript】文本框中输入运行的 JavaScript 函数。如果只有在 AP 元素到达拖动目标时才执行该 JavaScript 函数，则需要选中【只有在靠齐时】复选框。

在<body>标签后设置了【拖动 AP 元素】行为之后，切换至【代码】视图可以看到 Dreamweaver 软件自动声明了 MM_scanStyles()、MM_getPorop()、MM_ dragLayer()等函数(这里不具体阐述其作用)。

<body>标签中会使用相关事件来调用 MM_dragLayer()函数，以下代码表示当页面被载入时，调用 MM_dragLayer()函数。

```
<body onmousedown="MM_dragLayer('AP','',0,0,0,0, true,false,-1,-1,-1,-1,0,0,0,'',false,'')">
```

9.4　显示文本

文本作为网页文件中最基本的元素，比图像或其他多媒体元素具有更快的传输速度，因此网页文件中的大部分信息都是用文本来表示的。本节将通过示例来介绍在网页中利用行为显示特殊位置上文本的方法。

9.4.1　弹出信息

当需要设置从一个网页跳转到另一个网页或特定的链接时，可以使用【弹出信息】行为，设置网页弹出消息框。消息框是具有文本消息的小窗口，在登录信息错误或即将关闭网页等情况下，使用消息框能够快速、醒目地实现信息提示。

在 Dreamweaver 2020 中，对网页中的元素设置【弹出信息】行为的具体方法如下。

(1) 选中网页中需要设置【弹出信息】行为的对象，按下 Shift+F4 组合键，打开【行为】面板。单击【+】按钮，在弹出的列表中选择【弹出信息】选项。

(2) 打开【弹出信息】对话框，在【消息】文本区域中输入弹出信息文本，然后单击【确定】按钮，如图 9-21 所示。

(3) 此时，即可在【行为】面板中添加【弹出信息】行为。按下 Ctrl+S 组合键保存网页，再按下 F12 键预览网页。单击页面中设置【弹出信息】行为的网页对象，将弹出如图 9-22 所示的提示对话框，显示弹出信息内容。

图 9-21　【弹出信息】对话框

图 9-22　网页效果

在代码视图中查看网页源代码，用户可以看到，<head>标签中添加的代码声明了 MM_popupMsg()函数，并使用 alert()函数定义了弹出信息的功能。

```
<head>
<meta charset="utf-8">
<title>弹出信息</title>
<script type="text/javascript">
function MM_popupMsg(msg) { //v1.0
    alert(msg);
}
</script>
</head>
```

同时，<input>标签中会使用相关事件来调用 MM_popupMsg()函数，以下代码表示当网页被载入时，调用 MM_popupMsg()函数。

```
<input name="submit" type="submit" id="submit" onClick="MM_popupMsg('用户信息提交页面暂时关闭')" value="提交">
```

9.4.2 设置状态栏文本

浏览器的状态栏可以作为传达文档状态的空间，用户可以直接指定画面中的状态栏是否需要显示。要在浏览器中显示状态栏(以 IE 浏览器为例)，在浏览器窗口中选择【查看】|【工具】|【状态栏】命令即可。

【例 9-3】 通过设置【设置状态栏文本】行为，在浏览器状态栏中显示网页信息。 视频

(1) 打开网页文档后，在状态栏中的标签选择器中选中<body>标签。按下 Shift+F4 组合键打开【行为】面板，如图 9-23 所示。

(2) 单击【行为】面板中的【+】按钮，在弹出的列表中选择【设置文本】|【设置状态栏文本】选项。在打开的对话框的【消息】文本框中输入需要显示在浏览器状态栏中的文本，如图 9-24 所示。

图 9-23 选中<body>标签

图 9-24 【设置状态栏文本】对话框

(3) 单击【确定】按钮，即可在【行为】面板中添加【设置状态栏文本】行为。单击该行为前

的事件下拉按钮，从弹出的下拉列表中选择 onLoad 选项，如图 9-25 所示。

(4) 按下 F12 键预览网页，效果如图 9-26 所示。

图 9-25 设置触发行为的事件类型   图 9-26 网页效果

在代码视图中查看网页源代码，用户可以看到 <head> 中添加的代码定义了 MM_displayStatusMsg() 函数，表示将在文档的状态栏中显示信息。

```
<script type="text/javascript">

function MM_displayStatusMsg(msgStr) { //v1.0
    window.status=msgStr;
    document.MM_returnValue = true;
}
</script>
```

同样，<body> 标签中会使用相关事件来调用 MM_displayStatusMsg() 函数，以下代码为载入网页后，调用 MM_displayStatusMsg() 函数。

```
<body onLoad="MM_displayStatusMsg('网页设计实例模板');return document.MM_returnValue">
```

在制作网页时，用户可以使用不同的鼠标事件制作不同的状态栏下触发不同动作的效果。例如，可以设置状态栏文本的动作，使页面在浏览器左下方的状态栏上显示一些信息，如提示链接内容、显示欢迎信息等。

9.4.3 设置容器的文本

【设置容器的文本】行为将以用户指定的内容替换网页上现有层的内容和格式(该内容可以包括任何有效的 HTML 源代码)。

在 Dreamweaver 2020 中设置【设置容器的文本】行为的具体操作方法如下。

(1) 选中页面中的 Div 标签内的图像，按下 Shift+F4 组合键打开【行为】面板。

(2) 单击【行为】面板中的【+】按钮，在弹出的列表中选择【设置文本】|【设置容器的文本】选项。

(3) 打开【设置容器的文本】对话框，在【新建 HTML】文本框中输入需要替换层显示的文本内容,单击【确定】按钮,如图9-27所示。

(4) 此时,即可在【行为】面板中添加【设置容器的文本】行为。

【设置容器的文本】对话框中的两个选项的功能
说明如下。

▽ 【容器】下拉列表:用于从网页的所有容器对
象中选择要进行操作的对象。

▽ 【新建 HTML】文本区域:用于输入要替换内
容的 HTML 代码。

在网页中设定了【设置容器的文本】行为后,在
Dreamweaver 的代码视图中的<head>标签内将定义
MM_setTextOfLayer()函数。

图9-27　打开【设置容器的文本】对话框

```
<head>
<meta charset="utf-8">
<title>设置容器的文本</title>
<script type="text/javascript">
function MM_setTextOfLayer(objId,x,newText) { //v9.0
  with (document) if (getElementById && ((obj=getElementById(objId))!=null))
    with (obj) innerHTML = unescape(newText);
}
</script>
</head>
```

同时,<body>标签中会使用相关事件来调用 MM_setTextOfLayer()函数。例如,下面的代
码表示当光标经过图像后调用该函数。

```
<body>
<div id="Div1" onfocus="MM_setTextOfLayer('Div1','','设置容器文本实例')"><img
src="images/Pic01.jpg" width="749" height="69" alt=""/></div>
</body>
```

9.4.4　设置文本域文字

在 Dreamweaver 中,使用【设置文本域文字】行为能够让用户在页面中动态地更新任何文
本或文本区域。在 Dreamweaver 中设定【设置文本域文字】行为的具体操作方法如下。

(1) 打开网页后,选中页面表单中的一个文本域,在【行为】面板中单击【+】按钮,在弹
出的列表中选择【设置文本】|【设置文本域文字】选项。

(2) 打开【设置文本域文字】对话框,在【新建文本】文本区域中输入要显示在文本域上的文
字后,单击【确定】按钮,如图9-28所示。

(3) 此时,即可在【行为】面板中添加一个【设置文本域文字】行为。单击【设置文本域文字】

行为前的列表按钮 ，在弹出的列表中选择 onMouseMove 选项。

(4) 保存网页并按下 F12 键预览网页，将鼠标指针移至页面中的文本域上，即可在其中显示相应的文字信息，如图 9-29 所示。

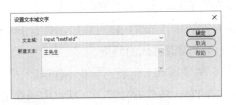

图 9-28　【设置文本域文字】对话框

图 9-29　显示文本域上的文字信息

【设置文本域文字】对话框中的两个主要选项的功能说明如下。

【文本域】下拉列表：用于选择要改变显示内容的文本域名称。

【新建文本】文本区域：用于输入将显示在文本域中的文字。

在网页中设定了【设置文本域文字】行为后，在 Dreamweaver 的代码视图中的<head>标签内将定义 MM_setTextOfTextfield()函数。

```
<head>
<meta charset="utf-8">
<title>设置文本域文字</title>
<script type="text/javascript">
function MM_setTextOfTextfield(objId,x,newText) { //v9.0
  with (document){ if (getElementById){
    var obj = getElementById(objId);} if (obj) obj.value = newText;
  }
}
</script>
</head>
```

同时，<body>标签中会使用相关事件来调用 MM_setTextOfTextfield()函数。例如，以下代码表示当将鼠标光标放置在文本框上时，调用 MM_setTextOfTextfield()函数。

```
<input name="textfield" type="text" id="textfield" onMouseOver="MM_setTextOfTextfield('textfield','','王先生')">
```

9.5　加载多媒体

在 Dreamweaver 中，用户可以利用行为来控制网页中的多媒体，包括确认多媒体插件程序是否已安装、显示隐藏元素、改变属性等。

计算机基础与实训教材系列

9.5.1 检查插件

插件程序是为了实现IE浏览器自身不能支持的功能而与IE浏览器连接在一起使用的程序，通常简称为插件。具有代表性的插件程序是 Flash 播放器，IE 浏览器没有播放 Flash 动画的功能，初次进入含有 Flash 动画的网页时，会出现需要安装 Flash 播放器的警告信息。访问者可以检查自己是否已经安装了播放 Flash 动画的插件，如果安装了该插件，就可以显示带有 Flash 动画对象的网页；如果没有安装该插件，则显示一幅仅包含图像替代的网页。

安装好 Flash 播放器后，每当遇到 Flash 动画时 IE 浏览器就会运行它。IE 浏览器的插件除了 Flash 播放器以外，还有 Shockwave 播放软件、QuickTime 播放软件等。在网络中遇到 IE 浏览器不能显示的多媒体时，用户可以使用适当的插件来进行播放。

在 Dreamweaver 2020 中可以确认的插件程序包括 Shockwave、Flash、Windows Media Player、LiveAudio、QuickTime 等。若想确认是否安装了插件程序，则可以应用【检查插件】行为。

【例 9-4】 在网页中添加一个【检查插件】行为。 🔘 视频

(1) 打开网页后，按下 Shift+F4 组合键打开【行为】面板，单击【+】按钮，在弹出的列表中选择【检查插件】选项，如图 9-30 左图所示。

(2) 打开【检查插件】对话框，选中【选择】单选按钮，单击其后的下拉按钮，在弹出的下拉列表中选中 Flash 选项，如图 9-30 右图所示。

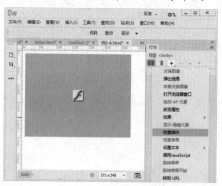
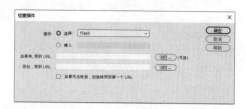

图 9-30 设置【检查插件】行为

(3) 在【如果有，转到 URL】文本框中输入在浏览器中已安装 Flash 插件的情况下，要链接的网页；在【否则，转到 URL】文本框中输入如果浏览器中未安装 Flash 插件的情况下，要链接的网页；选中【如果无法检测，则始终转到第一个 URL】复选框。

(4) 在【检查插件】对话框中单击【确定】按钮，即可在【行为】面板中设置一个【检查插件】行为。

在图 9-30 右图所示的【检查插件】对话框中，比较重要的选项的功能说明如下。

▽ 【插件】选项区域：该选项区域中包括【选择】单选按钮和【插入】单选按钮。选中【选择】单选按钮后，可以在其后的下拉列表中选择插件的类型；选中【插入】单选按钮后，可以直接在文本框中输入要检查的插件类型。

【如果有，转到 URL】文本框：用于设置在选择的插件已经被安装的情况下，要链接的网页文件或网址。

【否则，转到 URL】文本框：用于设置在选择的插件尚未被安装的情况下，要链接的网页文件或网址。用户可以输入所要下载的相关插件的网址，也可以链接其他网页文件。

【如果无法检测，则始终转到第一个 URL】复选框：选中该复选框后，如果浏览器不支持对该插件的检查特性，则直接跳转到上面设置的第一个 URL 地址中。

在网页中添加【检查插件】行为后，在代码视图中查看网页源代码，用户可以发现，\<head\>中添加了 MM_checkPlugin()函数(该函数的语法较为复杂，这里不详细解释)。同时，\<body\>标签中会用相关事件来调用 MM_checkPlugin()函数。

9.5.2　显示-隐藏元素

【显示-隐藏元素】行为可以显示、隐藏或恢复一个或多个 Div 元素的默认可见性。该行为用于在访问者与网页进行交互时显示信息。例如，当网页访问者将光标滑过栏目图像时，可以显示一个 Div 元素，提示有关当前栏目的相关信息。

【例 9-5】　在网页中添加一个【显示-隐藏元素】行为。 视频

(1) 打开网页文档后，按下 Shift+F4 组合键打开【行为】面板。单击【+】按钮，在弹出的列表中选择【显示-隐藏元素】选项。

(2) 打开【显示-隐藏元素】对话框，在【元素】列表框中选中一个网页元素，如【div"AP"】，单击【隐藏】按钮，如图 9-31 所示。

(3) 单击【确定】按钮，在【行为】面板中单击【显示-隐藏元素】行为前的列表按钮，在弹出的列表中选择 onClick 选项，如图 9-32 所示。

图 9-31　【显示-隐藏元素】对话框

图 9-32　设置事件类型

(4) 按下 F12 键预览网页，在浏览器中单击 Div 标签对象即可将其隐藏。

查看网页源代码，用户可以发现，\<head\>中添加的代码定义了 MM_showHideLayers()函数。

```
<script type="text/javascript">
function MM_showHideLayers() { //v9.0
```

```
    var i,p,v,obj,args=MM_showHideLayers.arguments;
    for (i=0; i<(args.length-2); i+=3)
    with (document) if (getElementById && ((obj=getElementById(args[i]))!=null)) { v=args[i+2];
        if (obj.style) { obj=obj.style; v=(v=='show')?'visible':(v=='hide')?'hidden':v; }
        obj.visibility=v; }
}
</script>
```

同时，<body>标签中会使用相关事件来调用 MM_showHideLayers()函数。

```
<body onclick="MM_showHideLayers('AP',' ','hide')">
```

9.5.3 改变属性

使用【改变属性】行为，可以动态改变对象的属性值，如改变层的背景色或图像的大小等。这些改变实际上是改变对象的相应属性值(是否允许改变属性值，取决于浏览器的类型)。

在 Dreamweaver 2020 中添加【改变属性】行为的具体操作方法如下。

(1) 在网页中插入一个名为 Div18 的层，并在其中输入文本内容。

(2) 按下 Shift+F4 组合键，打开【行为】面板。在【行为】面板中单击【+】按钮，在弹出的列表中选择【改变属性】选项。

(3) 在打开的【改变属性】对话框中单击【元素类型】下拉列表按钮，在弹出的下拉列表中选择 DIV 选项。

(4) 单击【元素 ID】下拉按钮，在弹出的下拉列表中选择【DIV"Div18"】选项，选中【选择】单选按钮，然后单击其后的下拉按钮，在弹出的下拉列表中选择 color 选项，如图 9-33 所示。

(5) 在【新的值】文本框中输入#FF000，单击【确定】按钮。

(6) 在【行为】面板中单击【改变属性】行为前的列表按钮，在弹出的列表中选择 onClick 选项。

(7) 完成以上操作后，保存网页并按下 F12 键预览网页，当用户单击页面中 Div18 层中的文字时，其颜色将发生变化，效果如图 9-34 所示。

图 9-33 【改变属性】对话框

图 9-34 网页效果

在【改变属性】对话框中，比较重要的选项的功能说明如下。

【元素类型】下拉列表：用于设置要更改的属性对象的类型。

【元素 ID】下拉列表：用于设置要改变的对象的名称。

【属性】选项区域：该选项区域包括【选择】单选按钮和【输入】单选按钮。选择【选择】单选按钮，可以使用其后的下拉列表选择一个属性；选择【输入】单选按钮，可以在其后的文本框中输入具体的属性类型名称。

【新的值】文本框：用于设定属性的新值。

查看网页源代码，用户可以发现，<head>标签中添加的代码定义了 MM_changeProp()函数。

```
<script type="text/javascript">
function MM_changeProp(objId,x,theProp,theValue) { //v9.0
    var obj = null; with (document){ if (getElementById)
    obj = getElementById(objId); }
    if (obj){
        if (theValue == true || theValue == false)
            eval("obj.style."+theProp+"="+theValue);
        else eval("obj.style."+theProp+"='"+theValue+"'");
    }
}
</script>
```

<body>标签中会使用相关事件来调用 MM_changeProp()函数。例如，以下代码表示光标移到<div>标签上后单击，调用 MM_changeProp()函数，将 Div18 标签中的文字颜色改变为红色。

```
<div id="Div18">
    <h1 onClick="MM_changeProp('Div18','','color','#FF0000','DIV')">改变属性实例</h1>
</div>
```

9.6　控制表单

使用行为可以控制表单元素，如跳转菜单、检查表单等。用户在 Dreamweaver 2020 中制作表单后，在提交前首先应确认是否在必填域上按照要求的格式输入了信息。

9.6.1　跳转菜单、跳转菜单开始

在网页中应用【跳转菜单】行为，可以编辑表单中的菜单对象。具体操作如下。

(1) 打开一个网页文档，选中页面中表单内的选择对象。

(2) 按下 Shift+F4 组合键，打开【行为】面板，并单击该面板中的【+】按钮，在弹出的列表中选择【跳转菜单】选项。

(3) 打开【跳转菜单】对话框，在【菜单项】列表中选中【上海(city2)】选项，然后在【选择时，转到 URL】文本框中输入一个网址，如图 9-35 所示。

计算机基础与实训教材系列

(4) 在【跳转菜单】对话框中单击【确定】按钮，即可为表单中的选择对象设置一个【跳转菜单】行为。按下 F12 键预览网页，单击网页中的下拉按钮，从弹出的下拉列表中选择【上海】选项，将跳转至指定的网页，如图 9-36 所示。

图 9-35　【跳转菜单】对话框

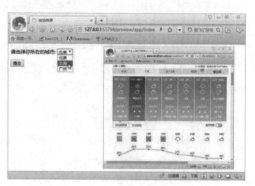

图 9-36　选择一个选项后将跳转至指定的页面

在【跳转菜单】对话框中，比较重要的选项的功能说明如下。

▽　【菜单项】列表框：根据【文本】栏和【选择时，转到 URL】栏的输入内容，显示菜单项。

▽　【文本】文本框：输入显示在跳转菜单中的菜单名称，可以使用中文或空格。

▽　【选择时，转到 URL】文本框：输入链接到菜单项的文件路径(输入本地站点的文件或网址即可)。

▽　【打开 URL 于】下拉列表：若当前网页文档由框架组成，选择显示链接文件的框架名称即可；若网页文档没有使用框架，则只能使用【主窗口】选项。

▽　【更改 URL 后选择第一个项目】复选框：即使在跳转菜单中单击菜单，跳转到链接的网页中，跳转菜单中也依然会显示指定为基本项目的菜单。

在代码视图中查看网页源代码，用户可以发现，<head>标签中添加的代码定义了 MM_jumpMenu()函数。

```
<head>
<meta charset="utf-8">
<title>跳转菜单</title>
<script type="text/javascript">
function MM_jumpMenu(targ,selObj,restore){ //v3.0
    eval(targ+".location='"+selObj.options[selObj.selectedIndex].value+"'");
    if (restore) selObj.selectedIndex=0;
}
</script>
</head>
```

<body>标签中会使用相关事件调用 MM_jumpMenu()函数。例如，以下代码表示在下拉列表菜单中调用 MM_jumpMenu()函数，用于实现跳转。

```
<body>
```

```
<form id="form1" name="form1" method="post">
  <p>
    <label for="select">请选择你所在的城市:</label>
    <select name="select" id="select" onChange="MM_jumpMenu('parent',this,0)">
      <option value="city1" selected="SELECTED">北京</option>
      <option value="http://www.weather.com.cn/weather/101020100.shtml">上海</option>
      <option value="city3">广州</option>
    </select>
  </p>
  <p>
    <input type="submit" name="submit" id="submit" value="提交">
  </p>
</form>
</body>
```

【跳转菜单开始】行为与【跳转菜单】行为密切关联,【跳转菜单开始】行为允许网页浏览者将一个按钮和一个跳转菜单关联起来,当单击按钮时则打开在该跳转菜单中选择的链接。通常情况下,跳转菜单不需要这样一个执行的按钮,从跳转菜单中选择一个选项一般会触发URL 的载入,不需要任何进一步的操作。但如果访问者选择了跳转菜单中已被选择的同一项,则不会发生跳转。

此时,如果需要设置【跳转菜单开始】行为,可以参考以下方法。

(1) 选中表单中的【选择】控件,在【属性】检查器的 Name 文本框中输入 select。

(2) 选中表单中的【转到】按钮,按下 Shift+F4 组合键显示【行为】面板,单击其中的【+】,在弹出的列表中选择【跳转菜单开始】选项。

(3) 在打开的【跳转菜单开始】对话框中单击【选择跳转菜单】下拉按钮,在弹出的下拉列表中选中 select 选项,然后单击【确定】按钮,如图 9-37 所示。

(4) 此时,将在【行为】面板中添加一个【跳转菜单开始】行为。

(5) 按下 F12 键预览网页,在页面中的下拉列表中选择一个选项后,单击【转到】按钮将跳转至所设置的跳转页面,如图 9-38 所示。

图 9-37　【跳转菜单开始】对话框

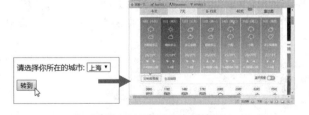

图 9-38　单击按钮跳转到指定的网页

在代码视图中查看网页源代码,用户可以发现,<head>标签中添加的代码调用了MM_jumpMenuGo 函数,用于定义菜单的跳转功能:

```
<head>
<meta charset="utf-8">
<title>跳转菜单开始</title>
<script type="text/javascript">
function MM_jumpMenu(targ,selObj,restore){ //v3.0
   eval(targ+".location='"+selObj.options[selObj.selectedIndex].value+"'");
   if (restore) selObj.selectedIndex=0;
}
function MM_jumpMenuGo(objId,targ,restore){ //v9.0
   var selObj = null;    with (document) {
   if (getElementById) selObj = getElementById(objId);
   if (selObj) eval(targ+".location='"+selObj.options[selObj.selectedIndex].value+"'");
   if (restore) selObj.selectedIndex=0; }
}
</script>
</head>
```

<body>标签中也会使用相关事件来调用 MM_jumpMenuGo ()函数。例如,下面的代码表示单击【转到】按钮调用 MM_jumpMenuGo ()函数,用于实现跳转:

```
<input name="button" type="button" id="button" onClick="MM_jumpMenuGo('select','parent',0)" value="转到">
```

9.6.2 检查表单

在 Dreamweaver 中使用【检查表单】行为,可以为文本域设置有效性规则,检查文本域中的内容是否有效,以确保输入数据的正确性。一般来说,可以将该行为附加到表单对象上,并将触发事件设置为 onSubmit。当单击【提交】按钮提交数据时会自动检查表单域中所有的文本域内容是否有效。

(1) 打开一个包含表单的网页后,在状态栏的标签选择器中选择<form>标签,如图 9-39 所示。

(2) 按下 Shift+F4 组合键显示【行为】面板,单击【+】按钮,在弹出的列表中选择【检查表单】选项,在打开的【检查表单】对话框中的【域】列表框内选择【input"name"(R)】选项后,选中【必需的】复选框和【任何东西】单选按钮,如图 9-40 所示。

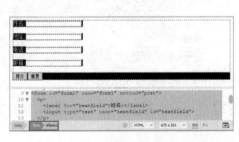

图 9-39   选择<form>标签   图 9-40   【检查表单】对话框

（3）在【检查表单】对话框的【域】列表框内选择【textarea"telephone"】选项，选中【必需的】复选框和【数字】单选按钮。

（4）在【检查表单】对话框的【域】列表框内选择【textarea"email"】选项，选中【必需的】复选框和【电子邮件地址】单选按钮。

（5）在【检查表单】对话框中单击【确定】按钮。保存网页后，按下 F12 键预览页面。如果用户在页面中的【用户名称】和【用户密码】文本框中未输入任何内容就单击【提交】按钮，浏览器将提示错误。

在图 9-40 所示的【检查表单】对话框中，比较重要的选项的功能说明如下。

【域】列表框：用于选择要检查数据有效性的表单对象。

【值】复选框：用于设置该文本域中是否使用必填文本域。

【可接受】选项区域：用于设置文本域中可填数据的类型，可以选择 4 种类型。选择【任何东西】选项表明文本域中可以输入任意类型的数据；选择【数字】选项表明文本域中只能输入数字数据；选择【电子邮件地址】选项表明文本域中只能输入电子邮件地址；选择【数字从……到】选项可以设置可输入数值的范围，这时可在右边的文本框中从左至右分别输入最小数值和最大数值。

在代码视图中查看网页源代码，用户可以发现，<head>标签中添加的代码定义了MM_validateForm()函数。

9.7　实例演练

本章介绍了使用 Dreamweaver 2020 在网页中创建行为的方法，下面的实例演练将指导用户在网页中使用行为控制表单，制作用户注册确认效果。

【例 9-6】在用户注册页面中添加行为。

（1）打开用户注册的网页后，选中页面中的表单，如图 9-41 所示。

（2）按下 Ctrl+F3 组合键显示【属性】面板。在【属性】面板的 ID 文本框中输入 form1，设置表单的名称，如图 9-42 所示。

图 9-41　选中页面中的表单

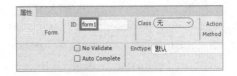

图 9-42　设置表单名称

(3) 选中表单中的【输入用户名称】文本域,在【属性】面板中的 Name 文本框中输入 name,为文本域命名。

(4) 使用同样的方法,分别将【输入用户密码】和【再次输入用户密码】文本域命名为 password1 和 password2。

(5) 选中页面中的【马上申请入驻】按钮,按下 Shift+F4 组合键,显示【行为】面板,单击其中的【+】按钮,在弹出的列表中选择【检查表单】选项。

(6) 打开【检查表单】对话框,在【域】列表框中选择【input"name"(R)】选项,选中【必需的】复选框和【任何东西】单选按钮,如图 9-43 所示。

(7) 使用同样的方法设置【域】列表框中的【input"password1"】和【input"password2"】选项。

(8) 单击【确定】按钮,在【行为】面板中添加一个【检查表单】行为。

(9) 按下 F12 键预览网页。如果用户没有在表单中填写用户名并输入两次密码,单击【马上申请入驻】按钮后,网页将弹出如图 9-44 所示的提示信息。

图 9-43 【检查表单】对话框

图 9-44 网页提示

(10) 返回 Dreamweaver,在【文档】工具栏中单击【代码】按钮,切换至【代码】视图,找到以下代码:

```
<script type="text/javascript">
function MM_validateForm() { //v4.0
if (document.getElementById){
    var i,p,q,nm,test,num,min,max,errors='',args=MM_validateForm.arguments;
for (i=0; i<(args.length-2); i+=3) { test=args[i+2]; val=document.getElementById(args[i]);
if (val) { nm=val.name; if ((val=val.value)!="") {
if (test.indexOf('isEmail')!=-1) { p=val.indexOf('@');
if (p<1 || p==(val.length-1)) errors+='- '+nm+' must contain an e-mail address.\n';
} else if (test!='R') { num = parseFloat(val);
if (isNaN(val)) errors+='- '+nm+' must contain a number.\n';
if (test.indexOf('inRange') != -1) { p=test.indexOf(':'); min=test.substring(8,p); max=test.substring(p+1);
if (num<min || max<num) errors+='- '+nm+' must contain a number between '+min+' and '+max+'.\n';
    } } } else if (test.charAt(0) == 'R') errors += '- '+nm+' is required.\n'; }
} if (errors) alert('The following error(s) occurred:\n'+errors);
document.MM_returnValue = (errors == '');
```

```
}}
```

修改其中的一些内容，将：

```
errors += '- '+nm+' is required.\n';
```

改为：

```
errors += '- '+nm+' 请输入用户名和密码.\n';
```

将：

```
if (errors) alert('The following error(s) occurred:\n'+errors);
```

改为：

```
if (errors) alert('没有输入用户名或密码:\n'+errors);
```

　　(11) 按下Ctrl+S组合键保存网页，按下F12键预览网页。单击【马上申请入驻】按钮后，网页将打开提示对话框，在错误提示内容中会显示中文提示，如图9-45所示。

　　(12) 选中页面表单中的"请输入用户名称"文本域，在【行为】面板中单击【+】按钮，在弹出的列表中选择【设置文本】|【设置文本域文字】选项。

　　(13) 打开【设置文本域文字】对话框，在【新建文本】文本区域中输入要显示在文本域上的文字后，单击【确定】按钮，如图9-46所示。

图 9-45　中文提示对话框

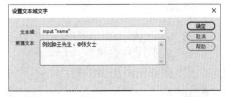

图 9-46　【设置文本域文字】对话框

　　(14) 此时，即可在【行为】面板中添加一个【设置文本域文字】行为。单击【设置文本域文字】行为前的列表按钮，在弹出的列表中选择 onMouseMove 选项。

　　(15) 重复以上方法，为表单中的其他文本域添加"设置文本域文字"行为。在【行为】面板中单击【+】按钮，在弹出的列表中选择【设置文本】|【设置状态栏文本】选项，打开如图 9-47 所示的对话框，设置状态栏文本。

　　(16) 选中网页中的表格(<table>标签)，单击【行为】面板中的【+】按钮，在弹出的列表中选择【效果】|Fold 选项，如图 9-48 所示。

　　(17) 打开 Fold 对话框，将【效果持续时间】设置为 1000ms，将【可见性】设置为 toggle，将【水平优先】设置为 false,将【大小】设置为 15,如图 9-49 所示。

图 9-47　设置状态栏文本

图 9-48　选择【效果】| Fold 选项

(18) 在【行为】面板中将 Fold 行为的事件设置为 onClick。

(19) 使用同样的方法为网页中的其他表格设置 Fold 行为,按下 F12 键预览网页,效果如图 9-50 左图所示,单击页面中设置 Fold 行为的区域,该区域将自动隐藏,效果如图 9-50 右图所示。

图 9-49　Fold 对话框

图 9-50　网页效果

9.8　习题

1. 简述网页中行为的执行原理。
2. 如何下载并使用更多的行为?
3. 尝试制作一个网站首页,在其中应用行为控制打开浏览器窗口、交换图像。

第10章

使用Div+CSS布局网页

　　Dreamweaver 中的 Div 元素实际上来自 CSS 中的定位技术，只不过是在软件中对其进行了可视化操作。Div 体现了网页技术从二维空间向三维空间的一种延伸，是一种新的发展方向。通过 Div，用户不仅可以在网页中制作出诸如下拉菜单、图片与文本等各种网页效果，还可以实现对页面整体内容的排版布局。

本章重点

- Div 与盒模型
- 网页结构标准语言与表现标准语言
- 内容、结构、表现和行为
- 常用的 Div+CSS 布局方式

二维码教学视频

10.1 Div 与盒模型

Div 的英文全称是 Division(中文翻译为"区分"),是一个区块容器标签,即<div>与</div>标签之间的内容,可以容纳段落、标题、表格、图片等各种 HTML 元素。

1. Div

<div>标签是用来为 HTML 文档中的大块(Block-Level)内容提供结构的背景元素。<div>起始标签和结束标签之间的所有内容都是用于构成这个块的,其中包含元素的特性由<div>标签的属性来控制,或者通过使用样式表格式化这个块来进行控制。

<div>标签通常用于设置文本、图像、表格等网页对象的摆放位置。当用户将文本、图像或其他对象放置在<div>标签中时,可称为 div 块(层次),如图 10-1 所示。

2. 盒模型

盒模型是 CSS 控制页面时的一个重要概念,用户只有很好地掌握了盒模型以及其中每个元素的用法,才能真正地控制页面中每个元素的位置。

CSS假定所有的HTML文档元素都生成一个描述该元素在HTML文档布局中所占空间的矩形元素框(element box),可以形象地将其视为盒子。CSS围绕这些盒子产生了"盒模型"的概念,通过定义一系列与盒子相关的属性,可以极大地丰富和促进各个盒子乃至整个HTML文档的表现效果和布局结构。

HTML 文档中的每个盒子都可以看成由从内到外的 4 个部分构成,即内容(content)、填充(padding)、边框(border)和边界(margin),如图 10-2 所示。另外,在盒模型中还有高度与宽度两个辅助属性。

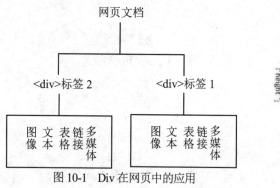

图 10-1 Div 在网页中的应用

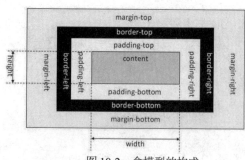

图 10-2 盒模型的构成

内容是盒模型的中心,呈现了盒子的主要信息。这些信息可以是文本、图片等多种类型。内容是盒模型必需的组成部分,其他三部分都是可选的。内容区域有 3 个属性:width、height 和 overflow。使用 width 和 height 属性可以指定盒子内容区域的宽度和高度,其值可以是长度计量值或百分比值。

填充区域是内容区域和边框之间的空间,可视为内容区域的背景区域。填充属性有 5 个,即 padding-top、padding-bottom、padding-left、padding-right 以及综合了以上 4 个填充方向的快捷填充属性 padding。使用这 5 个属性可以指定内容区域的信息与各方向边框间的距离，其值的类型与 width 和 height 相同。

边框是环绕内容区域和填充区域的边界。边框属性有 border-style、border-width、border-color 以及综合了以上 3 个属性的快捷边框属性 border。border-style 是边框最重要的属性。根据 CSS 规范，如果没有指定边框样式，其他的边框属性都会被忽略，边框将不存在。

边界位于盒子的最外围，不是一条边线，而是添加在边框外面的空间。边界使元素的盒子之间不必紧凑地连接在一起，是 CSS 布局的一个重要手段。边界属性有 5 个，即margin-top、margin-bottom、margin-left、margin-right 以及综合了以上 4 个属性的快捷边界属性 margin。

以上就是对盒模型 4 个组成部分的简单介绍。利用盒模型的相关属性，可以使 HTML 文档内容的表现效果变得丰富，而不再像只使用 HTML 标签那样单调。

10.2　标准布局

站点标准不是某个标准，而是一系列标准的集合。网页主要由结构(Structure)、表现(Presentation)和行为(Behavior)三部分组成，对应的标准也分为三个方面，其中结构标准语言主要包括XHTML和XML，表现标准语言主要为CSS，行为标准语言主要为DOM和ECMAScript等。这些标准大部分是由W3C起草和发布的，也有一些标准是由其他标准组织制定的。

10.2.1　网页标准

1. 结构标准语言

结构标准语言包括 XML 和 XHTML。XML 是 Extensible Markup Language 的缩写，意为"可扩展标记语言"。XML 是用于网络上数据交换的语言，具有与描述网页的 HTML 语言相似的格式，但它们是具有不同用途的两种语言。XHTML 是 Extensible HyperText Markup Language 的缩写，意为"可扩展超文本标记语言"。W3C 于 2000 年发布了 XHTML 1.0 版本。XHTML 是一门基于XML 的语言，所以从本质上说，XHTML 是过渡语言，它结合了 XML 的部分强大功能和 HTML的大多数简单特征。

2. 表现标准语言

表现标准语言主要指 CSS。将纯 CSS 布局与结构式的 XHTML 相结合，能够帮助网页设计者分离外观与结构，使站点的访问及维护更容易。

3. 行为标准语言

行为标准语言指的是 DOM 和 ECMAScript，DOM 是 Document Object Model 的缩写，意为"文档对象模型"。DOM 是一种用于浏览器、平台和语言的接口，可以使用户访问页面的其他标准组件。DOM 解决了 Netscape 的 JavaScript 和 Microsoft 的 JavaScript 之间的冲突难题，给予网页设计者和开发者一种标准的方法，让他们访问站点中的数据、脚本和表现层对象。ECMAScript 是 ECMA 制定的标准脚本语言。

使用网页标准有以下几个好处：

▽ 开发与维护更简单：使用更具语义和结构化的 HTML，用户可以更容易、快速地理解他人编写的代码，便于开发与维护。

▽ 更快的网页下载和读取速度：更少的 HTML 代码带来的是更小的文件和更快的下载速度。

▽ 更好的可访问性：更具语义的 HTML 可以让使用不同浏览设备的网页访问者很容易看到内容。

▽ 更高的搜索引擎排名：内容和表现的分离使内容成为文本的主体，与语义化的标记相结合能提高网页在搜索引擎中的排名。

▽ 更好的适应性：可以很好地适应打印设备和其他显示设备。

10.2.2　内容、结构、表现和行为

HTML 和 XHTML 页面都由内容、结构、表现和行为这 4 个方面组成。内容是基础，附上结构和表现，最后对它们加上行为。

▽ 内容：放在页面中，是想要网页浏览者看到的信息。

▽ 结构：对内容部分加上语义化、结构化的标记。

▽ 表现：用于改变内容外观的一种样式。

▽ 行为：对内容的交互及操作效果。

10.3　Div+CSS 技术

Div 布局页面主要通过 Div+CSS 技术来实现。在这种布局中，Div 全称为 Division，意为"区分"，Div 的使用方法与其他标签一样，其承载的是结构；采用 CSS 技术可以有效地对页面布局、文字等方面实现更精确的控制，其承载的是表现。结构和表现的分离对于所见即所得的传统表格布局方式有很大的冲击。

CSS 布局的基本构造块是<div>标签，它属于 HTML 标签，在大多数情况下用作文本、图像或其他页面元素的容器。当创建 CSS 布局时，会将<div>标签放在页面上，向这些标签中添加内容，然后将它们放在不同的位置。与表格单元格(被限制在表格的行和列中的某个现有位置)不同，<div>标签可以出现在网页上的任何位置，可以用绝对方式(指定 x 和 y 坐标)或相对方式(指定与其他页面元素的距离)来定位<div>标签。

使用 Div+CSS 布局可以将结构与表现相分离，减少 HTML 文档内的大量代码，只留下页面结构的代码，方便对其进行阅读，还可以提高网页的下载速度。

用户在使用 Div+CSS 布局网页时，必须知道每个属性的作用，它们或许目前与要布局的页面并没有关系，但在后面遇到问题时可以尝试利用这些属性来解决。如果需要为 HTML 页面启动 CSS 布局，不需要考虑页面外观，而要考虑页面内容的语义和结构。也就是需要分析内容块，

以及每块内容的作用，然后根据这些内容的作用建立相应的 HTML 结构。

一个页面按功能块划分，可以分成：标志和站点名称、主页面内容、站点导航、子菜单、搜索框、功能区、页脚等。通常使用 Div 元素来定义这些结构，如表 10-1 所示。

表 10-1　使用 Div 元素定义页面结构

方　　法	代　　码
声明 header 的 Div 区	<div id="header"></div>
声明 content 的 Div 区	<div id="content"></div>
声明 globalnav 的 Div 区	<div id="globalnav"></div>
声明 subnav 的 Div 区	<div id="subnav"></div>
声明 search 的 Div 区	<div id="search"></div>
声明 shop 的 Div 区	<div id="shop"></div>
声明 footer 的 Div 区	<div id="footer"></div>

每个内容块可以包含任意的 HTML 元素——标题、段落、图片、表格等。每个内容块都可以放在页面上的任何位置，再指定这个内容块的颜色、字体、边框、背景和对齐属性等。

使用id名称可以控制某个内容块，通过给内容块套上Div并加上唯一的id，就可以用CSS选择器来精确定义每个页面元素的外观表现，包括标题、列表、图片、链接等。例如，为#header编写一条CSS规则后，就可以使用完全不同于#content中的样式规则。另外，也可以通过不同的规则来定义不同内容块中的链接样式，例如#globalnav a:link、#subnav a:link或#content a:link。也可以将不同内容块中相同元素的样式定义得不一样。例如，通过#content p和#footer p分别定义#content和#footer中p元素的样式。

10.4　插入 Div 标签

用户可以通过选择【插入】| Div 命令，打开【插入 Div】对话框，插入 Div 标签并对其应用 CSS 定位样式来创建页面布局。Div 标签用于定义 Web 页面内容的逻辑区域。用户可以使用 Div 标签将内容块居中，创建列效果以及定义不同区域的颜色等。

【例 10-1】使用 Div 标签创建用于显示网页 logo 的内容编辑区。　视频

(1) 选择【插入】| Div 命令，打开【插入 Div】对话框，在 ID 文本框中输入 wrapper，单击【新建 CSS 规则】按钮，如图 10-3 所示。

(2) 打开【新建 CSS 规则】对话框，保持默认设置，单击【确定】按钮。

(3) 打开【CSS 规则定义】对话框，在【分类】列表框中选择【方框】选项，在对话框右侧的选项区域中将 Hight 设置为 800px，取消 Margin 选项区域中的【全部相同】复选框的选中状态，将 Top 和 Bottom 都设置为 20px，将 Right 和 Left 都设置为 40px，单击【确定】按钮，如图 10-4 所示。

(4) 返回【插入 Div】对话框，单击【确定】按钮，在设计视图的页面中插入 Div 标签。

(5) 将鼠标光标插入 Div 标签中，删除软件自动生成的文本，再次选择【插入】| Div 命令，打开【插入 Div】对话框，在 ID 文本框中输入 logo，单击【新建 CSS 规则】按钮，如图 10-5 所示，

打开【新建 CSS 规则】对话框，单击【确定】按钮。

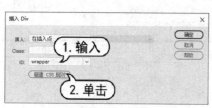

图 10-3　【插入 Div】对话框

图 10-4　【CSS 规则定义】对话框

(6) 打开【CSS 规则定义】对话框，在【分类】列表框中选择【背景】选项，在对话框右侧的 Background-color 文本框中输入颜色代码，如图 10-6 所示。

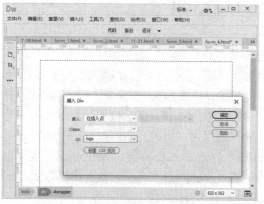

图 10-5　创建 logo 标签

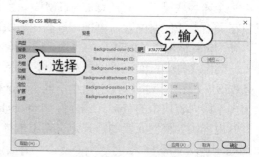

图 10-6　定义背景颜色

(7) 在【分类】列表框中选择【定位】选项，将 Position 设置为 absolute，将 Width 设置为 23%，单击【确定】按钮，如图 10-7 所示。

(8) 返回【插入 Div】对话框，单击【确定】按钮，即可插入一个嵌套的 Div 标签，用于插入 logo 图像，如图 10-8 所示。

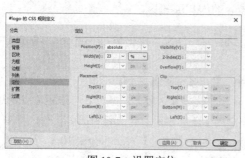

图 10-7　设置定位

图 10-8　创建嵌套 Div 标签

(9) 删除 Div 标签中软件自动生成的文本，按下 Ctrl+Alt+I 组合键，在嵌套的 Div 标签中插入 logo 图像文件，如图 10-9 所示。该实例在代码视图中生成的代码如下：

```
<!doctype html>
<html>
<head>
<meta charset="utf-8">
<title>插入 Div 标签</title>
<style type="text/css">
#wrapper {
    margin-top: 20px;
    margin-right: 40px;
    margin-bottom: 20px;
    margin-left: 40px;
}
#logo {
    background-color: #7A7777;
    position: absolute;
    width: 23%;
}
</style>
</head>
<body>
<div id="wrapper">
    <div id="logo"><img src="images/Pic01.jpg" width="416" height="69" alt=""/></div>
</div>
</body>
```

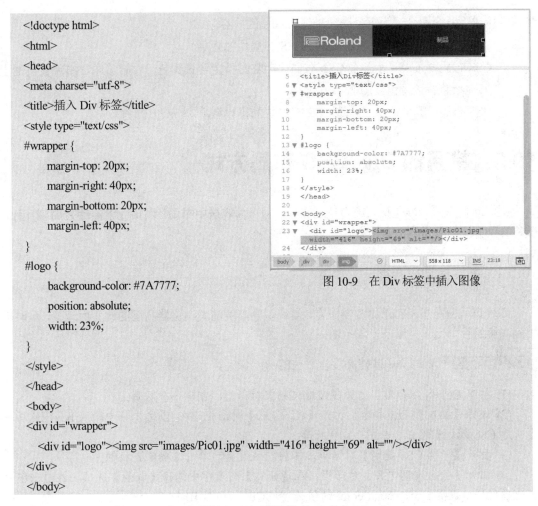

图 10-9 在 Div 标签中插入图像

在图10-3所示的【插入Div】对话框中，各项参数的含义如下。

　　【插入】下拉列表：包括【在插入点】【在开始标签结束之后】和【在结束标签之前】等选项。其中，【在插入点】选项表示会将 Div 标签插入当前光标所指示的位置；【在开始标签结束之后】选项表示会将Div 标签插入所选择的开始标签之后；【在结束标签之前】选项表示会将 Div 标签插入所选择的结束标签之前。

　　【开始标签】下拉列表：若在【插入】下拉列表中选择【在开始标签结束之后】或【在结束标签之前】选项，就可以在该下拉列表中选择文档中所有的可用标签作为开始标签。

　　Class(类)下拉列表：用于定义 Div 标签可用的 CSS 类。

　　【新建 CSS 规则】：根据 Div 标签的 CSS 类或编号标记等，为 Div 标签建立 CSS 样式。

　　在设计视图中，可以使 CSS 布局块可视化。CSS 布局块是一个 HTML 页面元素，用户可以将它定位到页面上的任意位置。Div 标签就是一个标准的 CSS 布局块。

　　Dreamweaver 提供了多个可视化助理，供用户查看 CSS 布局块。例如，在设计时可以为 CSS 布局块启用外框、背景和模型模块。将光标移到布局块上时，也可以查看显示了选定 CSS 布局块属性的工具提示。

　　另外，选择【查看】|【设计视图选项】|【可视化助理】命令，在弹出的子菜单中，Dreamweaver

可以使用以下几个命令,为每个助理呈现可视化的内容。

▽ CSS 布局外框:显示页面上所有 CSS 布局块的效果。

▽ CSS 布局背景:显示各个 CSS 布局块的临时指定背景颜色,并隐藏通常出现在页面上的其他所有背景颜色或图像。

▽ CSS 布局框模型:显示所选 CSS 布局块的框模型(即填充和边距)。

10.5 常用的 Div+CSS 布局方式

CSS 布局方式一般包括高度自适应布局、网页内容居中布局、网页元素浮动布局等几种。本节将详细介绍这些常用的布局方式。

10.5.1 高度自适应布局

高度自适应是指相对于浏览器而言,盒模型的高度随着浏览器高度的改变而改变,这时需要用到高度的百分比。

【例 10-2】 在网页中新建高度自适应的 Div 标签。 🎬 视频

(1) 按下 Ctrl+N 组合键,打开【新建文档】对话框,创建一个网页。

(2) 选择【插入】|Div 命令,打开【插入 Div】对话框,在 ID 文本框中输入 box,然后单击【新建 CSS 规则】按钮,如图 10-10 所示。

(3) 打开【新建 CSS 规则】对话框,保持默认设置,单击【确定】按钮。

(4) 打开【CSS 规则定义】对话框,在【分类】列表框中选择【背景】选项,在对话框右侧的选项区域中设置 Background-color 的值为 "#FCF",如图 10-11 所示

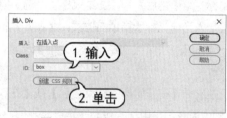

图 10-10 【插入 Div】对话框

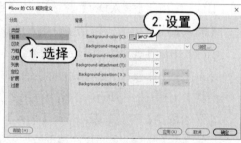

图 10-11 【CSS 规则定义】对话框

(5) 在【分类】列表框中选择【方框】选项,在对话框右侧的选项区域中设置 Width 和 Height 的值分别为 800px 和 600px,然后单击【确定】按钮,如图 10-12 所示。

(6) 返回【插入 Div】对话框,单击【确定】按钮,即可看到网页中新建的 Div 标签,删除标签中的文本,效果如图 10-13 所示。

(7) 使用相同的方法,创建一个 id 为 left 的 Div 标签,具体设置如下:Background-color 为 "#CF0"、Width 为 "200px"、Float 为 "left"、Height 为 "590px"、Clear 为 "none",效果如图 10-14 所示。

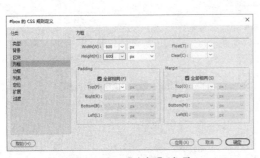

图 10-12　【方框】选项

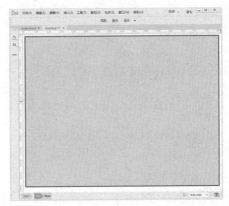

图 10-13　插入 Div 标签

(8) 继续执行相同的操作，插入一个名为 right 的 Div 标签，设置 Background-color 为 "#FC3"、Float 为 "right"、Height 为 "100%"、Width 为 "590px"、Margin 为 "5px"。单击【确定】按钮后，此时可以看到该 Div 标签的高度与文本内容的高度相同。在其中输入内容后，高度将被自动填充，如图 10-15 所示。

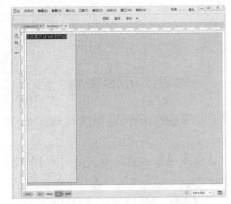

图 10-14　插入左侧 div 标签

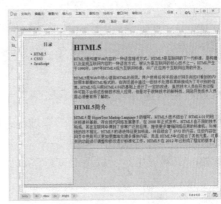

图 10-15　页面效果

10.5.2　网页内容居中布局

Dreamweaver 默认的布局方式为左对齐，如果需要使网页中的内容居中，需要结合元素的属性进行设置。可通过设置自动外边距居中、结合相对定位与负边距，以及设置父容器的 padding 属性来实现。

1. 自动外边距居中

自动外边距居中指的是设置 Margin 属性的 Left 和 Right 值为 "auto"，但在实际设置时，可为需要设置居中的元素创建一个 Div 容器，并为该容器指定宽度，以避免出现在不同的浏览器中观看效果不同的现象。

例如，以下代码在网页中定义一个 Div 标签及其 CSS 属性，在设计视图中显示的网页效果如图 10-16 所示。

```
<!doctype html>
```

```
<html>
<head>
<meta charset="utf-8">
<title>无标题文档</title>
<style type="text/css">
#content {
    font-family: Cambria, "Hoefler Text", "Liberation Serif", Times, "Times New Roman", serif;
    font-size: 18px;
    height: 500px;
    width: 600px;
    margin-right: auto;
    margin-left: auto;
}
</style>
</head>
<body>
<div id=" content ">居中显示的内容</div>
</body>
</html>
```

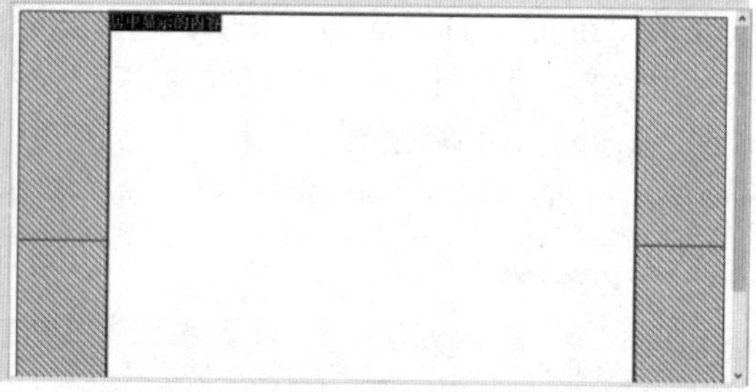

图 10-16　自动外边距居中效果

2. 结合相对定位与负边距

结合相对定位与负边距布局的原理是：通过设置 Div 标签的 position 属性为 relative，使用负边距抵消边距的偏移量。

例如，在网页中定义以下 Div 标签，此时，在设计视图中显示的网页效果如图 10-17 所示。

```
<!doctype html>
<html>
<head>
<meta charset="utf-8">
<title>无标题文档</title>
<style type="text/css">
#content {
    background-color: #38DBD8;
    height: 800px;
    width: 600px;
    position: relative;
    left: 50%;
    margin-left: -300px;
}
</style>
</head>
```

图 10-17　使用负边距抵消边距的偏移量

```
<body>
<div id="content">网页整体居中布局</div>
</body>
</html>
```

以上代码中的"position:relative;"表示内容是相对于父元素 body 标签进行定位的;"left: 50%;"表示将左边框移到页面的正中间; "margin-left: -300px;"表示从中间位置向左偏移一半的距离,具体值需要根据 Div 标签的宽度值来计算。

3. 设置父容器的 padding 属性

使用前面介绍的两种方法需要先确定父容器的宽度,但当一个元素处于一个容器中时,如果想让其宽度随窗口大小的变化而改变,同时保持内容居中,可以通过 padding 属性来进行设置,使其父元素左右两侧的填充相等。

例如,以下代码在 HTML 中定义了一个 Div 标签与 CSS 属性:

```
<!doctype html>
<html>
<head>
<meta charset="utf-8">
<title>无标题文档</title>
<style type="text/css">
body {
 padding-top: 50px;
 padding-right: 100px;
 padding-bottom: 50px;
 padding-left: 100px;
}
#content {
 border: 1px;
 background-color: #CEF5D7;
}
</style>
</head>
<body>
<div id="content">一种随浏览器窗口大小变化而改变的具有弹性的居中布局,只需要保持父元素左右两
侧的填充相等即可</div>
</body>
</html>
```

此时,按下 F12 键在浏览器中预览网页,效果如图 10-18 所示。

计算机基础与实训教材系列

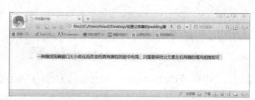

图 10-18　宽度随浏览器窗口大小变化的 Div 标签效果

10.5.3　网页元素浮动布局

CSS 中的任何元素都可以浮动，浮动布局是指通过 float 属性来设置网页元素的对齐方式。通过将该属性与其他属性结合使用，可使网页元素达到特殊的效果，如首字下沉、图文混排等。同时在进行布局时，还要适当地清除浮动，以避免因元素超出父容器的边距而造成布局效果的不一致。

1. 首字下沉

首字下沉指的是将文章中的第一个字放大并与其他文字并列显示，以吸引浏览者的关注。在 Dreamweaver 中，可以通过 CSS 的 float 与 padding 属性进行设置。

【例 10-3】制作首字下沉效果。 视频

(1) 按下 Ctrl+N 组合键，打开【新建文档】对话框，创建一个空白网页，并通过\<p\>和\<span\>标签输入一段文本，代码如下:

```
<!doctype html>
<html>
<head>
<meta charset="utf-8">
<title>首字下沉实例</title>
<style type="text/css">
.span {

}
</style>
</head><body>
<p><span>由</span>于 Python 语言的简洁性、易读性以及可扩展性，在国外用 Python 做科学计算的研究机构日益增多，一些知名大学已经采用 Python 来教授程序设计课程。例如卡内基梅隆大学的编程基础、麻省理工学院的计算机科学及编程导论就使用 Python 语言讲授。众多开源的科学计算软件包都提供了 Python 的调用接口，例如著名的计算机视觉库 OpenCV、三维可视化库 VTK、医学图像处理库 ITK。而 Python 专用的科学计算扩展库就更多了，例如以下 3 个十分经典的科学计算扩展库: NumPy、SciPy 和 matplotlib，它们分别为 Python 提供了快速数组处理、数值运算以及绘图功能。因此 Python 语言及其众多的扩展库所构成的开发环境十分适合工程技术、科研人员处理实验数据、制作图表，甚至开发科学计算应用程序。 </p>
</body>
```

```
</html>
```

(2) 选择【窗口】|【CSS 设计器】命令，打开【CSS 设计器】面板，单击【添加 CSS 源】按钮(+)，在弹出的下拉列表中选择【在页面中定义】选项，如图 10-19 所示。

(3) 在【选择器】窗格中单击【添加选择器】按钮，在显示的文本框中输入 ".span"，如图 10-20 所示，然后按下 Enter 键。

图 10-19　选择【在页面中定义】选项

图 10-20　添加选择器

(4) 在【属性】面板中选择 CSS 选项卡，在【目标规则】下拉列表中选择【.span】选项，然后单击【编辑规则】按钮。

(5) 打开【CSS 规则定义】对话框，在【分类】列表框中选择【类型】选项，在对话框右侧的选项区域中设置 Font-size 为 60px、Color 为 "#E7191C"、Font-weight 为 bolder，如图 10-21 所示。

(6) 在【分类】列表框中选择【方框】选项，在对话框右侧的选项区域中设置 Float 为 left、Padding-Right 为 5px，然后单击【确定】按钮，如图 10-22 所示。

图 10-21　设置【类型】选项区域

图 10-22　设置【方框】选项区域

(7) 在【CSS 设计器】面板的【选择器】窗格中双击 ".span" 选择器，删除其前面的 "."，如图 10-23 所示。此时切换至代码视图，可以查看添加 CSS 后的源代码如下：

```
span {
    font-family: Cambria, "Hoefler Text", "Liberation Serif", Times, "Times New Roman", serif;
    font-size: 60px;
    font-weight: bolder;
    color: #E7191C;
    float: left;
    padding-right: 5px;
}
```

(8) 切换回设计视图，用户可以看到应用 CSS 后的网页效果如图 10-24 所示。

图 10-23　重命名选择器

图 10-24　首字下沉效果

2. 图文混排

图文混排就是将图片与文字混合排列，文字可在图片的四周、嵌入图片下方或浮于图片上方等。在 Dreamweaver 中可以通过 CSS 的 float、padding、margin 等属性进行设置。

【例 10-4】制作左图右文的图文混排效果。　🎬 视频

(1) 继续使用例 10-3 创建的网页，将鼠标置于设计视图中，选择【插入】|Image 命令，在页面中插入图片并输入如图 10-25 所示的文本。

(2) 在<style>标签中输入以下代码，设置<img>标签的 CSS 属性:

```
img {
    float: left;
    margin:15px 20px 20px 0px;
}
```

(3) 此时网页中的图片将向左浮动，且与文本的上、右、下和左的距离分别为 15px、20px、20px 和 0px，如图 10-26 所示。

图 10-25　在网页中插入图片和文本

图 10-26　图文混排效果

3. 清除浮动

如果页面中的 Div 元素太多，且使用 float 属性较为频繁，可通过清除浮动的方法来消除页面中溢出的内容，使父容器与其中的内容契合。清除浮动的常用方法有以下几种。

　　定义<div>或<p>标签的 CSS 属性 clear:both。

▽ 在需要清除浮动的元素中定义其 CSS 属性 overflow:auto。

▽ 在浮动层下设置 Div 元素。

10.6　实例演练

本章的实例演练将指导用户练习设计一个网站的置顶导航栏，该导航栏能够适应设备的类型，根据打开网页的设备显示不同的伸缩盒布局效果。

【例 10-5】在 Dreamweaver 2020 中制作一个伸缩菜单。　🎬视频

(1) 按下 Ctrl+N 组合键，打开【新建文档】对话框，创建一个空白网页。

(2) 在代码视图中输入以下代码：

```
<!doctype html>
<html>
<head>
<meta charset="utf-8">
<title>伸缩菜单实例</title>
<style type="text/css">
/* 默认伸缩布局 */
.navigation {
    list-style: none;
    background-color: deepskyblue;
    margin: 3px;
    display: -WebKit-box;
    display: -moz-box;
    display: -ms-flexbox;
    display: -WebKit-flex;
    display: flex;
-WebKit-flex-flow:row wrap;
/* 所有列面向主轴终点位置靠齐 */
justify-content: flex-end;}
.navigation a {
    text-decoration: none;
    display: block;
    padding: 1em;
    color: white;}
.navigation a:hover { background: blue;}
/* 在小于 800 像素设备下伸缩布局 */
@media all and {max-width:800px} {
    ./* 在中等屏幕中，导航项目居中显示，并且剩余空间平均分布在列表之间 */
.navigation {justify-content: space-around;}}
/* 在小于 600 像素设备下伸缩布局 */
```

计算机基础与实训教材系列

```
@media all and (max-width: 600px) {
.navigation { /* 在小屏幕下，没有足够空间行排列，可以换成列排列 */
    -WebKit-flex-flow: column wrap;
    flex-flow: column wrap;
    padding: 0;}
    .navigation a {
    text-align: center;
    padding: 10px;
    border-top: 1px solid ridge(255,255,255,0.3);
    border-bottom: 1px solid rgba(0,0,0,0.1);}
.navigation li:last-of-type a { border-bottom: none;}
    }
</style>
</head>
<body >
<ur class="navigation">
<li><a href="#">主站</a></li>
<li><a href="#">资源</a></li>
<li><a href="#">服务</a></li>
<li><a href="#">联系</a></li>
</ur>
</body>
</html>
```

(3) 按下 F12 键预览网页，伸缩菜单会随着浏览器窗口的变化而变化，如图 10-27 所示。

图 10-27　伸缩菜单效果

10.7　习题

1. 简述 Div 标签与盒模型。
2. 简述网页标准。
3. 简述使用 Dreamweaver 2020 在网页中插入<div>标签的方法。

第11章

使用CSS3修饰网页

　　CSS3 是 CSS 规范的最新版本，它在 CSS2.1 的基础上增加了很多强大的新功能，可以帮助网页开发人员解决一些实际面临的问题，并且不再需要非语义标签、复杂的 JavaScript 脚本以及图片。本书的第 2 章曾详细介绍过 CSS 的基础知识以及利用 Dreamweaver 2020 软件提供的【CSS 设计器】面板在网页中应用 CSS 的操作，本章将延伸这部分内容，以实例的形式着重讲解在 Dreamweaver 2020 的 "代码" 视图中通过编写代码和使用 CSS3 修饰网页中文本、图像等元素的方法，帮助用户进一步掌握所学的知识。

本章重点

- 使用 CSS3 定义网页文本格式
- 使用 CSS3 定义网页文本阴影效果
- 使用 CSS3 定义图像边框和阴影效果
- 使用 CSS3 定义网页背景图像

二维码教学视频

【例 11-1】 定义网页文本的字体类型
【例 11-2】 定义网页文本的字体大小
【例 11-3】 设计网页文本的修饰线效果
【例 11-4】 设计单词字母的大小写

【例 11-5】 定义网页文本垂直对齐
【例 11-6】 定义网页文本的字距和词距
【例 11-7】 定义网页文本的行高
本章其他视频参见视频二维码列表

11.1 使用 CSS3 修饰文本

CSS3 的文本模块(Text Module)对与文本相关的属性单独进行了规范。文本模块的最早版本是在 2003 年制定的，于 2005 年对其进行了修订，并于 2007 年又进行了系统更新，最后形成了较为完善的文本模块。在最终版本的文本模块中，除了新增文本属性以外，还对 CSS2.1 中已定义的属性值做了修补，增加了更多的属性值，以适应复杂环境中文本的呈现。

11.1.1 字体样式

在设计网页时，通过 CSS3 可以定义的文本字体的基本属性包括字体类型、大小、粗细、修饰线、斜体、大小写格式等。下面将通过实例进行具体介绍。

1. 字体

使用 font-family 属性可以定义字体类型。语法说明如下：

```
font-family:name;
```

其中 name 表示字体名称，或字体名称列表。多个字体类型按优先顺序排列，以逗号隔开。如果字体名称包含空格，则应使用引号引起来。

【例 11-1】演示为网页中的文本定义字体类型。 视频

(1) 使用 Dreamweaver 2020 创建 HTML5 文档，并在其中输入代码，然后在<head>标签内新建内部样式表，定义网页文本的字体类型采用"仿宋"（如图 11-1 左图所示）：

```
<style type="text/css">
    body {font-family: 仿宋}
</style>
```

(2) 在浏览器中预览网页，效果如图 11-1 右图所示。

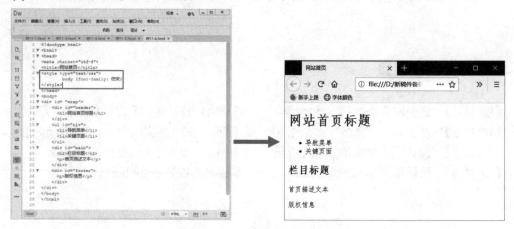

图 11-1 定义网页文本的字体类型

2. 大小

使用 font-size 属性可以定义字体大小。语法说明如下：

font-size：xx-small | x-small | small | medium | large | x-large | xx-large | larger | smaller | length

其中：xx-small(最小)、x-small(较小)、small(小)、medium(正常)、large(大)、x-large(较大)、xx-large(最大)表示绝对字体。Smaller(减少)和 larger(增大)表示相对字体，可根据父元素的字体大小进行相对缩小或增大。length 可以是百分数、浮点数，但不可为负值。百分比取值可基于父元素的字体大小来计算，与 em 相同。

【例 11-2】 演示在网页中设计文本的字体大小。 视频

(1) 继续例 11-1 的操作，在 <head> 标签内新建内部样式表，定义网页中页面文本的字体大小为(12px/16px)*1em=0.75em(相当于 12px)。

body {font-size: 0.75em;}

(2) 以网页中文本的字体大小为参考，分别定义各个栏目的字体大小，如图 11-2 左图所示。其中正文内容继承 body 元素的字体大小，因此无须重复定义：

```
#header h1 {font-size: 1.333em;}
#main h2{font-size: 1.167em;}
#nav li{font-size: 1.08em;}
#footer p{font-size: 0.917em;}
```

(3) 在浏览器中预览网页，效果如图 11-2 右图所示。

根据 CSS 继承规则，子元素的字体大小都是以父元素的字体大小为 1em 作为参考来计算的。例如，如果网站标题为 1em，而 body 元素的字体大小为 0.75em，则网站首页标题也应该为 0.75em，也就是 12px 而非 16px。

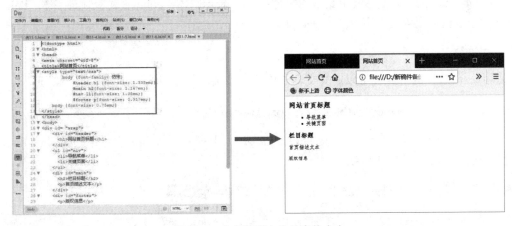

图 11-2　定义网页文本的字体大小

在图 11-2 右图中：

栏目标题的字体大小是 body 元素的 7/6，也就是 1.167em。

导航栏的字体大小是 body 元素的 13/12，也就是 1.08em。

▽ 正文的字体大小与 body 元素的大小相同。

▽ 版权与注释信息的字体大小是 body 元素的 11/12，也就是 0.917em。

网页对象的宽度单位为%(百分比)和 em 时，它们所呈现的效果是不同的，这与字体大小中%和 em 的表现截然不同。例如，当网页宽度设置为%时，将以父元素的宽度为参考进行计算，这与字体大小中的%和 em 单位计算方式类似，但是，如果网页宽度设置为 em，那么将以内部所包含字体的大小作为参考进行计算。

3. 颜色

在网页中，用户可以使用 color 属性定义字体颜色，具体用法如下：

color : color

其中，参数 color 表示颜色值，可以为颜色名、十六进制值、RGB 等颜色函数。

4. 粗体

使用 font-weight 属性可以定义字体粗细，具体用法如下：

foot-weight : normal | bold | bolder | lighter | 100 | 200 | 300 | 400 | 500 | | 600 | 700 | 800 | 900

其中：normal 为默认值，表示正常字体，相当于 400。bold 表示粗体，相当于 700。bolder 表示较粗，lighter 表示较细，它们是相对于 normal 字体的粗体与细体。100、200、300、400、500、600、700、800、900 表示字体的粗细级别，值越大，字体就越粗。

5. 斜体

使用 font-style 属性可以定义字体的倾斜效果。具体用法如下：

font-style : normal | italic | oblique

其中：normal 为默认值，表示正常的字体；italic 表示斜体；oblique 表示倾斜字体。Italic 和 oblique 两个取值只在英文等西方文字中有效。

6. 修饰线

使用 text-decoration 属性可以定义文本的修饰线效果，具体用法如下：

text-decoration : none | | underline | | blink | | overline | | line-through

其中：normal 为默认值，表示无装饰线；blink 表示闪烁线；underline 表示下画线；line-through 表示贯穿线；overline 表示上画线。

【例 11-3】演示在网页中设计文本的修饰线效果。 视频

(1) 在 Dreamweaver 2020 中创建 HTML5 文档，在<head>标签内添加<style type="text/css">标签，定义如下内部样式表：

```
<style type="text/css">
.underline {text-decoration: underline;}
```

```
.overline{text-decoration: overline;}
.line-through{text-decoration: line-through;}
</style>
```

(2) 在<body>标签中输入以下代码:

```
<h1>HTML5 的新特性</h1>
<p class="underline">智能表单</p>
<p class="overline">绘图画布</p>
<p class="line-through">地理定位</p>
```

(3) 定义一个样式, 在该样式中同时声明多个修饰值:

```
.line{text-decoration:line-through overline underline;}
```

(4) 在<body>标签中输入一行文本, 将步骤(3)定义的 line 样式类应用到该行文本(如图 11-3 左图所示):

```
<p class= "line">数据存储</p>
```

(5) 在浏览器中预览网页, 效果如图 11-3 右图所示。

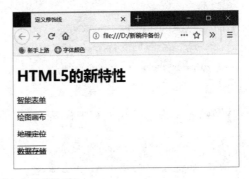

图 11-3　定义网页文本的修饰线

CSS3 将 text-decoration 从文本模块中独立出来,新增了文本修饰模块,并增加了几个子属性, 如表 11-1 所示。

表 11-1　CSS3 新增的文本修饰属性

属　　性	说　　明
text-decoration-line	设置修饰线的位置, 其取值包括 none(无)、underline、overline、line-through、blink
text-decoration-color	设置装饰线的颜色
text-decoration-style	设置装饰线的形状, 其取值包括 solid、double、dotted、dashed、wavy(波浪线)
text-decoration-skip	设置文本修饰线必须略过内容中的哪些部分
text-decoration-position	设置对象中下画线的位置

7. 变体

使用 font-variant 属性可以定义字体的变体效果。具体用法如下：

font-variant : normal | small-caps

其中：normal 为默认值，表示正常字体；small-caps 表示小型的大写字母字体。

8. 大小写

使用 text-transform 属性可以定义字体的大小写效果。具体用法如下：

text-transform : none | capitalize |uppercase | lowercase

其中：none 为默认值，表示无转换发生；capitalize 表示将每个单词的第一个字母转换成大写，其余无转换发生；uppercase 表示把所有字母都转换成大写；lowercase 表示把所有字母都转换成小写。

【例 11-4】演示使用 text-transform 属性设计单词字母的大小写。 视频

(1) 在 Dreamweaver 2020 中创建 HTML5 文档，在<head>标签内添加<style type="text/css">标签，定义一个内部样式表，如图 11-4 左图所示。

```
<style type="text/css">
  .capitalize {text-transform: capitalize;}
  .uppercase{text-transform: uppercase;}
  .lowercase{text-transform: lowercase;}
</style>
```

(2) 在<body>标签中输入如下代码：

```
<p class="capitalize">Cascading Style Sheets</p>
<p class="uppercase">Cascading Style Sheets</p>
<p class="lowercase">Cascading Style Sheets</p>
```

(3) 按下 F12 键在浏览器中预览网页，效果如图 11-4 右图所示。

图 11-4 定义网页中单词字母的大小写

11.1.2　文本格式

在 CSS3 中，字体属性以 font 为前缀名，文本属性以 text 为前缀名，下面将重点介绍文本的基本格式。

1. 对齐

使用 text-align 属性可以定义文本的水平对齐方式，具体用法如下：

text-align : left | right | center | justify

其中，left 为默认值，表示左对齐；right 为右对齐；center 为居中对齐；justify 为两端对齐。CSS3 为 text-align 属性新增了多个属性值，取值说明如表 11-2 所示。

表 11-2　text-align 属性的取值说明

取　　值	说　　明
justify	内容两端对齐(CSS2 曾经支持过，后来又放弃)
start	内容对齐开始边界
end	内容对齐结束边界
match-parent	与 inherit(继承)表现一致
justify-all	效果等同于 justify，但还会让最后一行也两端对齐

使用 vertical-align 属性可以定义文本垂直对齐，具体用法如下：

vertical-align : auto | baseline | sub | super | top | text-top | middle | bottom | text-bottom | length

其中，auto 表示自动对齐；baseline 为默认值，表示基线对齐；sub 表示下标；super 表示上标；top 表示顶端对齐；text-top 表示文本顶端对齐；middle 表示居中对齐；bottom 表示底端对齐；text-bottom 表示文本底端对齐；length 表示定义位置，可以使用长度值或者百分数，可为负数，定义由基线算起的偏移量，基线对于数值 0 而言为 0，对于百分数而言就是 0%。

【例 11-5】演示在网页中定义文本垂直对齐。 🎬 视频

(1) 在 Dreamweaver 2020 中创建 HTML5 文档，在<head>标签内添加<style type="text/css">标签，定义如下内部样式表：

```
<style type="text/css">
    body{font-size: 48px;}
    .baseline{vertical-align: baseline;}
    .sub{vertical-align: sub;}
    .super{vertical-align: sub;}
    .top{vertical-align: top;}
    .text-top{vertical-align: text-top;}
    .text-bottom{vertical-align: text-bottom;}
    .middle{vertical-align: middle;}
```

```
    .bottom{vertical-align: bottom;}
</style>
```

(2) 在<body>标签中输入以下代码，设计网页中文本的垂直对齐效果(如图 11-5 左图所示)：

```
<p>垂直对齐：
    <span class="baseline"><img src="images/oblong.png" title="baseline" /></span>
    <span class="sub"><img src="images/oblong.png" title="sub" /></span>
    <span class="super"><img src="images/oblong.png" title="super" /></span>
    <span class="top"><img src="images/oblong.png" title="top" /></span>
    <span class="text-top"><img src="images/oblong.png" title="text-top" /></span>
    <span class="middle"><img src="images/oblong.png" title="middle" /></span>
    <span class="bottom"><img src="images/oblong.png" title="bottom" /></span>
    <span class="text-bottom"><img src="images/oblong.png" title="text-bottom" /></span>
</p>
```

(3) 在浏览器中预览网页，效果如图 11-5 右图所示。

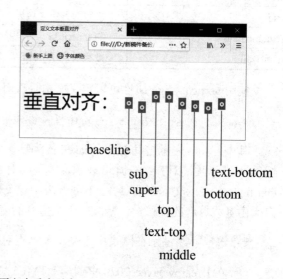

图 11-5　定义网页文本垂直对齐

2. 间距

文本间距包括字距和词距，字距表示字母之间的距离，词距表示单词之间的距离。

词距以空格为分隔符进行调整，如果多个单词连在一起，则视为一个单词；如果汉字被空格分隔，就将分隔的多个汉字视为不同的单词。

使用 letter-spacing 属性可以定义字距，使用 word-spacing 属性可以定义词距。取值都是长度值，默认为 normal，表示默认距离。

【例 11-6】演示在页面中定义文本的字距和词距。视频

(1) 使用 Dreamweaver 2020 创建 HTML5 文档，在<head>标签内添加<style type="text/css">

标签，定义如下内部样式表:

```
<style type="text/css">
    .lspacing {letter-spacing: 1em;}
    .wspacing {word-spacing: 1em;}
</style>
```

(2) 在<body>标签中输入以下代码，定义两行段落文本，应用上面两个样式(如图 11-6 左图所示):

```
<p class="lspacing">Bind the sack before it be full(字间距)</p>
<p class="wspacing">Bind the sack before it be full(词间距)</p>
```

(3) 按下 F12 键，在浏览器中预览网页，效果如图 11-6 右图所示。

图 11-6　在页面中定义文本的字距和词距

在设计网页时，一般很少使用字距和词距，对于中文字符而言，letter-spacing 属性有效，word-spacing 属性无效。

3. 行高

使用 line-height 属性可以定义行高。具体用法如下:

```
line-height : normal | length
```

其中：normal 表示默认值，约为 1.2em；length 为长度值或百分比(允许为负值)。

【例 11-7】演示在网页中定义文本的行高。 视频

(1) 创建 HTML5 文档，在<head>标签内添加<style type="text/css">标签，定义如下内部样式表:

```
<style type="text/css">
    body {
        font-size: 0.875em;
        font-family: "黑体",Arial,Helvetica;
    }
    h1,h2,h3 {text-align: center;}
    h2 {letter-spacing: 0.3em;}
```

```
h3 {text-decoration: underline;}
p {line-height: 1.8em;}
</style>
```

(2) 在<body>标签中输入网页文本内容(参见素材文件源代码)。在浏览器中预览网页，效果如图 11-7 所示。

4. 缩进

使用 text-indent 属性可以定义首行缩进。具体用法如下：

text-indent : length

其中，length 表示长度值或百分比(允许为负值)。建议以 em 为单位，这样可以让缩进效果更整齐、美观。

length 取负值可以设计悬挂缩进。使用 margin-left 和 margin-right 可以设计左右缩进。

【例 11-8】 在网页中定义文本缩进效果。 视频

(1) 以例 11-7 创建的网页文档为基础，在<head>标签内编辑内部样式表，定义段落文本首行缩进两个字符：

p {text-indent: 2em;}

(2) 继续编辑内部样式表，定义左右缩进，以及为引文添加左侧标志线：

```
p:first-of-type {
    /* 匹配第一段文本 */
    margin-left: 2em;
    margin-right: 0.5em;
    padding-left: 0.5em;
    border-left:solid 10px #bbb;
}
```

(3) 在浏览器中预览网页，效果如图 11-8 所示。

图 11-7　定义网页文本的行高

图 11-8　定义网页文本的缩进

5. 换行

使用 word-break 属性可以定义文本自动换行。具体用法如下：

```
word-break : normal | keep-all | break-all
```

其中，normal：允许在字内换行(默认值)；keep-all：不允许在字内断开；break-all：与 normal 相同。

【例 11-9】演示在网页中定义文本换行。　视频

(1) 创建 HTML5 文档，在其中插入一个表格(参见素材源代码)。
(2) 在<head>标签内添加<style type="text/css">标签，定义内部样式表：

```
<style type="text/css">
table{
    width: 100%;
    font-size: 14px;
    border-collapse: collapse;
    border: 1px solid #cad9es;
    table-layout: fixed;
}
th {
    background-image: url("images/bj1.png");
    background-repeat: repeat-x;
    height: 30px;
    vertical-align: middle;
    border: 1px solid #f12;
    padding: 0 1em 0;
}
td {
    height: 20px;
    border: 1px solid #f12;
    padding: 6px 1em;
}
tr:nth-child(even) {background-color: #0282;}
.w4 {width: 8.5em;}
</style>
```

(3) 在浏览器中预览网页，效果如图 11-9 左图所示。
(4) 修改内部样式表，输入如下代码：

```
th {
    overflow: hidden;
```

```
        word-break: keep-all;
        white-space: nowrap;
}
```

(5) 此时，在浏览器中预览网页，效果如图 11-9 右图所示。

图 11-9　定义表格中文本的换行方式

以下代码

overflow: hidden;

可使超出单元格范围的内容隐藏起来，避免单元格多行显示。
以下代码

word-break: keep-all;

将禁止词断开显示。
以下代码

white-space: nowrap;

强制在一行内显示单元格内容。

11.1.3　书写模式

CSS3 增加了书写模式模块，详见：

http://www.w3.org/TR/css-writing-modes-3/

CSS3 在 CSS2.1 的 direction 和 unicode-bidi 属性的基础上，新增了 writing-mode 属性。
使用 writing-mode 属性可以定义文本的书写方向。具体用法如下：

writing-mode : horizontal-tb | vertical-rl | vertical-lr | lr-tb | tb-rl

取值说明如表 11-3 所示。

表 11-3　writing-mode 属性的取值说明

取　　值	说　　明
horizontal-tb	在水平方向自上而下书写，类似 IE 私有值 lr-tb
vertical-rl	在垂直方向自右而左书写，类似 IE 私有值 tb-rl

(续表)

属　　性	说　　明
vertical-lr	在垂直方向自左而右书写
lr-tb	自左而右、自上而下书写。对象中的内容在水平方向上从左向右流入，后一行在前一行的下面显示
tb-rl	自上而下、自右而左书写。对象中的内容在垂直方向上从上向下流入，后一竖行在前一竖行的左面显示。全角字符竖直向上，半角字符旋转 90°。

【例 11-10】演示在网页中模拟古文书写格式。 🎬 视频

(1) 创建 HTML5 文档，在<head>标签内添加<style type="text/css">标签，定义如下内部样式表：

```
<style type="text/css">
#box {
    float: right;
    writing-mode: tb-rl;
    -webkit-writing-mode: vertical-rl;
    writing-mode: vertical-rl;
}
</style>
```

(2) 在<body>标签内输入以下代码：

```
<div id="box">
<h2>兵车行</h2>
<p>车辚辚，马萧萧，行人弓箭各在腰。
耶娘妻子走相送，尘埃不见咸阳桥。
牵衣顿足拦道哭，哭声直上干云霄。
道旁过者问行人，行人但云点行频。
或从十五北防河，便至四十西营田。
去时里正与裹头，归来头白还戍边。
边庭流血成海水，武皇开边意未已。
君不闻汉家山东二百州，千村万落生荆杞。
纵有健妇把锄犁，禾生陇亩无东西。
况复秦兵耐苦战，被驱不异犬与鸡。
长者虽有问，役夫敢申恨？
且如今年冬，未休关西卒。
县官急索租，租税从何出？
信知生男恶，反是生女好。
生女犹得嫁比邻，生男埋没随百草。
君不见，青海头，古来白骨无人收。
新鬼烦冤旧鬼哭，天阴雨湿声啾啾。</p>
</div>
```

(3) 在浏览器中预览网页，效果如图 11-10 所示。

【例 11-11】 演示在网页中设计栏目垂直居中显示。 视频

(1) 创建 HTML5 文档，在<body>标签内设计如下简单的模板结构：

```
<div class="box">
    <div class="auto">
        <main>
            <h1>栏目标题</h1>
            <p>内容文本</p>
        </main>
    </div>
</div>
```

(2) 在<head>标签内添加<style type="text/css">标签，定义如下内部样式表：

```
<style type="text/css">
.box {
    writing-mode: tb-rl;
    -webkit-writing-mode: vertical-rl;
    writing-mode: vertical-rl;
    height:100%;
}
.auto {
    margin-top: auto;        /*  垂直居中  */
    margin-bottom: auto;     /*  垂直居中  */
    height: 100px;
}
</style>
```

(3) 在浏览器中预览网页，效果如图 11-11 所示。

图 11-10 设计文本竖排显示

图 11-11 设计文本栏目垂直居中显示

11.1.4　文本效果

在CSS3中,使用text-shadow属性可以给页面上的文字添加阴影效果。同时,灵活运用text-shadow属性可以在网页中设计出许多特殊效果。例如阴影效果、多色阴影、火焰文字、立体文字、描边文字等,下面将通过实例分别介绍。

1. 阴影效果文本

在显示字体时,如果需要给出文字的阴影效果,并为阴影添加颜色,以增强网页整体效果,可以使用 text-shadow 属性。该属性的语法格式如下:

text-shadow：none | <shadow> [, <shadow>]* <shadow> = <length>{2,3} && <color>?

text-shadow 属性的初始值为无,适用于所有元素,取值说明如表 11-4 所示。

表 11-4　text-shadow 属性取值的说明

取　　值	说　　明
none	无阴影
<length>(第 1 个)	第 1 个长度值用来设置阴影的水平偏移值,可以为负值
<length>(第 2 个)	第 2 个长度值用来设置阴影的垂直偏移值,可以为负值
<length>(第 3 个)	如果提供了第 3 个长度值,则用来设置阴影的模糊值,不允许为负值
<color>	设置阴影的颜色

【例 11-12】演示为网页中的段落文本定义简单的阴影效果。 视频

(1) 在 Dreamweaver 2020 的 "代码" 视图中创建如下 HTML5 文档:

```
<!doctype html>
<html>
<head>
<meta charset="utf-8">
<title>定义文本阴影</title>
<style type="text/css">
p {
    text-align: center;
    font: bold 60px "微软雅黑",helvetica,arial;
    color: #999;
    text-shadow: 0.1em 0.1em #333;
}
</style>
</head>
<body>
```

计算机基础与实训教材系列

```
<p>阴影文本: text-shadow</p>
</body>
</html>
```

(2) 在浏览器中预览网页，效果如图 11-12 所示。

在以上代码中，text-shadow: 0.1em 0.1em #333;将阴影设置到文本的右下角。如果想要把阴影设置到文本的左上角，可以使用以下声明：

```
text-shadow: -0.1em -0.1em #333
```

(3) 在浏览器中预览网页，效果如图 11-13 所示。

图 11-12 阴影在文本右下角的效果

图 11-13 阴影在文本左上角的效果

同样，如果要把阴影设置在文本的左下角，可以设置以下样式：

```
text-shadow: -0.1em 0.1em #333
```

在浏览器中预览网页，效果如图 11-14 所示。

同时，也可以使用以下声明设置模糊的阴影：

```
text-shadow: 0.1em 0.1em 0.5em #333;
```

效果如图 11-15 所示。

图 11-14 阴影在文本左下角的效果

图 11-15 模糊的阴影效果

text-shadow 属性的第 1 个值表示水平位移；第 2 个值表示垂直位移，正值偏右或偏下，负值偏左或偏上；第 3 个值表示模糊半径(为可选值)；第 4 个值表示阴影的颜色(为可选值)。在将阴影偏移之后，可以指定模糊半径。模糊半径是一个长度值，用于指出模糊效果的范围。对于如何计算模糊效果，具体算法并没有指定。在阴影效果的长度值之前或之后还可以选择指定颜色值，颜色值会被用作阴影效果的基础。如果没有指定颜色，那么将会使用 color 属性值来替代。

2. 通过阴影增加前景色/背景色对比度

【例 11-13】演示通过阴影增加前景色/背景色对比度。 视频

(1) 创建 HTML5 文档，在<body>标签内设计一段文本：

```
<p>阴影文本: text-shadow</p>
```

(2) 在<head>标签内添加<style type="text/css">标签，定义如下内部样式表:

```
<style type="text/css">
p {
        text-align: center;
        font: bold 60px "微软雅黑",helvetica,arial;
        color: #ff1;
        text-shadow: black 0.1em 0.1em 0.2em;
}
</style>
```

(3) 按下 F12 键在浏览器中预览网页，效果如图 11-16 所示。

3. 多色阴影文本

text-shadow 属性可以接收一个以逗号分隔的阴影效果列表。阴影效果按照给定的顺序应用，因此有可能出现相互覆盖(但是它们永远不会覆盖文本本身)。阴影效果不会改变框的尺寸，但可能延伸到框的边界之外。阴影效果的堆叠层次和元素本身的层次是一样的。

【例 11-14】 演示为文本定义三种不同颜色的阴影效果。　视频

(1) 继续例 11-13 的操作，修改在<head>标签内添加的<style type="text/css">标签，重新定义如下内部样式表:

```
<style type="text/css">
p {
        text-align: center;
        font: bold 60px "微软雅黑",helvetica,arial;
        color: #ff1;
        text-shadow: 0.2em 0.5em 0.1em #060,
                        -0.3em 0.1em 0.1em #666,
                        0.4em -0.3em 0.1em #f12;
}
</style>
```

(2) 按下 F12 键在浏览器中预览网页，效果如图 11-17 所示。

图 11-16　通过阴影增加前景色/背景色对比度

图 11-17　三种不同颜色的阴影效果

4. 火焰效果文本

借助阴影效果的列表机制，可以使用阴影叠加出燃烧的文字特效。

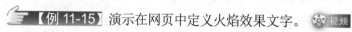【例 11-15】演示在网页中定义火焰效果文字。 视频

(1) 在 Dreamweaver 2020 的 "代码" 视图中创建如下 HTML5 文档:

```
<!doctype html>
<html>
<head>
<meta charset="utf-8">
<title>定义火焰文字</title>
<style type="text/css">
p {
    text-align: center;
    font: bold 60px "微软雅黑",helvetica,arial;
    color: #ff1;
    text-shadow: 0 0 4px white,
                 0 -5px 4px #ff3,
                 2px -10px 6px #fd3,
                 -2px -15px 11px #f80,
                 2px -25px 18px #f20;
}
body {background: #012;}
</style>
</head>
<body>
<p>火焰文本: text-shadow</p>
</body>
</html>
```

(2) 在浏览器中预览网页，效果如图 11-18 所示。

图 11-18 火焰效果文本

5. 立体效果文本

text-shadow 属性可以应用在:first-line 伪元素上。同时，还可以利用该属性设计出立体效果文本。

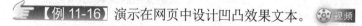【例 11-16】演示在网页中设计凹凸效果文本。 视频

(1) 在 Dreamweaver 2020 的 "设计" 视图中创建如下 HTML5 文档:

```
<!doctype html>
<html>
<head>
```

计算机基础与实训教材系列

```
<meta charset="utf-8">
<title>定义凹凸效果文本</title>
<style type="text/css">
p {
    text-align: center;
    padding: 26px;
    margin: 0;
    font: bold 60px "微软雅黑",helvetica,arial;
    font-size: 60px;
    font-weight: bold;
    color: #d1d1d1;
    background: #ccc;
    text-shadow: -2px -2px white,
                2px 2px #333;
}
body {background: #000;}
</style>
</head>
<body>
<p>凹凸文本: text-shadow</p>
</body>
</html>
```

(2) 在浏览器中预览网页，效果如图 11-19 所示。

将上例中的

```
 text-shadow: -2px -2px white,
                2px 2px #333;
```

修改为：

```
text-shadow: 2px 2px white,
            -2px -2px #333;
```

可以在浏览器中定义如图 11-20 所示的凹下效果文本。

图 11-19　凸起效果文本

图 11-20　凹下效果文本

6. 描边效果文本

text-shadow 属性可以为文本描边，方法是分别为文本的 4 条边添加 1 像素的实体阴影。

计算机基础与实训教材系列

【例 11-17】演示在网页中设计描边效果文本。 视频

(1) 在 Dreamweaver 2020 的"设计"视图中创建 HTML5 文档并在网页内添加一段文本, 然后在<head>标签内添加<style type="text/css">标签:

```
<style type="text/css">
p {
        text-align: center;
        padding: 26px;
        margin: 0;
        font: bold 60px "微软雅黑",helvetica,arial;
        font-size: 60px;
        font-weight: bold;
        color: #fff;
        background: #ccc;
        text-shadow: -1px 0 black,
                      0 1px black,
                      1px 0 black,
                      0 -1px black;
}
body {background: #000;}
</style>
```

(2) 按下 F12 键在浏览器中预览网页, 效果如图 11-21 所示。

7. 发光效果文本

设计阴影不发生位移, 同时定义阴影模糊显示, 这样就可以模拟出文字外发光效果。

【例 11-18】演示在网页中设计外发光效果文本。 视频

(1) 在 Dreamweaver 2020 的"设计"视图中创建 HTML5 文档并在网页内添加一段文本, 然后在<head>标签内添加<style type="text/css">标签:

```
<style type="text/css">
p {
        text-align: center;
        padding: 26px;
        margin: 0;
        font: bold 60px "微软雅黑",helvetica,arial;
        font-size: 60px;
        font-weight: bold;
        color: #c11;
        background: #ccc;
```

```
        text-shadow: 0 0 0.5em #f87,
                     0 0 0.5em #f87;
}
body {background: #000;}
</style>
```

(2) 按下 F12 键在浏览器中预览网页，效果如图 11-22 所示。

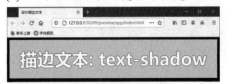

图 11-21　描边效果文本

图 11-22　发光效果文本

11.2　使用 CSS3 修饰图像

使用 CSS3，设计人员可以对网页中图像的大小、边框、阴影等效果进行设置，从而通过图文混排制作出复杂版式的页面。

11.2.1　图像大小

<img>标签包含 width 和 height 属性，使用它们可以控制图像的大小。同时，使用 CSS 的 width 和 height 属性可以灵活地调整图像在网页中的大小。

另外，针对移动端网页浏览设备，以下几个属性适用于弹性布局：

　　　　min-width：定义最小宽度；

　　　　max-width：定义最大宽度；

　　　　min-height：定义最小高度；

　　　　max-height：定义最大高度。

【例 11-19】设计一个简单的图文混排网页。 🎬视频

(1) 创建 HTML5 文档，在<body>标签内输入以下代码：

```
<div class="pic_news">
    <h2>HTML 历史</h2>
    <p><img src="images/xtml.png" alt="" /></p>
    <p>到了 2000 年，Web 标准项目(Web Standards Project)的开展如火如荼，开发人员对浏览器里包含
的各种专有特性已经忍无可忍。当时 CSS 有了长足的发展，而且与 XHTML 1.0 的结合也很紧密，CSS＋
XHTML 1.0 基本上算是最佳实践了。</p>
```

273

       <p>虽然 HTML 4.01 与 XHTML 1.0 没有本质上的不同，但是大部分开发人员接受了 CSS + XHTML 1.0 这个组合。专业的开发人员能做到元素全部小写，属性全部小写，属性值也全部加引号。此时，由于专业人员起到带头作用，越来越多的人也都开始支持并使用这种语法。</p>

       <p>XHTML 1.0 之后出现了 XHTML 1.1，XHTML 1.1 与 XHTML 1.0 相比，本身并没有什么新东西，元素也都基本相同(属性也相同)，唯一的变化就是必须把文档标记为 XML 文档。但是，这样做带来了一些问题。</p>

</div>

(2) 在<head>标签内添加<style type="text/css">标签，定义如下内部样式表，然后输入以下代码，设置图片属性：

```
<title>图文混排</title>
<style type="text/css">
.pic_news{width: 600px;}                /* 控制内容区域的宽度，此处应根据实际情况设置 */
.pic_news h2 {
    font-family: "仿宋";
    font-size: 26px;
    text-align: center;
}
.pic_news img {
    float: right;
    margin-right: 16px;
    margin-bottom: 16px;
    height: 250px;
}
pic_news p{text-indent: 2em;}
</style>
```

图 11-23　图文混排效果

(3) 在浏览器中预览以上代码，效果如图 11-23 所示。

如果只为图像定义高度或宽度，那么浏览器会自动根据高度或宽度调整图像的纵横比，使得图像的纵横比得以协调缩放。但是如果同时为图像定义高度和宽度，就应注意图像的纵横比，以避免图像变形。

11.2.2　图像边框

网页中的图像在默认状态下不会显示边框，但在为图像定义超链接时会自动显示 2~3px 宽的蓝色粗边框。使用 border 属性可以清除这个边框，代码如下：

```
<a href="#"><img src="images/xtml.png" alt="XHTML" border="0" /></a>
```

使用 CSS3 的 border 属性可以更灵活地定义图像边框，同时可以设计出更丰富的样式，如边框的粗细、颜色等。

【例 11-20】演示为网页中的背景图像设计镶边效果。 视频

(1) 准备一幅渐变阴影图像(参考本例提供的素材文件)。

(2) 创建 HTML5 文档，在<head>标签内添加<style type="text/css">标签（为页面图片添加镶边效果）：

```
img {
    background: white;                                          /* 白色背景 */
    padding: 5px 5px 9px 5px;                                   /* 增加内边距 */
    background: white url(images/shad_bottom.gif) repeat-x bottom left;   /* 底边阴影 */
    border-left: 2px solid #dcd7c8;                             /* 左侧阴影 */
    border-right: 2px solid #dcd7c8;                            /* 右侧阴影 */
}
```

(3) 在<body>标签中输入以下代码，在网页中插入 3 张图片：

```
<img src="images/p1.png" width="100"> <img src="images/p2.png" width="200"> <img src="images/p3.png" width="300">
```

(4) 在浏览器中预览网页，效果如图 11-24 所示。

11.2.3 半透明图像

使用 opacity 属性可以设计图像的不透明度。

【例 11-21】使用 opacity 属性设计图像水印。 视频

(1) 创建 HTML5 文档，在<body>标签内输入以下代码，设计一个包含框，从而为水印图片提供定位参考(插入的第一张图片为照片，第二张图片为水印图片)：

```
<div class="watermark">
    <img src="images/bg-1.png" class="img" width="500">
    <img src="images/logo.png" class="logo" width="100">
</div>
```

(2) 在<head>标签内添加<style type="text/css">标签，在内部样式表中定义包含框使用相对定位：

```
.watermark {
    position: relative;
    float: left;
    display: inline;
}
```

(3) 定义水印图像半透明显示，并精确定位到图片的右下角：

```
.logo {
    filter: alpha(opacity=40);
    -moz-opacity: 0.4;
    opacity: 0.4;
    position: absolute;      /* 绝对定位 */
    right: 20px;             /* 定位到照片右侧  */
    bottom: 20px;            /* 定位到照片底部 */
}
```

(4) 设计边框效果:

```
.img {
    background: white;
    padding: 5px 5px 9px 5px;
    background: white url(images/shad_bottom.gif) repeat-x bottom left;
    border-left: 2px solid #dcd7c8;
    border-right: 2px solid #dcd7c8;
}
```

(5) 在浏览器中预览网页,效果如图 11-25 所示。

图 11-24　图像边框效果

图 11-25　透明图像水印效果

11.2.4　圆形图像

使用 CSS3 新增的 border-radius 属性可以在网页中设计圆角样式的图片。用法如下:

```
border-radius:none | <length>{1,4} [ / <length{1,4}>]?;
```

该属性适用于所有元素,取值说明如表 11-5 所示。

表 11-5　border-radius 属性的取值说明

取　　值	说　　明
none	默认值,表示元素没有圆角
<length>	长度值,不可为负值

使用下面几个子属性,可以单独定义元素的 4 个顶角。

　　border-top-right-radius：定义右上角的圆角。

　　border-bottom-right-radius：定义右下角的圆角。

　　border-bottom-left-radius：定义左下角的圆角。

▽　border-top-left-radius：定义左上角的圆角。

【例 11-22】使用 border-radius 属性设计圆角样式图片。

(1) 创建 HTML5 文档，在<body>标签中输入以下代码:

```
<img class="r1" src="images/p4.png" title="圆角图像" />
<img class="r2" src="images/p5.png" title="椭圆图像" />
```

(2) 在<head>标签内添加<style type="text/css">标签，在内部样式表中定义两个圆形样式类:

```
<style type="text/css">
img { width:300px;border:solid 1px #eee;}
.r1 {
    -moz-border-radius:12px;       -webkit-border-radius:12px;        border-radius:12px;}
.r2 {
    -moz-border-radius:50%;        -webkit-border-radius:50%;         border-radius:50%;}
</style>
```

(3) 在浏览器中预览网页，效果如图 11-26 所示。

　　border-radius 属性可以包含两个参数值，其中第 1 个参数值表示圆角的水平半径，第 2 个参数值表示圆角的垂直半径，两个参数值以中间斜线分开。如果仅包含一个参数值，则第 2 个参数值与第 1 个参数值相同，这表示四分之一的圆角。如果参数值包含 0，那就是矩形，不会显示为圆角。

11.2.5　图像阴影

　　使用 CSS3 的 box-shadow 属性可以为图像设计阴影效果，用法如下:

```
box-shadow:none | <shadow> [ , <shadow>]*;
```

该属性适用于所有元素，取值说明如表 11-6 所示。

表 11-6　box-shadow 属性的取值说明

取　　值	说　　明
none	默认值，表示元素没有阴影
<shadow>	该属性值可以使用公式表示为 inset&&[<length>]{2,4}&&<color>?]，其中：inset 表示阴影的类型为内阴影，默认为外阴影，<length>是长度值，可取正负值，用于定义阴影的水平偏移、垂直偏移，以及阴影大小(即阴影模糊度)、阴影扩展；<color>表示阴影颜色

【例 11-23】在网页中设计圆角阴影效果和多重阴影效果。

(1) 创建 HTML5 文档,在<body>标签中输入以下代码:

```
<img class="r1" src="images/p6.png" title="阴影图像" />
<img class="r2" src="images/p6.png" title="多重阴影图像" />
```

(2) 在<head>标签内添加<style type="text/css">标签,定义如下内部样式表:

```
<style type="text/css">
img { width:300px; margin:6px;}
.r1 {
    -moz-border-radius:8px;
    -webkit-border-radius:8px;
    border-radius:8px;
    -moz-box-shadow:8px 8px 14px #cc1;
    -webkit-box-shadow:8px 8px 14px #c1c;        box-shadow:8px 8px 14px #ccc;
}
.r2 {
    -moz-border-radius:12px;
    -webkit-border-radius:12px;
    border-radius:12px;
    -moz-box-shadow:-10px 0 12px red,
    10px 0 12px blue,
    0 -10px 12px yellow,
    0 10px 12px green;
    -webkit-box-shadow:-10px 0 12px red,
    10px 0 12px blue,
    0 -10px 12px yellow,
    0 10px 12px green;
    box-shadow:-10px 0 12px red,
    10px 0 12px blue,
    0 -10px 12px yellow,
    0 10px 12px green;
}
</style>
```

(3) 在浏览器中预览网页,效果如图 11-27 所示。

图 11-26　圆角图像效果

图 11-27　圆角阴影和多重阴影效果

11.2.6 图像背景

CSS3 提供了多个 background 子属性来修饰网页背景图像的效果。

1. 定义背景图像

使用 background-image 属性定义网页背景图像的方法如下：

```
background-image: none | <url>
```

默认值为 none，表示无背景图；<url>表示使用绝对或相对地址指定背景图像。

使用 background-repeat 属性可以控制背景图像的显示，用法如下：

```
background-repeat: repeat-x | repeat-y | [repeat | space | round | no-repeat] {1,2}
```

该属性的取值说明如表 11-7 所示。

表 11-7　background-repeat 属性的取值说明

取　　值	说　　明
repeat-x	横向平铺
repeat-y	纵向平铺
repeat	横向和纵向平铺
space	以相同的间距平铺并填满整个容器或某个方向
round	自动缩放，直到适应并填满整个容器
no-repeat	不平铺

【例 11-24】设计公司公告栏，宽度固定，高度会根据内容文本进行动态调整。

(1) 创建 HTML5 文档，在<body>标签中输入以下代码：

```
<div id="call">
    <div id="call_tit">网站公告</div>
    <div id="call_mid" class="a">高:120px</div>
    <div id="call_btm"></div>
</div>
<div id="call">
    <div id="call_tit">网站公告</div>
    <div id="call_mid" class="b">高:160px</div>
    <div id="call_btm"></div>
</div>
<div id="call">
    <div id="call_tit">网站公告</div>
    <div id="call_mid" class="c">高:220px</div>
```

```
        <div id="call_btm"></div>
</div>
```

(2) 在<head>标签内添加<style type="text/css">标签，定义内部样式表。定义平铺显示方式：

```
<style type="text/css">
#call {
    width: 218px;
    font-size: 14px;
    float: left;
    margin: 4px;
    text-align: center;
}
#call_tit {
    background: url(images/top.png);
    background-repeat: no-repeat;
    height: 43px;
    color: #fff;
    font-weight: bold;
    line-height: 43px;
}
#call_mid {
    background-image: url(images/mid.png);
    background-repeat: repeat-y;
    height: 160px;
}
#call_btm {
    background-image: url(images/btm.png);
    background-repeat: no-repeat;
    height: 11px;
}
#call .a { height: 120px; }
#call .b { height: 160px; }
#call .c { height: 220px; }
</style>
```

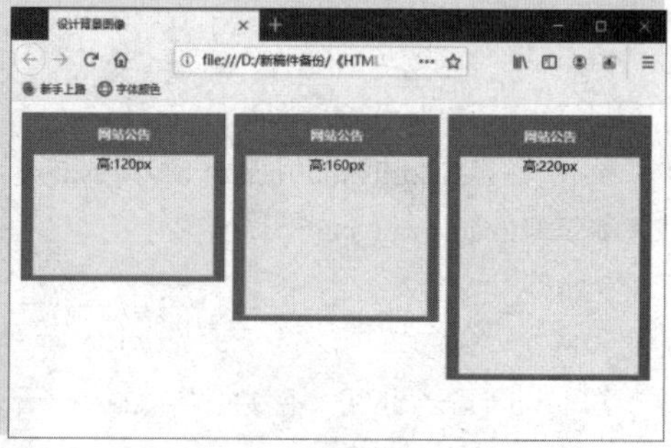

(3) 在浏览器中预览网页，效果如图 11-28 所示。

图 11-28　公告栏设计效果

2. 背景原点/位置/裁剪

背景图像默认显示在左上角，使用 background-position 属性可以改变显示位置。用法如下：

background-position：[left | center | right | top | bottom | <percentage> | <length>] | [left | center | right |
<percentage> | <length>] [top | center |bottom | <percentage> | <length>] | [center |[left | right] [<percentage> |
<length>]?] &&[center | [top | bottom] [<percentage> | <length>]?]

该属性的取值有两个，分别用于指定背景图像在 x、y 轴的偏移值，默认为 0%0%，等效于
left top。使用 background-origin 属性可以定义 background-position 的定位原点。用法如下：

background-origin:border-box | padding-box | content-box;

该属性的取值说明如表 11-8 所示。

表 11-8　background-position 属性的取值说明

取　　值	说　　明
border-box	从边框区域开始显示背景
padding-box	从补白区域开始显示背景(默认值)
content-box	仅在内容区域显示背景

使用 background-clip 属性可以定义背景图像的裁剪区域。用法如下：

background-clip:border-box | padding-box | content-box | text;

该属性的取值说明如表 11-9 所示。

表 11-9　background-clip 属性的取值说明

取　　值	说　　明
border-box	从边框区域向外裁剪背景(默认值)
padding-box	从补白区域向外裁剪背景
content-box	从内容区域向外裁剪背景
text	从前景内容(如文字)区域向外裁剪背景

【例 11-25】设计多重背景图像。　🎬视频

(1) 创建 HTML5 文档，在<body>标签中输入以下代码：

<div class="demo multipleBg"></div>

(2) 在<head>标签内添加<style type="text/css">标签，定义如下内部样式表：

```
<style type="text/css">
.demo {
    width: 410px;height: 610px;
    border: 5px solid rgba(104, 104, 142,0.5);
    border-radius: 5px;
    padding: 30px 30px;
    color: #f36; font-size: 80px;
```

```
        font-family:"隶书";
        line-height: 1.5;
        text-align: center;
}
.multipleBg {
    background: url("images/bg-bl.png") no-repeat left bottom,
        url("images/bg-tr.png") no-repeat right top,
        url("images/bg-tl.png") no-repeat left top,
        url("images/bg-br.png") no-repeat right bottom;
    /* 改变背景图片的 position 起始点 */
    -webkit-background-origin: border-box, border-box, border-box, border-box, padding-box;
    -moz-background-origin: border-box, border-box, border-box, border-box, padding-box;
    -o-background-origin: border-box, border-box, border-box, border-box, padding-box;
    background-origin: border-box, border-box, border-box, border-box, padding-box;
    /* 控制背景图片的显示区域，对于背景图片，超出外边缘的所有部分都将被剪切掉 */
    -moz-background-clip: border-box;
    -webkit-background-clip: border-box;
    -o-background-clip: border-box;
    background-clip: border-box;
}
</style>
```

(3) 在浏览器中预览网页，效果如图 11-29 所示。

图 11-29　多重背景图像效果

3. 控制大小

使用 background-size 属性可以控制背景图像的显示大小。用法如下：

```
background-size:[<length> | <percenage> | auto ]{1,2} | cover | contain;
```

该属性的取值说明如表 11-10 所示。

表 11-10　background-size 属性的取值说明

取　　　值	说　　　明
<length>	长度值，不可为负值
<percentage>	取值为 0%~100%
cover	保持宽高比，将图片缩放到正好完全覆盖背景区域
contain	保持宽高比，将图片缩放到宽度或高度正好适应背景区域

【例 11-26】在网页中设计圆角栏目。　🎬 视频

(1) 创建 HTML5 文档，在<body>标签中输入以下代码：

```
<div class="roundbox">
    <h1>什么是 CSS3</h1>
    <p>CSS3 是 CSS 规范的最新版本，它在 CSS 2.1 的基础上增加了很多强大的新功能，可以帮助网页
开发人员解决一些实际面临的问题，并且不需要非语义标签、复杂的 JavaScript 脚本以及图片。</p>
    <h2>CSS 历史</h2>
    <p>早期的 HTML 只包含少量的显示属性，用于设置网页的字体效果。随着互联网的发展，为了满足
日益丰富的网页设计需求，HTML 不断添加各种显示标签和样式属性，由此带来了一个问题：网页结
构和样式混用让网页代码变得混乱不堪，代码冗余增加了带宽负担，代码维护也变得苦不堪言。</p>
    <p>1994 年年初，哈坤·利提出了 CSS 最初的建议，当时伯特·波斯正在设计一个名为 Argo 的浏览器，
于是他们决定一起设计 CSS。</p>
</div>
```

(2) 在<head>标签内添加<style type="text/css">标签，定义内部样式表。设计包含框的背景图
像样式：

```
<style type="text/css">
    .roundbox {
    padding: 2em;
    background-image: url(images/tl.gif),
                      url(images/tr.gif),
                      url(images/bl.gif),
                      url(images/br.gif),
                      url(images/right.gif),
                      url(images/left.gif),
                      url(images/top.gif),
                      url(images/bottom.gif);
    background-repeat: no-repeat,
                       no-repeat,
                       no-repeat,
                       no-repeat,
```

```
                        repeat-y,

                        repeat-y,

                        repeat-x,

                        repeat-x;
        background-position: left 0px,

                        right 0px,

                        left bottom,

                        right bottom,

                        right 0px,

                        0px 0px,

                        left 0px,

                        left bottom;
        background-color: #ccc;
    }
</style>
```

(3) 在浏览器中预览网页，效果如图 11-30 所示。

图 11-30 圆角栏目效果

4. 固定显示

默认情况下，背景图像会跟随对象中包含的内容上下滚动。用户可以使用 background-attachment 属性定义背景图像在窗口内固定显示。用法如下：

background-attachment: fixed | local | scroll

该属性的取值说明如表 11-11 所示。

表 11-11 background-attachment 属性的取值说明

取　值	说　明
fixed	背景图像相对于浏览器窗口固定
local	背景图像相对于元素内容固定
scroll	背景图像相对于元素固定

【例 11-27】 为<body>标签设置背景图片。当滚动浏览网页时，背景图片始终显示。 视频

(1) 创建 HTML5 文档，在<body>标签中输入以下代码:

```
<div id="box">
    <h1>人工智能 </h1>
    <h2>什么是人工智能</h2>
    <pre>
    人工智能（Artificial Intelligence）
    英文缩写为 AI
    ……(参见素材)
    </pre>
</div>
```

(2) 在<head>标签内添加<style type="text/css">标签，定义内部样式表。设计网页背景图像并固定显示:

```
<style type="text/css">
body {
    background-image: url(images/bg-2.png);
    background-repeat: no-repeat;
    background-position: left center;
    background-attachment: fixed;
    height: 1200px; }
#box {
    float:right;
    width:400px;
}
</style>
```

图 11-31 背景图片始终显示效果

(3) 在浏览器中预览网页，效果如图 11-31 所示。

11.2.7 渐变背景

W3C 于 2010 年 11 月正式支持渐变背景，背景图像源也可以定义为渐变背景，下面将通过几个实例介绍利用 CSS3 设计网页渐变背景的方法。

1. 线性渐变

创建线性渐变的，至少需要两个颜色，也可以选择设置起点或渐变方向，用法如下:

linear-gradient(angle,color-stop1,color-stop2,…)

参数说明如表 11-12 所示。

表 11-12　线性渐变的参数说明

参　数	说　明
angle	渐变方向，取值为角度或者关键字，其关键字包括以下 4 个： ▽ to left：设置从右到左渐变，相当有 270deg ▽ to right：设置从左到右渐变，相当于 90geg ▽ to top：设置从下到上渐变，相当于 0deg ▽ to bottom：设置从上到下渐变，相当于 180deg(此为默认值)
color-stop	指定渐变的色点。包括颜色值和起点位置，颜色的起点位置以空格分隔。起点位置可以为长度值(不可为负值)，也可以为百分比值，如果是百分比值，可参考应用渐变对象的尺寸，但最终会被转换为具体的长度值

【例 11-28】为网页设计渐变背景。　　🎬 视频

(1) 创建 HTML5 文档，在<body>标签中输入以下代码(参见素材文件)。

(2) 在<head>标签内添加<style type="text/css">标签，定义内部样式表。在内部样式表中设计线性渐变：

```
body {
    /* 让渐变背景填满整个页面 */
    padding: 15em;
    margin: 0;
    background: -webkit-linear-gradient(#FF6666, #ffffff);        background: -o-linear-gradient(#FF6666,
    #ffffff);
    background: -moz-linear-gradient(#FF6666, #ffffff);
    background: linear-gradient(#FF6666, #ffffff);
 filter: progid:DXImageTransform.Microsoft.Gradient(gradientType=0, startColorStr=#FF6666,
    endColorStr=#ffffff);
}
```

(3) 在内部样式表中，为标题添加背景图像并禁止平铺，然后固定在左侧的居中位置：

```
/* 定义标题样式 */
h1 {
    color: white;
    font-size: 18px;
    height: 45px;
    padding-left: 3em;
    line-height: 50px;
    border-bottom: solid 2px red;
    background: url(images/pe1.png) no-repeat left center;
}
p { text-indent: 2em; }
```

(4) 在浏览器中预览网页，效果如图 11-32 左图所示。

相同的线性渐变设计效果可以有不同的实现方法，例如：

设置从上到下覆盖默认值：

```
linear-gradient( to bottom #fff #333);
```

设置反向渐变从下到上，同时调整起止颜色位置：

```
linear-gradient( to top #fff #333);
```

使用角度值设置方向：

```
linear-gradient(180deg, #fff, #333);
```

明确起止颜色的具体位置：

```
linear-gradient(to bottom, #fff 0%,#333 100%)
```

以例 11-28 创建的网页代码为例，将如下代码

```
body {
    background: linear-gradient(#FF6666, #ffffff);
}
```

改为

```
body {
    background: linear-gradient(to bottom, #fff 0%,#333 100%);
}
```

在浏览器中预览网页，效果将如图 11-32 右图所示。

图 11-32　网页渐变背景效果

2. 重复线性渐变

使用 repeating-linear-gradient()函数可以定义重复线性渐变，用法与 linear-gradient()函数相同。

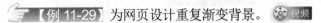 【例 11-29】为网页设计重复渐变背景。 🎬视频

(1) 创建 HTML5 文档，在<body>标签中输入以下代码:

```
<div id="demo"></div>
```

(2) 在<head>标签内添加<style type="text/css">标签，定义内部样式表。使用重复线性渐变创建对角条纹背景:

```
<style type="text/css">
#demo {
    height:600px;
    width: 500px;
    background: repeating-linear-gradient(60deg, #cc1, #cd6 5%, #ff6 0, #f17 10%);
}
</style>
```

(3) 在浏览器中预览网页，效果如图 11-33 所示。

在内部样式表中将以下代码

```
#demo {
    repeating-linear-gradient(60deg, #cc1, #cd6 5%, #ff6 0, #f17 10%);
}
```

改为

```
#demo {
    background: repeating-linear-gradient(#f00, #00f 10%, #f00 30%);
}
```

重复线性渐变效果将如图 11-34 左图所示。

也可改为

```
#demo {
    background: repeating-linear-gradient(115deg, #cc0, #ff0 20px, #eee 50px);
}
```

重复线性渐变效果将如图 11-34 右图所示。

图 11-33　重复线性渐变效果

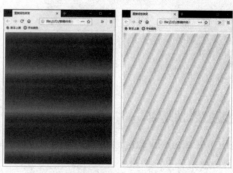

图 11-34　不同的重复线性渐变效果

11.3　实例演练

本章的实例演练将帮助用户通过设计网页版式，巩固所学的知识。

【例 11-30】 使用 CSS3 设计特殊文本排版效果。 素材 。 视频

(1) 创建 HTML5 文档，在其中输入文本，设计网页结构(参见素材文件)。

(2) 在<head>标签内添加<style type="text/css">标签，定义内部样式表。设置网页的背景颜色、字体颜色、字体大小、字体:

```css
body {
    background: #666;
    color: #fff;
    font-size: 1em;
    font-family: "新宋体", Arial, Helvetica, sans-serif;
}
```

(3) 定义标题居中显示，并适当调整标题的底边距:

```css
h1, h2 {
    text-align: center;
    margin-bottom: 1em;
}
```

(4) 定义二级标题样式:

```css
h2 {
    color: #999;
    text-decoration: underline;
}
```

(5) 定义三级标题样式:

```css
h3 {
    font-family: "新宋";
    font-size: 1.5em;
    float: right;
    writing-mode: tb-rl;        /* 自上而下，自右而左 */
}
```

(6) 定义段落文本样式:

```css
p {
    text-indent: 2em;
```

计算机基础与实训教材系列

```
        line-height: 1.8em;
        margin-right: 3em;
}
```

(7) 定义首字下沉效果:

```
p:first-of-type:first-letter {
        font-size: 38px;
        font-family: "黑体";
        float: left;
        margin-right: 6px;
        padding: 6px;
        font-weight: bold;
        line-height: 1em;
        background: red;
        color: #fff;
}
```

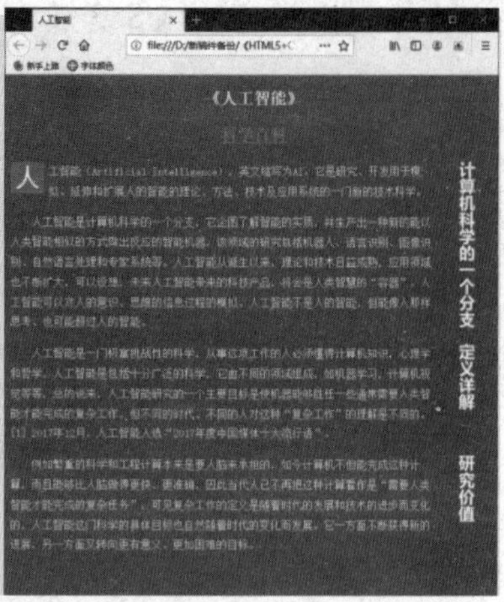

图 11-35　网页效果

(8) 在浏览器中预览网页，效果如图 11-35 所示。

11.4　习题

1. 练习使用 Dreamweaver 2020 制作一个网页，在网页中设计网站优惠券。
2. 练习创建一个网页，在网页中添加一个栏目，并在栏目右上角设计折角效果。
3. 练习创建一个网页，并为网页设计纹理图案背景。

丛书书目

本套教材涵盖了计算机各个应用领域，包括计算机硬件知识、操作系统、数据库、编程语言、文字录入和排版、办公软件、计算机网络、图形图像、三维动画、网页制作以及多媒体制作等。众多的图书品种可以满足各类院校相关课程设置的需要。已出版的图书书目如下表所示。

图 书 书 名	图 书 书 名
《中文版 Photoshop CC 2018 图像处理实用教程》	《中文版 Office 2016 实用教程》
《中文版 Animate CC 2018 动画制作实用教程》	《中文版 Word 2016 文档处理实用教程》
《中文版 Dreamweaver CC 2018 网页制作实用教程》	《中文版 Excel 2016 电子表格实用教程》
《中文版 Illustrator CC 2018 平面设计实用教程》	《中文版 PowerPoint 2016 幻灯片制作实用教程》
《中文版 InDesign CC 2018 实用教程》	《中文版 Access 2016 数据库应用实用教程》
《中文版 CorelDRAW X8 平面设计实用教程》	《中文版 Project 2016 项目管理实用教程》
《中文版 AutoCAD 2019 实用教程》	《中文版 AutoCAD 2018 实用教程》
《中文版 AutoCAD 2017 实用教程》	《中文版 AutoCAD 2016 实用教程》
《电脑入门实用教程(第三版)》	《电脑办公自动化实用教程(第三版)》
《计算机基础实用教程(第三版)》	《计算机组装与维护实用教程(第三版)》
《新编计算机基础教程(Windows 7+Office 2010 版)》	《中文版 After Effects CC 2017 影视特效实用教程》
《Excel 财务会计实战应用(第五版)》	《Excel 财务会计实战应用(第四版)》
《Photoshop CC 2018 基础教程》	《Access 2016 数据库应用基础教程》
《AutoCAD 2018 中文版基础教程》	《AutoCAD 2017 中文版基础教程》
《AutoCAD 2016 中文版基础教程》	《Excel 财务会计实战应用(第三版)》
《Photoshop CC 2015 基础教程》	《Office 2010 办公软件实用教程》
《Word+Excel+PowerPoint 2010 实用教程》	《AutoCAD 2015 中文版基础教程》
《Access 2013 数据库应用基础教程》	《Office 2013 办公软件实用教程》
《中文版 Photoshop CC 2015 图像处理实用教程》	《中文版 Office 2013 实用教程》
《中文版 Flash CC 2015 动画制作实用教程》	《中文版 Word 2013 文档处理实用教程》
《中文版 Dreamweaver CC 2015 网页制作实用教程》	《中文版 Excel 2013 电子表格实用教程》
《中文版 Illustrator CC 2015 平面设计实用教程》	《中文版 PowerPoint 2013 幻灯片制作实用教程》
《中文版 InDesign CC 2015 实用教程》	《中文版 Access 2013 数据库应用实用教程》
《中文版 CorelDRAW X7 平面设计实用教程》	《中文版 Project 2013 实用教程》
《电脑入门实用教程(第二版)》	《电脑办公自动化实用教程(第二版)》
《计算机基础实用教程(第二版)》	《计算机组装与维护实用教程(第二版)》
《中文版 Photoshop CC 图像处理实用教程》	《中文版 Office 2010 实用教程》
《中文版 Flash CC 动画制作实用教程》	《中文版 Word 2010 文档处理实用教程》
《中文版 Dreamweaver CC 网页制作实用教程》	《中文版 Excel 2010 电子表格实用教程》
《中文版 Illustrator CC 平面设计实用教程》	《中文版 PowerPoint 2010 幻灯片制作实用教程》
《中文版 InDesign CC 实用教程》	《中文版 Access 2010 数据库应用实用教程》

丛书书目

图 书 书 名	图 书 书 名
《中文版 CorelDRAW X6 平面设计实用教程》	《中文版 Project 2010 实用教程》
《中文版 AutoCAD 2015 实用教程》	《中文版 AutoCAD 2014 实用教程》
《中文版 Premiere Pro CC 视频编辑实例教程》	《电脑入门实用教程(Windows 7+Office 2010)》
《Oracle Database 12c 实用教程》	《ASP.NET 4.5 动态网站开发实用教程》
《AutoCAD 2014 中文版基础教程》	《Windows 8 实用教程》
《Mastercam X6 实用教程》	《C#程序设计实用教程》
《中文版 Photoshop CS6 图像处理实用教程》	《中文版 Office 2007 实用教程》
《中文版 Flash CS6 动画制作实用教程》	《中文版 Word 2007 文档处理实用教程》
《中文版 Dreamweaver CS6 网页制作实用教程》	《中文版 Excel 2007 电子表格实用教程》
《中文版 Illustrator CS6 平面设计实用教程》	《中文版 PowerPoint 2007 幻灯片制作实用教程》
《中文版 InDesign CS6 实用教程》	《中文版 Access 2007 数据库应用实用教程》
《中文版 Premiere Pro CS6 多媒体制作实用教程》	《中文版 Project 2007 实用教程》
《网页设计与制作(Dreamweaver+Flash+Photoshop)》	《AutoCAD 机械制图实用教程(2018 版)》
《Access 2010 数据库应用基础教程》	《计算机基础实用教程(Windows 7+Office 2010 版)》
《ASP.NET 4.0 动态网站开发实用教程》	《中文版 3ds Max 2012 三维动画创作实用教程》
《AutoCAD 机械制图实用教程(2012 版)》	《Windows 7 实用教程》
《多媒体技术及应用》	《Visual C# 2010 程序设计实用教程》
《AutoCAD 机械制图实用教程(2011 版)》	《AutoCAD 机械制图实用教程(2010 版)》